1. Auflage Juni 2010

Copyright © 2010 bei
Kopp Verlag, Pfeiferstraße 52, D-72108 Rottenburg

Alle Rechte vorbehalten

Lektorat: Thomas Mehner
Korrektorat: Helmut Kunkel
Umschlaggestaltung: Angewandte Grafik / Peter Hofstätter
Satz und Layout: Agentur Pegasus, Zella-Mehlis
Druck und Bindung: CPI – Clausen & Bosse, Leck

ISBN: 978-3-942016-34-6

Mix
Produktgruppe aus vorbildlich bewirtschafteten
Wäldern und anderen kontrollierten Herkünften
www.fsc.org Zert.-Nr. GFA-COC-001223
© 1996 Forest Stewardship Council

Gerne senden wir Ihnen unser Verlagsverzeichnis
Kopp Verlag
Pfeiferstraße 52
D-72108 Rottenburg
E-Mail: info@kopp-verlag.de
Tel.: (0 74 72) 98 06-0
Fax: (0 74 72) 98 06-11

Unser Buchprogramm finden Sie auch im Internet unter:
www.kopp-verlag.de

Wirtschaftskrieg

Udo Ulfkotte

Wirtschaftskrieg

Wie Geheimdienste
deutsche Arbeitsplätze
vernichten

KOPP VERLAG

Inhalt

Vorwort 9

Kapitel I: Was die Politik verdrängt 15
Skrupellos – Russlands Späher 15
Airbus – Volksfeststimmung unter Schnüfflern 20
Howaldtswerke-Deutsche Werft – Späher in Korea . . . 21
Geheime Warnung vor Mikrowellenwaffen 22
Schäden in Milliardenhöhe 25
Nokia-Mitarbeiter: Anwerbungstage zum Ausquetschen . . 27
Gefährliche Betthupferl: Agentinnen im Sex-Einsatz . . . 29

Kapitel II: Was die Bürger nicht wissen 37
Besser als Science-Fiction – Spionagehilfsmittel 37
Der Spion im Telefon 41
Der Agent in der Festplatte 43
Der Spion in der Kreditkarte 45
Der Schnüffler im Reisepass 47
U-Boote auf der Jagd nach Wirtschaftsinformationen . . 48
Iraner verhaften Tauben als »Spione« 54

Kapitel III: Die Lehren der Vergangenheit 56
Der Blick zurück – kleine Weltgeschichte der
Wirtschaftsspionage 56
Patente als Schutz vor Abzockern 70
Industriespionage – Geburtshelfer der Krupp-Dynastie . . 76
Spione in der Kautschukindustrie 82
Telegrafie und Verschlüsselung 85

6

Kapitel IV: Maulwürfe bei der Wühlarbeit 90
Trübe Schatten auf den Dunkelziffern 91
Ein Tabu wird gebrochen 98
Ausspähen, aushorchen und selbst produzieren 100
Spionageziel Kundendateien 102
Standortnachteil BND 106
Viel Wind um nichts? 107
Behördensport »wegschauen« 110
Die große Intrige 111
Agenten-Tagebuch 118
Maulwürfe auf Datenjagd 132
Das Böse lauert immer und überall 133
MI6 – im Auftrage Ihrer Majestät 137
Gezielte Desinformation 141
Von Luftfahrttechnik bis zu Virtual Reality 141
Interessen – aber keine Moral 144
Operation *Jetstream* 145
Fort Knox – die Siemens-Bunker 147
Auf dem Weg zum Wirtschaftskrieg 149
Russische Wühlarbeit 150
Frühere Spitzel des MfS – heute in Diensten der CIA . . 151
Fachtagungen – Einladungen für Spione 151
»Geheimdienstliche Agententätigkeit« 153
Blauäugig und naiv 154
Big Brother: Ungeahnte technische Möglichkeiten . . . 155
Ein aufschlussreicher EU-Bericht 159
Echelon – Horchposten zum Ausspähen der Wirtschaft . 162
Die Profiteure: *Lockheed, Boeing* und *Raytheon* 165
Auch Laien können Faxe abfangen 166
Die (Un-)Sicherheit von Verschlüsselungsprogrammen . . 167
Konzertierte Aktionen – manipulierte Geräte 170
Spione in Hard- und Software 174
Die Nähe führender Computerausrüster zur NSA . . . 179
Steganografie 180
Sicherheitsrisiko Internet 181
Der gläserne Surfer 185

Die französischen Nachrichtendienste 186
Russland: Wettbewerb der besonderen Art 192
Die amerikanischen Geheimdienste 200
Headhunter, Recycling-Unternehmen und mit Fotozellen
präparierte Kopiergeräte 206
Späher in Nadelstreifen – Competitive Intelligence 211
Top secret: Amerikanische Unternehmen und Geheimdienste . 213
Nippons Späher 224
Mossad – das Auge Davids 228

Kapitel V: Schutzmaßnahmen 232

Vorwort

Wir befinden uns mitten im Krieg. Doch wir merken es nicht einmal, dass Feinde uns belagern, uns ausspähen und an neuen Angriffsstrategien feilen. Völlig ahnungslose Unternehmen – letztlich unsere Arbeitsplätze – geraten ins Visier. Die Angreifer haben es immerhin auf die Kronjuwelen der Unternehmen abgesehen: Kundendaten, Produkte, Marketingkonzepte, Fusionspläne. Solche Informationen sind Millionen wert. Räuber haben derzeit leichtes Spiel. Die Weltwirtschaftskrise hat für viele deutsche Branchen Auftragsverluste mit sich gebracht. Doch es gibt eine Branche, die seither boomt: die Abzocker der Wirtschaftsspionage. In Zeiten knapper Kassen ist es verlockend, sich Erkenntnisse sowie Forschungs- und Produktionsunterlagen zum Nulltarif von der Konkurrenz zu beschaffen. Doch wir bekommen davon nichts mit. Denn Abzocker und Spione kennen wir nur aus dem Fernsehen. In der Realität aber öffnen wir ihnen bereitwillig die Türen.

Ein Beispiel vorweg: Die Bundesregierung stimmte Ende 2009 bedenkenlos der Übermittlung aller deutschen Bank- und Kundendaten ab 2010 an die USA zu – ein gefundenes Fressen für amerikanische Späher, die auf der Jagd nach firmeninternen Daten sind. Erst die EU schob dem sogenannten SWIFT-Abkommen mit den USA im Februar 2010 einen Riegel vor. Aus dem sensiblen Zahlungsverkehr von Unternehmen hätten sich in den USA leicht Rückschlüsse auf Märkte, Vertragspartner und Geschäftsvolumina ziehen lassen. So ist das, wenn man Abzocker und Späher nur im Fernsehen wahrnimmt, in der Realität aber einfach ignoriert.

Schnelle Autos, wilde Verfolgungsjagden und eine gut aussehende Dame an der Seite eines wagemutigen Helden – so stellen sich die meisten Menschen heute Spione vor. Stets geht es angeblich um Milliarden, um militärische Geheimnisse und um das Wohl der Welt. Der »Durchschnittsbürger«, so scheint es auf den ersten Blick, wird allenfalls am Bildschirm mit dieser aufregenden Welt konfrontiert. Das alles ist ein verhängnisvoller Irrtum. Und es ist ein teurer Irrtum. Denn Jahr für Jahr vernichten die unerkannt arbeitenden Späher allein in Deutschland etwa 50 000 Arbeitsplätze – vor allem im Mittelstand. In der Öffentlichkeit erfährt man kaum etwas darüber. Denn diese Spione sind keine abenteuerhungrigen, wagemutigen Helden. Sie arbeiten im Verborgenen. Und welches deutsche Unternehmen will schon öffentlich eingestehen, gegen tatenhungrige Spione versagt zu haben? Der Ruf wäre angeschlagen. Also schweigt man lieber.

Die Gefahr kommt gleich aus zwei Richtungen. Die eine heißt »Konkurrenzspionage«: Unternehmen forschen sich gegenseitig aus, um das Know-how des anderen zu stehlen und Vorteile am Markt zu erlangen. Dazu ein Beispiel aus der Praxis: das Auskundschaften von neuen Automodellen, die sich noch in der geheimen Testphase befinden. Natürlich freuen sich nicht nur die Leser von Autozeitschriften über neue Bilder sogenannter Erlkönige, sondern auch die Konkurrenten. Sie hoffen auf Details solcher Fotos. Die Automobilkonzerne geben kaum vorstellbare Millionenbeträge für Sicherheitsmaßnahmen aus, lassen ihre neuen Modelle Testrunden im dunklen Polarwinter hinter Stacheldrahtzäunen drehen und beschäftigen ehemalige Polizisten und Staatsanwälte als Abwehrchefs mit großem Mitarbeiterstab. Und dennoch hat das die Werksspionage nicht beendet. »Totale Sicherheit gibt es nicht«, musste etwa ein Sprecher von Ford zerknirscht eingestehen. Längst sind es aber nicht mehr nur Unternehmen, die auf ihre Wettbewerber Spione ansetzen. Mittlerweile spähen auch immer öfter staatliche Geheimdienste private Unternehmen aus. Auch in Deutschland.

Vor zwei Jahren noch blickte der Dortmunder Peter M. (Name geändert) sorgenlos in die Zukunft. Im Anlagenbau war sein mittelständisches Unternehmen bekannt, die Auftragsbücher stets gefüllt. Peter M. schämt sich heute, seinen Namen öffentlich zu nennen. Mit der Entwicklung von Fließdrückmaschinen hatte er sich in der Branche einen Namen gemacht. Im Jahre 2008 tauchten seine Neuentwicklungen zum ersten Mal auf asiatischen Messen auf, noch bevor er sie selbst in die Fertigung aufgenommen hatte. Peter M. wurde stutzig. Immer wieder einmal hatte er chinesische Werkstudenten bei sich arbeiten lassen. Spät keimte die Einsicht, dass einige von ihnen auch als Spione in seinem Unternehmen tätig geworden waren. Inzwischen weiß Peter M., dass viele seiner Bauteile in China kopiert werden. Die Chinesen produzieren billiger. Und Peter M. muss Mitarbeiter entlassen. So sorglos wie früher würde Peter M. nie wieder Werkstudenten durch sein Unternehmen gehen lassen.

Der Anteil chinesischer Industriespionage stieg auf 60 Prozent. Nochmals: Sechs von zehn in Deutschland tätigen Wirtschaftsspionen sind Chinesen. Hintergrund ist das von der chinesischen Regierung verordnete Ziel, spätestens bis zum Jahre 2020 mit westlicher Spitzentechnologie gleichzuziehen. Vor allem mittelständische Unternehmen mit innovativer Spitzentechnik sind in der Bundesrepublik Zielobjekte chinesischer Ausforschungen. Mehr als 10 000 Chinesen – Staatsangestellte, Diplomaten, Techniker, Professoren, Studenten – arbeiten in Deutschland als gut getarnte Wirtschaftsspione und sind in das staatliche chinesische Ausforschungsprogramm und die Aktivitäten ihrer Geheimdienste eingebunden. Weitere Zahlen über die konkreten Fälle und die Schadenshöhe gibt es offiziell nicht. Die Geheimdienste tappen angeblich weitgehend im Dunkeln. Die Realität dahinter: Man will dem deutschen Export nicht durch forsche Enthüllungen, die Wellen schlagen würden, Schaden zufügen. Man lässt die chinesischen Spione in aller Ruhe gewähren.

Kennen Sie Gen Huichang? Der 55 Jahre alte Chinese ist der oberste Geheimdienstchef der Volksrepublik China. Zwei Jahrzehnte lang war Gen Huichang in einer staatlichen Abteilung tätig, die sich mit internationalen Beziehungen befasste. Auf seinen Auslandsreisen hat er den chinesischen Diplomaten stets eingeschärft, im Interesse der Sicherung heimischer Arbeitsplätze die »business intelligence« mit allen zur Verfügung stehenden Mitteln auszubauen. Eine der ersten Amtshandlungen von Gen Huichang als Geheimdienstchef war die Anweisung, die überall in der Welt lebenden Auslandschinesen an ihre »patriotischen Pflichten zu erinnern« – im Klartext: die Wirtschaftsspionage zu verstärken.

In Deutschland hat die Bundesregierung Stillschweigen angeordnet. Journalisten durften 2007 nach ersten reißerischen Berichten über chinesische Angriffe auf deutsche Regierungsrechner nicht mehr über chinesische Hackerangriffe auf das Bundeskanzleramt berichten. Die Bundesregierung erklärte alle Informationen über die Ausspähung deutscher Regierungsrechner durch China schnell zur geheimen Verschlusssache. Damit machen sich dann auch Journalisten, die über Details der Einbrüche chinesischer Hacker in deutsche Regierungsrechner berichten, strafbar.

Seit Februar 2007 gab es in deutschen Medien verstärkt Berichte über eine Häufung von Fällen chinesischer Computerspionage in deutschen Unternehmen. Hans Elmar Remberg, stellvertretender Leiter des Bundesamtes für Verfassungsschutz, sagte, die Hacker in China seien »sehr gut ausgebildet. Sie verfügen über gute mathematische und kryptografische Kenntnisse.« Insgesamt gibt es in China etwa 1,2 Millionen staatlich ausgebildete Hacker – eine für europäische Verhältnisse kaum vorstellbare Zahl. Im Mai 2007 unterrichtete dann der Verfassungsschutz die Bundesregierung darüber, dass Hacker der chinesischen Volksbefreiungsarmee (mithilfe einer technischen Umleitung über Korea) Ausspähprogramme, sogenannte Trojaner, auf deutschen Regierungsrechnern platziert hatten. In der »größten digitalen Abwehrschlacht der Republik« hätten Fachleute die Übermittlung von 160 Gigabyte sensibler Informationen nach China verhindert. Welche und wie viele Daten zuvor schon übermittelt wurden, sei nicht klar. Im August 2007 berichtete dann auch der *Spiegel* über die chinesischen Hackerangriffe auf deutsche Regierungsrechner – und löste damit eine diplomatische Krise zwischen China und der Bundesrepublik Deutschland aus. Zwar gaben sich die Bundesregierung und auch chinesische Stellen offiziell entspannt und wiegelten ab – doch die Realität sah hinter den Kulissen anders aus.

Seither werden alle Anfragen zu den entdeckten chinesischen Attacken auf das Bundeskanzleramt, das Auswärtige Amt und das Forschungsministerium offiziell abgeblockt. Vor der Einstufung der China-Spionage auf Regierungsebene als geheime Verschlusssache wurde nur mitgeteilt, man sei bei der Analyse der Trojaner weit vorangekommen und habe die Sicherheitslücke entdeckt, durch die der Angriff erfolgte. Nach Informationen des Autors arbeitet die Bundesregierung heute zur Abwehr der chinesischen Angriffe mit einem amerikanisch-deutschen Programm, das in Fachkreisen unter dem Namen *Network Monitoring Lösung* »*NetWitness NextGen*« bekannt ist und auch von Geheimdiensten erfolgreich eingesetzt wird. Intern ist inzwischen bekannt, dass die chinesischen Spione bei ihren Angriffen auf die Rechner des Kanzleramtes eine Sicherheitslücke von Windows XP ausnutzen – deshalb prüft das erwähnte Programm in Echtzeit, ob diese Sicherheitslücke ausgenutzt wird und woher die Angreifer kommen. Weil die Spuren über den Umweg Korea auf staatliche chinesische Rechner führten, hat man den komplexen Vorgang zur Berliner Verschlusssache erklärt. Schließlich sollen die diplomatischen Beziehungen, die ohnehin durch den Empfang des Dalai Lamas im Kanzleramt gestört sind, nicht noch weiter in der Öffentlichkeit belastet werden.

Wer nicht getarnt wird von seiner Regierung, der kann sich auch nicht schützen. Peter M. hat diese Erfahrung machen müssen. Doch Peter M. ist kein Einzelfall. Und es sind keinesfalls nur Chinesen, die in Deutschland spionieren. In Berlin etwa hat sich seit 2006 ein »Beratungsunternehmen« mit besten Kontakten zu russischen Geheimdiensten darauf spezialisiert, ausländischen Industriespionen in Deutschland die Arbeit zu erleichtern. Das Berliner Consulting-Unternehmen, dessen Name »rein zufällig« starke Ähnlichkeiten mit einer großen russischen Stadt hat, kann auf die Datenbanken russischer Geheimdienste zurückgreifen. Es gibt viele Erkenntnisse und Daten bei russischen Diensten, die eigentlich »Abfallprodukte« sind, aber bei bestimmten westlichen Unternehmen einen unschätzbar hohen Wert haben. Und so verkaufen die Russen über das Berliner »Consulting-Unternehmen« ihre »Abfallprodukte« – Aufklärungserkenntnisse, die sie selbst kaum oder nur schlecht verwerten könnten. Für einen Stundenlohn von 1000 Euro plus Mehrwertsteuer liefern die Mitarbeiter Tag für Tag Daten über deutsche Unternehmen. Das ist die offizielle Version. Das ist die legale Tarnung. In Wahrheit aber werden dort sogenannte »Beschaffungslisten« abgearbeitet. »Beschaffungslisten« sind nichts anderes als Spionageaufträge. Für einen französischen Lebensmittelproduzenten beschaffte das Berliner Unternehmen Daten über die Auslastung der Schichten eines deutschen Pizzaherstellers. Die Datenerhebung mag an der Grenze zwischen Legalität und Illegalem liegen. Der französische Konzern wollte das deutsche Unternehmen übernehmen – und die Produktion gleich danach einstellen, um die unliebsame Konkurrenz auszuschalten. Mehr als 100 Arbeitsplätze sollten so in Deutschland auf einen Schlag dauerhaft vernichtet werden. Sicherheitskreise berichten, dass man bei einer Routinekontrolle im Fahrzeug der Geschäftsführung des deutschen Pizzaherstellers einen GPS-Tracker und Wanzen gefunden habe. Der Verdacht liegt nahe, dass auch hier die Franzosen ihre Hand im Spiel haben. Da die aufgefundenen Bauteile jedoch keine Namensschilder tragen, kann niemand mit Gewissheit sagen, wer den Spionageauftrag wirklich gegeben hat.

KAPITEL I

Was die Politik verdrängt

Skrupellos – Russlands Späher

Immer wieder einmal warnt der deutsche Verfassungsschutz ganz allgemein vor bösen Spionen aus dem Ausland. Konkrete Beispiele dafür nennt man gegenüber der Öffentlichkeit allerdings nicht. Nachfolgend schildern wir Ihnen einen aktuellen Fall, der es in sich hat: Wladimir Putin schickte seinen Schwager nach Deutschland und nach Österreich, damit dieser den europäischen Hubschrauber-Produzenten *Eurocopter* ausspionierte. Als die Sache aufflog, bestand man russischerseits auf diplomatischer Immunität – und ins Gefängnis gesteckt wurde zunächst nur ein völlig unbeteiligter Österreicher. Die deutsche Bundeskanzlerin Angela Merkel drückte dabei die Augen ebenso zu wie die österreichische Regierung. Der Österreicher wurde nach Jahren rehabilitiert – und klagte gegen seine absurde Behandlung. Für die Bundesregierung, die Generalbundesanwaltschaft und die österreicherischen Verantwortlichen war das alles mehr als peinlich. Denn der Österreicher hat eine Menge Material, das beweist, dass man die Großen erst einmal laufen lässt – und an ihrer Stelle Unschuldige hängt.

Es ist bekannt, dass russische Geheimdienste deutsche Unternehmen ausspähen. Schaut man in den Verfassungsschutzbericht von Nordrhein-Westfalen, dann wird die russische Spionage angeblich durch die »vorübergehende Festnahme eines mutmaßlichen russischen Nachrichtenoffiziers in Österreich wegen Verdachts der Spionage im militärisch-technischen Bereich dokumentiert«. Der deutsche Verfassungsschutz äußerte sich hier wahrlich nebulös. Dabei hätte er an dieser Stelle durchaus deutlicher werden können, denn der vorübergehend Festgenommene war der Bruder der Ehefrau des langjährigen russischen Staatspräsidenten Putin. Schauen wir uns den Fall, der in

Deutschland und Österreich wie ein Staatsgeheimnis behandelt wird, also einmal näher an.

Die meisten Spionagefälle erblicken nie das Licht der Öffentlichkeit. Und wenn, dann wird diffus darüber berichtet. Jeder auch noch so entfernte Involvierte wird dennoch sogleich zu einem vermeintlichen »James Bond«. Nehmen wir nur einmal den 14. Juni 2007. An diesem Tag verbreiteten Nachrichtenagenturen eine Meldung über einen Spionagefall in Österreich, sie lautete:

»Nach Angaben von österreichischen Behörden wurde am Montag ein russischer Mann wegen Spionageverdacht in Salzburg festgenommen. Auch sein österreichischer Kontaktmann konnte verhaftet werden. Das österreichische Innenministerium hat bestätigt, dass dem Russen vorgeworfen wird, von einem österreichischen Armeemitglied ›sensible Informationen‹ erhalten zu haben. Noch ist allerdings unklar, ob der Mann diplomatische Immunität genießt. Der Festgenommene ist bei der russischen Raumfahrtagentur *Roskosmos* beschäftigt und nahm an einer Sitzung des UN-Weltraumausschusses teil. Die russische Botschaft hat bereits Protest gegen die Verhaftung eingelegt.«

Soweit die Meldung. Hinter ihr stehen allerdings Details, die keiner der Beteiligten gern in der Öffentlichkeit sehen möchte. Der erwähnte verhaftete Russe war der Schwager des langjährigen russischen Staatspräsidenten Wladimir Putin. Und Putin, ein ehemaliger russischer Geheimdienstchef, soll der österreichischen Regierung höchstpersönlich eine Frist von sieben Tagen gesetzt haben, um seinen Verwandten aus Gründen »diplomatischer Immunität« wieder freizulassen. Andernfalls – so Putin – werde Russland in Österreich viele Aufträge stornieren. Der Leser wird verstehen, dass die Österreicher dem Druck nicht lange standhalten konnten: Der Russe wurde bald freigelassen.

Schlimmer erging es dem verhafteten Österreicher. Der Mann heißt Harald Sodnikar. Er ist ein angesehener Hubschrauberexperte. Er hatte mit der ganzen Angelegenheit nichts zu tun – und wurde von den Sicherheitsbehörden mithilfe geköderter Medien zum »Bauernopfer«. Herr Sodnikar, der auf einem staatlichen Fliegerhorst der Armee arbeitete, hatte mit Rückendeckung seiner Vorgesetzten und der österreichischen Dienste Geschäftskontakte zu Russen unterhalten. Er hatte in keinem Falle vertrauliche Unterlagen weitergegeben. Das bestätigte auch eine Hausdurchsuchung bei ihm. Er wurde zwei Wochen lang inhaftiert – und dann freigelassen. Über Monate hin hatte er keine Anklage, aber auch keinen Bescheid über die Einstellung des Verfahrens erhalten. Der Hintergrund: Jeder weitere Schritt hätte einige österreichische Politiker und auch die deutsche Bundesregierung in arge Bedrängnis bringen können.

Doch der Reihe nach: Herr Sodnikar behauptet, dass mehrere österreichische Politiker in Zusammenhang mit Hubschrauber-Rüstungsaufträgen eines international renommierten europäischen Konzerns hohe Bestechungsgelder erhalten haben. Kommt es zum Prozess, so sagt Herr Sodnikar aus. Das wollte man natürlich nicht. Die baldige Einstellung des Verfahrens wäre allerdings auch unschön gewesen, denn dann hätte man aus der Sicht der missbrauchten Journalisten Meldungen an die Presse gegeben, hinter denen sich eigentlich nichts verborgen hätte.

Doch es kommt noch schlimmer: Der Bruder der Ehefrau des russischen Präsidenten hatte wirklich spioniert und versucht, Baupläne, Handbücher und Reparaturanleitungen für Hubschrauber von *Eurocopter* zu beschaffen. Diese hat ihm nach Informationen des Autors allerdings nicht Herr Sodnikar gegeben, sondern ein deutscher Mitarbeiter von *Eurocopter*. Der Mann wurde inzwischen verurteilt. Ein nicht unwesentlicher Teil dieses Spionagefalles spielte sich eben auch auf deutschem Boden ab. Der deutsche Späher aber arbeitet inzwischen nicht mehr für das Unternehmen *Eurocopter* – stattdessen sitzt er im Gefängnis.

Insgeheim ermittelte also in Deutschland die Generalbundesanwaltschaft in Karlsruhe wegen Spionageverdachts auch gegen einige deutsche Mitarbeiter von *Eurocopter*, die Moskau bei der Spionage geholfen haben sollten – während Herr Sodnikar unschuldig im Gefängnis saß. Natürlich gab es dazu keine Pressemitteilung des Generalbundesanwalts. Denn das alles war und ist höchst brisant. Der Autor hat die Hinweise auf die Vorfälle in Österreich anschauen dürfen. Für Herrn Sodnikar war das alles mehr als nur unangenehm: Seine Bezüge wurden nach der Haftentlassung gekürzt. Und er wurde vom Dienst freigestellt. Sein Ruf wurde von den Sicherheitsbehörden systematisch ruiniert. Immerhin hatten österreichische Medien aus ihm ja auf einen Behördenwink hin einen »James Bond« gemacht.

In Wahrheit ist Herr Sodnikar nur ein Bauernopfer auf dem Schachbrett der großen Geheimdienstoperationen. Der vorgenannte Fall ist typisch für das Vertuschen von Spionagefällen. Denn niemand hat ein Interesse daran, diese öffentlich zu machen. Die Folge wären diplomatische Verwicklungen und ein Aufsehen, das der Diskretion der Geheimdienste und ihrer Auftraggeber widersprechen würde.

»Ich glaube an die Justiz. Aber ich habe kein Vertrauen mehr in die österreichischen Geheimdienste«, sagte Harald Sodnikar, nachdem alle Verfahren gegen ihn im September 2008 offiziell eingestellt wurden. Das österreichische Bundesamt für Verfassungsschutz (BVT) hatte 15 Monate lang gegen ihn ermittelt und ihm Spionage für den russischen Geheimdienst vorgeworfen. In dieser Zeit war der 52-jährige Laakirchner vom Dienst suspendiert. Der Pilot kehrte schließlich zu seiner Einheit nach Hörsching zurück. Der Hubschrauberpilot hatte bis dahin dem österreichischen Bundesheer bereits 32 Jahre gedient.

Schon lange davor schrieb der Autor, dass der Karlsruher Generalbundesanwalt in diesem Zusammenhang gegen einen ranghohen deutschen *Eurocopter*-Mitarbeiter ermittelt. Die Vorwürfe, über die Sodnikar uns damals berichtete, konnten offenkundig inzwischen erhärtet werden – denn das Verfahren wurde diskret ausgeweitet und der wahre Täter verurteilt. Dem Verfahren zufolge hatte ein *Eurocopter*-Mitarbeiter für die Russen spioniert – und Sodnikar geriet nur zufällig ins Visier der Dienste. Er war ein Bauernopfer, das von dem eigentlichen *Eurocopter*-Mann erst einmal ablenken sollte.

Im Bundeskanzleramt war die Affäre eine sogenannte »Tischvorlage« für die Bundeskanzlerin, die ständig über die Entwicklung bei dieser auch Putin betreffenden schlimmen Affäre unterrichtet wurde. Die Beziehungen zu und die Aufträge aus Russland sind wichtig – was zählte da schon das Leben eines unschuldig hinter Gittern sitzenden Mannes?

Die deutschen Dienste wussten von Anfang an, dass Herr Sodnikar völlig unschuldig im Gefängnis saß. Es waren ranghohe Politiker im Berliner Kanzleramt, die ihnen vorgaben, untätig beiseite zu schauen und den Österreichern keine Belege zu liefern. Sodnikar sollte vom deutschen Spion ablenken. Denn ein *Eurocopter*-Spionagefall und Verwicklungen des netten Herrn Putin und seiner Familie darin – das wäre doch unschön gewesen. Das hätte immerhin wichtige deutsch-russische Staatsbankette mit Champagner und Lachsschnittchen gefährden können. Nochmals zur Erinnerung: Der russische Hintermann des Spionage-falles, der Schwager Putins, wurde vom Kreml freigepresst. Vielleicht hat er ja inzwischen gemeinsam mit Putin, Kanzlerin Merkel und österreichischen Regierungsvertretern auf die »diplomatische Lösung« des Falls bei einem Glas Champagner angestoßen – die Großen lässt man laufen, die Kleinen hängt man. So war das wohl schon immer.

Hans-Peter Uhl, CSU-Bundestagsabgeordneter aus München und über viele Jahre hin Mitglied des Parlamentarischen Gremiums zur Kontrolle der Nachrichtendienste, sagte schon vor Jahren zu der langjährigen Praxis des Ausspähens der westlichen Wirtschaft durch die Russen: »Wenn Sie zur Kenntnis nehmen, dass bei der Amtseinführung des Chefs des Zivilen Russischen Auslandsnachrichtendienstes die Anweisung von Präsident Putin kam, durch Wirtschaftsspionage im Ausland dafür zu sorgen, dass die Wirtschaft der Russischen Föderation gestärkt wird, dann ist das ein offizieller Staatsauftrag, den diese staatliche Einrichtung dann auch erfüllen wird.«

Im gnadenlosen Kampf um Entwicklungs- und Produktionsvorsprung findet derzeit ein gigantisches weltweites Wettrüsten statt: Immer mehr Unternehmen bauen dafür sogar eigene Nachrichtendienste auf, Abteilungen, die man verharmlosend *Competitive Intelligence* (CI) nennt. Deren Aufgabe ist es, systematisch Informationen über Markttrends, Patente, Technologien und Kundenerwartungen zu sammeln. Mittlerweile unterhalten rund 80 Prozent der mittleren und großen Unternehmen weltweit solche Einheiten.

Neben Übernahmen von ganzen Firmenzweigen haben sich Industriespione vor allem auch auf den Diebstahl von Daten spezialisiert. Kundenlisten, Produktdaten und Blaupausen von Neuentwicklungen gehören dazu ebenso wie Ansatzpunkte für Erpressungen, um Mitarbeiter unter Druck zu setzen und zum Verrat von Betriebsgeheimnissen zu verleiten.

Airbus – Volksfeststimmung unter Schnüfflern

Auch in Deutschland galt es lange Zeit, Verbündete nicht zu brüskieren. Man spricht in Deutschland nicht über Wirtschaftsspionage. Es ist ein Tabuthema. Schauen wir uns also einfach einmal an, wie leicht es ist, sich Zutritt zu angeblich gut gesicherten deutschen Unternehmen zu verschaffen.

Hamburg-Finkenwerder, 27. August 2005

Es hätte alles so schön werden können. Bratwürstchen und gekühlte Getränke standen auf dem Firmengelände reichlich bereit. Auch die Hauptattraktion war wirklich sehenswert. Zehntausende Menschen folgten der Einladung. Sie alle würden einem historischen Ereignis beiwohnen: Zum ersten Mal flog der *Airbus A-380*, das größte Verkehrsflugzeug der Welt, über Hamburg und zog bei sonnigem Wetter mehrere Schleifen über dem Firmengelände. Zehntausende Fans starrten gebannt an den Himmel. Auch die Kamerateams der Fernsehsender waren zufrieden.

Mindestens ebenso interessant aber war das, was zeitgleich am Boden geschah. Während die Menschen draußen »Ah« und »Oh« riefen, gab es andere, die mit ihren Rucksäcken scheinbar zufällig jenseits der Absperrungen ihren Weg suchten. Aufkleber mit der Aufschrift »Unbefugten ist das Betreten nicht gestattet« wurden ignoriert. Wo Schilder deutlich ein Fotografierverbot signalisierten, da wurde fleißig fotografiert und gefilmt. Ein Container mit der Aufschrift »Datenträgervernichtung« wurde geöffnet. Statt im Reißwolf verschwanden Teile des Inhaltes in Rucksäcken. Doch bei *Airbus* bekam davon zunächst niemand etwas mit. Das Unternehmen feierte den Tag als großen Erfolg. So sah man das Ganze am Abend auch in den Nachrichtensendungen im Fernsehen.

Flughafen München, 25. November 2005

In einem Hotel am Münchner Flughafen begutachten zwei Mitarbeiter von EADS, dem Mutterkonzern von *Airbus*, mehr als 200 Fotos. Die auf einem USB-Stick gespeicherten Aufnahmen belegen eindrücklich, wie einfach es am 25. August gewesen sein muss, heimlich Unterlagen aus dem *Airbus*-Betriebsgelände nach außen zu schaffen. Immerhin wurden in den Büros Post und Faxe fotografiert; Einbauunterlagen und vertrauliche Firmenunterlagen verschwanden spurlos. Die Gunst der Stunde zu nutzen und Unternehmen auszuspähen, ist nicht schwer. Im vorliegenden Fall hatten die Täter das ohne Wissen von *Airbus* dokumentieren wollen. Schlimmer noch, sie behaupteten, dass *Airbus* an jenem Tag auch ein lohnendes Objekt für Wirtschaftsspione gewesen sei. Doch ob an jenem 27. August auf dem *Airbus*-Firmengelände in Hamburg-Finkenwerder auch staatlich gelenkte Wirtschaftsspione ihr Unwesen getrieben haben, wird wohl für immer ein Geheimnis bleiben. Denn wer würde schon freiwillig öffentlich eingestehen, »unterhalb der Gürtellinie« operiert zu haben? Wer sich vor unerwünschten Schnüfflern schützen will, der muss investieren. In Zeiten knapper Kassen aber sparen viele Vorstände weltweit zuerst beim Thema Sicherheit. Wirtschaftsspionen und den sie beauftragenden Regierungen dürfte das gefallen.

Howaldtswerke-Deutsche Werft – Späher in Korea

Nun wollen wir keinesfalls den Eindruck erwecken, dass deutsche Unternehmen über jeden Zweifel erhaben seien und mitunter nicht auch selbst in Verdacht gerieten, auf dem Gebiet der Spionage aktiv zu sein: So wurden zwei südkoreanische Mitarbeiter der Howaldtswerke-Deutsche Werft am 10. Juli 2008 in Seoul bezichtigt, Militärgeheimnisse im Bereich des U-Boot-Baus beschafft zu haben. Die beiden Mitarbeiter waren nach Informationen aus Sicherheitskreisen ehemalige Offiziere und arbeiteten anschließend für die deutsche Werft. Ihnen wurde vorgeworfen, von einem südkoreanischen Marineoffizier ein vier Seiten umfassendes Geheimpapier mit künftigen Beschaffungsplänen für den südkoreanischen U-Boot-Bau besorgt zu haben. Die Howaldtswerke-Deutsche Werft helfen den Südkoreanern beim U-Boot-Bau. Die Südkoreaner reagieren empfindlich, wenn ihre militärischen Beschaffungspläne entwendet werden: Zuletzt wurde im Jahre 2006 ein Mitarbeiter des französischen Rüstungskonzerns *Thales* angeklagt, der Beschaffungspläne für Radaranlagen der südkoreanischen Marine ausgespäht hatte.

Geheime Warnung vor Mikrowellenwaffen

Interessant wird es auf dem Gebiet der Spionage, wenn es Warnungen zu Ereignissen gibt, die so geheim sind, dass die gefährdeten Unternehmen nichts von der Gefahr erfahren dürfen. Das ist seit 2007 in Deutschland so bei abhandengekommenen Mikrowellenwaffen, die jederzeit schlagartig Unternehmen lahmlegen können, indem sie deren Elektronik wie von Geisterhand zerstören. Mikrowellen sind elektromagnetische Wellen, deren Wellenlänge zwischen einem Meter und einem Millimeter liegt. Von der Radartechnik über den Mikrowellenherd bis hin zu drahtloser Kommunikation (etwa Mobilfunk und Satellitenfernsehen) sind uns solche Wellen bekannt – und erwünscht. Mikrowellen sind lichtschnell und unsichtbar – aber auch waffentauglich.

Mikrowellenwaffen (Directed Energy Weapons / Radio Frequency Weapons) sind High-Tech-Waffen, die mit elektrischer Energie verletzen, zerstören und auch töten können. Neben militärischen Anwendungen eignen sie sich auch für Terroraktionen. Man kann mit ihnen etwa die Elektronik von Flugzeugen und Hubschraubern ausschalten und diese so zum Absturz bringen. Auch können Computer oder ganze Rechenzentren vom Straßenrand aus mit Mikrowellensendern ge- oder zerstört werden. Natürlich kann auch die Elektronik von Kraftfahrzeugen damit ausgeschaltet, sogar Airbags von vorbeifahrenden Fahrzeugen ausgelöst werden. Mikrowellenwaffen sind vor allem Anti-Electronics-Waffen. Die primitivste Möglichkeit hierzu bietet der Mikrowellenherd aus der Küche, er kann mit entsprechenden

Grundkenntnissen (Bauanleitung im Internet) ohne großen Aufwand zu einer »einfachen«, aber gefährlichen Mikrowellenwaffe umgebaut werden. Wichtigster Bestandteil ist hierbei die Vorrichtung zur Erzeugung von Mikrowellen, das Magnetron.

Seit 2003 entwickeln und vermarkten die beiden renommierten deutschen Rüstungsunternehmen Diehl (Nürnberg) und Rheinmetall gemeinsam Hochleistungs-Mikrowellenwaffen. Darüber berichtete die *Financial Times* schon am 9. März 2003. Auf der Internetseite des Unternehmens Rheinmetall heißt es dazu: »Mikrowellenwaffen gehören zur Gruppe der nicht-letalen Wirkmittel, die Gegner handlungsunfähig machen sollen, ohne ihnen ernsthaften Schaden zuzufügen. Sie werden in Zukunft eine immer größere Rolle spielen, zum Beispiel bei Anti-Terror-Einsätzen, aber auch in militärischen Szenarios. *High Power Electronic Microwave* (HPEM) ist ein Entwicklungsprojekt der Rheinmetall Waffe Munition GmbH, hier zu Illustrationszwecken auf dem Trägersystem *Wiesel* montiert.«

Die Illustration von Rheinmetall und die vorgenannte Darlegung des Unternehmens enthalten allerdings nicht den Hinweis, dass es inzwischen sehr kleine und unglaublich leistungsfähige Mikrowellenwaffen für Militärs gibt. Mittlerweile besitzt die Bundeswehr mehrere koffergroße Mikrowellenwaffen, mit denen man elektronische Schaltzentralen eines Gegners im Krisenfalle ausschalten könnte.

Die Vereinigten Staaten waren die Ersten, die solche von den Deutschen entwickelten leistungsfähigen Mikrowellenwaffen insgeheim einsetzten. Die Mikrowellenblitze zerstören die Elektronik in feindlichen Bunkern, Waffen und Fahrzeugen.

In der Vergangenheit sprachen Fachleute auch über den theoretischen Fall, dass Terroristen, die Organisierte Kriminalität oder Wirtschaftskrieger solche Waffen bekommen könnten. So hebt der Zweite Gefahrenbericht der Schutzkommission beim Bundesinnenministerium (2001) die Gefahren »durch elektromagnetischen Terrorismus« ausdrücklich hervor und weist in diesem Zusammenhang auch auf Mikrowellenwaffen (»High-Power Microwave« – HPM) hin: *»HPM-Waffen können ... relativ einfach und ohne aufwendige Kosten von Zivilpersonen aus handelsüblichen Komponenten gefertigt und zu Sabotage- oder Erpressungszwecken eingesetzt werden. Es wird in diesem*

Zusammenhang bereits von ›Elektromagnetischem Terrorismus‹ gesprochen, der zu einer Gefährdung der öffentlichen Ordnung führen kann.« Soweit der eigentlich ziemlich veraltete Gefahrenbericht der Schutzkommission aus dem Jahre 2001.

Inzwischen hat sich die Lage dramatisch verändert: Seit 2006 schon ist in Sicherheitskreisen intern bekannt, dass den Amerikanern bei Auslandseinsätzen auf dem Balkan mehrere Testkoffer mit Mikrowellenwaffen abhandengekommen sind. Das bestreitet heute in Sicherheitskreisen niemand mehr. In Deutschland gibt es seit 2007 eine auffällige Häufung von Abstürzen und unerklärlichen Totalausfällen ganzer Rechenzentren. Diese betrafen im Frühjahr 2007 zum ersten Mal auch ein Unternehmen der geheimschutzbetreuten deutschen Industrie. Sowohl aus Kreisen des Bundesamtes für Sicherheit in der Informationstechnik als auch von deutschen Nachrichtendiensten wird seither intern darauf hingewiesen, dass es sich dabei mit großer Wahrscheinlichkeit um böswillige Tests des Einsatzes von Mikrowellenwaffen handelt. Gegen diese gibt es keine Abwehrmöglichkeiten. Ein deutscher Nachrichtendienstler sagte dem Autor:»Wenn es einem Böswilligen gelänge, mit einer solchen Mikrowellenwaffe in die Nähe des Schaltzentrums eines Kernkraftwerkes in Europa zu kommen, dann wäre der GAU programmiert.«

Nun sind die elektronischen Schaltzentralen von Kernkraftwerken gut gegen ungebetene Eindringlinge gesichert und die Chance, dass diese die Sicherheitskontrollen überwinden können, gelten eher als gering. Man erwartet jedoch, dass den mutmaßlichen Test von Mikrowellenwaffen an europäischen Rechenzentren (diese sind in den Reihen der Sicherheitsbehörden dokumentiert) möglicherweise Einsätze in der Nähe von Start- und Landebahnen europäischer Flughäfen folgen könnten. Die ultrakurzen Strahlenimpulse solcher Mikrowellenwaffen erreichen Leistungen von mehreren Hundert Millionen Watt. Sie zerstören in einem weiten Umkreis alle Drähte und Transistoren in Chips. Die Angreifer würden damit die Elektronik in den Flugzeugen unwiderruflich lahmlegen und die Maschinen zum Absturz bringen. Sie könnten dann sogar unerkannt entkommen – und die Mikrowellenwaffe, die in einem Koffer transportiert werden kann, abermals einsetzen. Diese Vorstellung mag manch einem Leser wie eine Handlung aus einem Science-Fiction-Film erscheinen. Sie ist jedoch inzwischen zur realistischen Möglichkeit geworden. Für böswillige Wirtschaftskrieger, die einen Industriezweig in einem hoch entwickelten Land mit einem Schlag zerstören wollen, gibt es derzeit keine gefahrlosere Waffe als die Mikrowellenwaffe. Stellen Sie sich einfach einmal vor, sie würde in der Nähe eines großen Chemiewerkes oder Rechenzentrums gezündet. Die Folgen wären wohl kaum abschätzbar. Und weil nicht sein kann, was nicht sein darf, wird einfach niemand offiziell vor dieser Gefahr gewarnt. Man spricht aufseiten der Bundesregierung nicht darüber und steckt den Kopf in den Sand. Das ist auch eine Art der »Gefahrenabwehr«.

Schäden in Milliardenhöhe

Immer häufiger setzen Industriespione illegale Abhörtechnik ein. Hannes Katzschmann war lange Zeit darauf spezialisiert, solche Gauner auffliegen zu lassen. Der Südhesse Katzschmann leitete ein Abhörschutzteam der Deutschen Telekom. Mit seinen Mitarbeitern spürte er in Bürogebäuden Wanzen und heimlich eingebaute Kameras auf. »Fast alle Unternehmer haben kaum eine Vorstellung davon, was auf diesem Gebiet heute möglich ist und tatsächlich auch gemacht wird«, sagt Katzschmann. Die meisten Mittelständler wissen nicht einmal, dass die Deutsche Telekom mehrere Abhörschutzteams unterhält, um illegale fremde Lauscher aufzuspüren und Spionen das Leben schwer zu machen. Katzschmann und seine Mitarbeiter haben in den vergangenen Jahren in deutschen Büroräumen vieles gefunden: in Bewegungsmelder eingebaute Kameras, mit Wanzen präparierte Kugelschreiber und immer wieder in Steckdosenleisten installierte Abhöreinrichtungen. »Da ist halt die Stromversorgung gleich dabei, erklärt Katzschmann, »da braucht man keine Batterie mehr.« Die Deutsche Telekom unternimmt viel, um Unternehmen vor Spionen zu schützen. Für diese Leistungen wirbt sie aber kaum in der Öffentlichkeit. Offenkundig hat man Angst, dass »Abhörschutz« mit Abhören verwechselt wird. Dabei wäre es an der Zeit, dass auch mittelständische Unternehmen sich der wachsenden Gefahren bewusst werden.

Der Hamburger Rolf Dau war rund 30 Jahre Security-Manager in Deutschland und hat umfangreiche internationale Erfahrung. Dau sagt: »Arbeitsplätze sind im Zeitalter der Globalisierung weltweit, aber besonders in den sogenannten Industriestaaten mit ihrem großen Erfindungs-, Entwicklungs- und Produktionspotenzialen in Gefahr. Informationsvorsprünge gewinnen immer mehr an Bedeutung. Und Spionage kann dazu beitragen, Arbeitsplätze zu sichern.« Werde Know-how, mithilfe staatlicher Geheimdienste, zum Wohle der eigenen Wirtschaft im Ausland abgezogen, so habe der spätere Nutzer in der Wirtschaft praktisch kein Risiko. Immer mehr Staaten betätigten sich, mehr oder weniger verdeckt, auf diesem Gebiet. Dau hebt hervor: »Der Schaden in Deutschland geht dabei Jahr für Jahr in die Milliarden. Doch es ist ein Tabuthema. Wird jemand ertappt, was in der Praxis sehr schwer zu beweisen ist, dann spricht man nicht darüber, sondern schiebt den Späher dezent ab.«

Dabei kann jeder selbst mit einfachsten Mitteln Einblicke in die geheimnisvolle Welt der Spionage nehmen: Wer im Internet in einer Suchmaschine die Worte »spy shop« (Spionageladen) eingibt, erhält Links zu Millionen Seiten, von denen viele geheime Abhörtechnik, in Lippenstifte eingebaute Kameras, in Kugelschreibern und Steckdosen versteckte Wanzen und andere Dinge verkaufen, die man aus James-Bond-Filmen kennt. Da gibt es Kopiergeräte für Vorstandsetagen, die neben der Kopie gleich noch eine digitale fotografische Aufnahme anfertigen und diese über mehrere Hundert Meter unbemerkt an einen Empfänger außerhalb des Unternehmens funken. Und ein winziges Bauteil, genannt »key ghost«, das in weniger als zwei Sekunden unbemerkt zwischen Tastatur und Rechner gesteckt wird, zeichnet heimlich mehrere Millionen Tastaturanschläge auf und funkt diese ebenfalls aus dem Unternehmen an einen Empfänger. Die große Zahl solcher Angebote auf Internetseiten belegt, dass es weltweit eine rege Nachfrage nach Spionageausrüstung gibt. In Deutschland aber ist das alles weitgehend unbekannt.

Nokia-Mitarbeiter: Anwerbungstage zum Ausquetschen

Im Januar 2008 kündigte *Nokia* an, sein Mobilfunkwerk in Bochum zu schließen. 2300 Arbeitsplätze sollten wegfallen. Was das mit Wirtschaftsspionage zu tun hat? Ganz einfach: Alle *Nokia*-Mitarbeiter machten sich natürlich sofort Gedanken über ihre berufliche Zukunft. Das haben jene ausgenutzt, die Betriebsgeheimnisse von *Nokia* zum Nulltarif haben wollten. In jenen Tagen fanden sich in vielen Lokalzeitungen des Ruhrgebiets auffällige Inserate, in denen es hieß, ein ausländisches Unternehmen suche »dringend« Ingenieure, weil man ein »europäisches Forschungs- und Entwicklungszentrum« in Bochum für Mobilfunktechnologie errichten wolle. Und weil man wirklich ganz dringend leitende Mitarbeiter und Ingenieure benötige, veranstalte man nun in mehreren Städten »Anwerbungstage«. In den Inseraten hieß es, man suche »vornehmlich Entwicklungsingenieure und keine Mitarbeiter für die Produktion«. Die Befragung der »einfachen Arbeiter«, die keine Betriebsgeheimnisse kannten, wollte man sich offenkundig ersparen. Was also würden Sie anstelle jener *Nokia*-Ingenieure getan haben, die gerade über den drohenden Verlust ihres Arbeitsplatzes informiert worden waren und nun ein angeblich verlockendes Angebot entdeckten, das »garantiert weit über dem Durchschnitt bezahlt wird, verbunden mit internationalen Reisen und zahlreichen Zusatzleistungen«? Viele tappten in die Falle, gingen zum »Anwerbungstermin« und ließen sich bereitwillig ausfragen. Manche sollen gar Konstruktionsunterlagen und Softwarepläne mitgebracht haben – als Kostprobe des eigenen Erfindergeistes. Die Ingenieure wurden dennoch nicht eingestellt. Sie wurden ausgefragt, ausgequetscht und dann wieder nach Hause geschickt.

Das geschickte Ausfragen in unverfänglichen Situationen ist eine Standardmethode der Wirtschaftsspionage. Man schaltet Anzeigen für Stellen, die es in Wahrheit gar nicht gibt, fragt die Personen über ihre bisherigen Arbeitsgebiete aus – und schickt sie anschließend wieder weg. Manch einer würde sich wundern, wenn er wüsste, welche Hintergründe sein »Vorstellungsgespräch« in Wahrheit hatte. In einer Zeit der Massenarbeitslosigkeit nutzt es nichts, vor solchen Gefahren zu warnen: Die Menschen suchen Arbeit und teilen bereitwillig alles mit, weil sie von der Hoffnung auf einen Arbeitsplatz angetrieben werden.

Industriespione geben sich als Kunden, Doktoranden oder Headhunter aus, kontaktieren ehemalige Mitarbeiter und lassen sich erklären, wie die Arbeit konkret aussieht. Auf Messen mimen sie den Technikfreak und verwickeln Mitarbeiter geschickt in Fachgespräche. Denen kommen dann schnell mal intime Details zum neuen Produkt über die Lippen. Angesprochen werden kann jeder. Und mitunter trifft es sogar Studenten. Das hat der Autor am eigenen Leib erlebt: So ahnte der Autor nichts Böses, als er – wie etwa zwei Dutzend weitere Studenten – Anfang der 1980er-Jahre zu einem »Konfliktforschungsseminar« der Studiengesellschaft für Zeitprobleme e. V. nach Bonn-Bad Godesberg in die Ubierstrasse 88 eingeladen wurde. Eine kostenlose Bahnfahrt vom Studienort Freiburg nach Bad Godesberg, die Unterbringung in einem Hotel, ein Tagesgeld von 20 Mark (heute sind das etwa zehn Euro) und das in Aussicht gestellte Büchergeld waren für die angesprochenen Studenten Anreiz genug, sich für eine Woche unbefangen der Einführung in die »Problematik des Ost-West-Konfliktes« zu stellen. Die vermeintliche Großzügigkeit hatte allerdings einen berechnenden Hintergrund: Jene Studenten, die in Rollenspielen die westliche Militärdoktrin besonders gut verteidigten, wurde zu einem (üppig bezahlten) »Folgeseminar« eingeladen. Und wer auch dieses »erfolgreich« absolvierte, erhielt im ersten Stockwerk des Hauses Ubierstrasse 88 das Angebot, künftig für den Bundesnachrichtendienst zu arbeiten. Wie viele andere Studenten lehnte der Autor ab. Mehrere Hundert deutsche Studenten haben in den 1980er-Jahren Erfahrungen mit dieser Anwerbepraxis des Bundesnachrichtendienstes gemacht. Alle großen Geheimdienste der Welt engagieren sich auch an Hochschulen. Mitunter dauert es lange, bis man erkennt, von wem man da eigentlich angesprochen wurde. Beim Autor hat es jedenfalls viele Jahre gedauert. Er hat natürlich aus den Tricks und Täuschungsmanövern der Geheimdienste gelernt.

So wollte ein Unternehmen, das Solarzellen herstellt, sich vom Autor auf Sicherheitslücken überprüfen lassen. Den geheim gehaltenen Silberanteil in den Solarzellen herauszufinden, wäre ein lohnendes

Ziel für jeden Geheimdienst. Der Autor demonstrierte dem Solar-
unternehmer in wenigen Minuten, wie leicht es ist, dieses Betriebs-
geheimnis zu lüften. Er griff zum Telefonhörer, rief in der Entwicklungsabteilung des Unternehmens an und gab sich als hilfsbedürftiger
Kollege einer holländischen Niederlassung der Firma aus. Das Telefo-
nat lief dann folgendermaßen ab:»Guten Tag, meine Name ist Jan van
Rippje und ich spreche nicht so gut Deutsch. Ich komme aus Ihrer
Niederlassung in den Niederlanden und ich bin hier völlig neu und
habe gleich eine Besuchergruppe, die ich führen muss. Der Chef ist
nicht da und ich will gleich keinen Ärger haben. Ich muss ein paar
Sachen wissen für die Hinterkopf für die Fragen.« Schon nach wenigen
Minuten hatte der Autor mit dieser Masche einem Entwicklungs-
ingenieur des Unternehmens den streng geheimen Silberanteil der
Solarzellentechnologie entlockt und damit bewiesen, was die Firmenleitung für unwahrscheinlich hielt: die leichte Täuschbarkeit eigener
Mitarbeiter durch einen getürkten Telefonanruf von außen. So gehen
auch richtige Wirtschaftsspione vor.

Gefährliche Betthupferl: Agentinnen im Sex-Einsatz

Spionage ist das zweitälteste Geschäft der Welt. Manchmal gehen
Mitarbeiter von Regierungen, die Staats-, Militär- oder Wirtschaftsgeheimnisse eigentlich für sich behalten sollten, auch den Mitarbeiterinnen des ältesten Gewerbes der Welt auf den Leim. Solche Verlockungen nennt man »Honigfallen«. Ein früherer Mitarbeiter des britischen damaligen Regierungschefs Gordon Brown war im Jahre 2008
auf eine chinesische »Honigfalle« hereingefallen, mit schlimmen Folgen. Im Frühjahr 2008 hatte der Londoner Regierungschef Gordon
Brown China besucht. In seinem Gefolge waren Mitarbeiter der Geheimdienste, britische Wirtschaftsvertreter und seine engsten persönlichen Vertrauten. Sie alle waren vor der Reise vor den Verlockungen der
Mitarbeiterinnen chinesischer Geheimdienste gewarnt worden, die in
den Bars der Hotels auf sie lauern würden. Doch bei einem der engsten
Mitarbeiter Browns spielten die Hormone verrückt – der Mann verließ
eine Hoteldiskothek in Shanghai mit einer chinesischen »Begleiterin«

und ging mit ihr auf ein Zimmer. Die Nacht war stürmisch und der Mann achtete nicht auf seine Habseligkeiten, er hatte wohl anderes im Kopf. Am nächsten Morgen war sein *Blackberry* verschwunden. Nun war guter Rat teuer.

Mit den nicht einmal verschlüsselten *Blackberry*-Programmen kommt man leicht in die Rechner des Londoner Regierungssitzes in der Downing Street 10. Der verschollene *Blackberry* hatte angeblich einen Direktzugang in die Dateien der Downing Street, zumindest die Mail-Programme kann man angeblich problemlos mit dem verschwundenen Gerät einsehen. Die britischen Behörden waren nicht nur wütend auf den unvorsichtigen Mitarbeiter, sie wussten auch nicht, wie sie reagieren sollten – alle Zugänge einfach abschalten ...? Die *Times* berichtete über diesen Spionagefall und dessen kaum absehbare Folgen. Man vertritt inzwischen die Auffassung, dass die »Honigfalle« eine gezielte Aktion chinesischer Dienste gewesen ist.

Man muss in diesem Zusammenhang wissen, dass London gerade eine schwere Zeit hinter sich geglaubt hatte. Im Januar 2008 war einem Mitarbeiter des Londoner Verteidigungsministeriums der Laptop mit den darauf befindlichen unverschlüsselten, streng vertraulichen Daten von 600 000 Menschen entwendet worden, der Skandal war groß. Am 30. April 2008 wurde dazu dann ein offizieller Abschlussbericht der Regierung – der *Burton Report* – veröffentlicht, in dem man gelobte, dass so etwas nie wieder vorkommen werde.

»Sexeinsätze« sind in der Welt der Geheimdienste an der Tagesordnung. Man spricht indes nur selten darüber. Ost und West haben im Kalten Krieg auf vielen Feldern gegeneinander gekämpft. Ein Bereich, der bislang kaum in der Öffentlichkeit bekannt geworden ist, betrifft die Aktivitäten jener Agentinnen, die unter Einsatz ihrer körperlichen Reize dem Vaterland zu dienen versprachen. Am wenigsten Skrupel zeigte auf diesem Gebiet der KGB. Über Jahre hin bildete man dort Agentinnen zielgerichtet zu »Sexspioninnen« aus. Eine von ihnen, nennen wir sie »Vera«, berichtete im Jahre 2002 gegenüber der russischen Zeitung *Prawda* über ihre Erlebnisse. Angeworben hatte man sie mit dem Versprechen, ihrer Familie jeglichen Wunsch zu erfüllen. Die einzige Voraussetzung – alle Hemmungen und Scham über Bord werfen. »Vera« erlernte vom KGB Sexualtechniken, die ihr mithilfe pornografischer Filme erklärt wurden. Die Frauen des KGB, so »Vera«, lernten, Männern »alle Wünsche« zu erfüllen. Zum Unterrichtsinhalt zählte viel Praxis: Die Frauen mussten etwa (gemeinsam mit ihren Lehrern) an lesbischen Orgien teilnehmen, die gefilmt und später nach dem Gruppensex in einer »Gruppendiskussion« ausgewertet wurden. Rückblickend berichtet »Vera«: »Man sagte uns, wir seien Soldaten. Und unsere Körper seien unsere Waffe. Als das Training beendet war, waren wir die fortgeschrittensten Frauen auf sexuellem Gebiet. Wir konnten wirklich jeden Mann befriedigen – wenn der Befehl dazu erteilt wurde.« Und der Befehl kam erst nach langwierigen Erkundungen. Jene Männer, die »zufällig« eine als Zivilistin getarnte Sowjetbürgerin (tatsächlich aber Sexagentin) kennenlernten, waren lange observiert worden. Der KGB hatte Akten angelegt, in denen etwa ihre bevorzugten Sexualpraktiken festgehalten waren. Die Sexagentinnen mussten die Akten immer wieder studieren, damit sie beim »Einsatz« auch ja nichts vergaßen – und der betreffende Mann glaubte, endlich die Partnerin seiner Träume gefunden zu haben. Dummerweise schnappte die Falle nach den ersten Nächten zu: Den Männern wurde erklärt, dass sie fortan keinen Ausweg mehr hätten, als für den KGB zu arbeiten, wenn sie ihr Sexualleben weiterhin geheim halten wollten.

Beim Moskauer KGB nannte man die Sexagentinnen auch »Schwalben«. Die westlichen Botschaften in Moskau waren nicht nur während des Kalten Krieges Hauptziel für die Operationen zur gezielten sexuellen Kompromittierung. Es soll auch heute kaum eine westliche Botschaft in Moskau geben, die von den russischen Diensten nicht gezielt mit »Schwalben« bedient wird.

Doch nicht immer war deren Einsatz in der Vergangenheit erfolgreich, und manchmal lief einfach alles schief. Da gab es doch Männer, die auf die Erpressungsversuche des KGB einfach ungewöhnlich und unerwartet reagierten. Einer von ihnen war der für seine sexuellen Eskapaden wohlbekannte indonesische Staatspräsident Ahmed Sukarno. Bei einem Besuch in der Sowjetunion arrangierte der KGB für Sukarno ein zufälliges Treffen mit einer Gruppe junger Frauen in einem Flugzeug, die dem Staatspräsidenten unter der Aufsicht einer Stewardess eindeutige Komplimente machten. Sukarno fand sich wie erwartet geschmeichelt und lud die Frauen »zu einem Drink« auf sein

Hotelzimmer ein. Da ging es dann wirklich zur Sache. Die blutjungen Frauen entpuppten sich als hemmungslose Sexexpertinnen, die Sukarno bei der Orgie einen Höhepunkt nach dem anderen verschafften. Hinter zwei Spiegeln hatte der KGB Kameras angebracht und filmte die bizarre Szenerie. Vor der angestrebten Erpressung lud man Sukarno dann zu einer privaten Filmvorführung und zeigte ihm die Aufnahmen in der Annahme, dass er blass und schweigsam werden würde. Man glaubte, dass er von nun an zu jeglicher Ergebenheit und Zusammenarbeit bereit sein würde.

Doch es kam ganz anders: Sukarno dachte, dass es sich um eine ganz besondere Aufmerksamkeit Moskaus handele, bedankte sich für die »vorzüglichen Bilder« und fragte, ob er einige weitere Kopien des Filmes bekommen könne. Diese, so Sukarno, werde er in den indonesischen Kinos vorführen lassen in der Annahme, dass jeder Indonesier stolz auf seinen so potenten Präsidenten sei, der sogar junge ausländische Frauen begeistern könne. Die höchst erstaunten Gesichter der KGB-Leute kann man sich auch heute noch gut vorstellen.

Bei einem bekannten französischen Diplomaten scheiterte der KGB mit seinen Erpressungsversuchen ebenfalls. Der sowjetische Geheimdienst hatte herausgefunden, dass der blaublütige Aristokrat homosexuelle Neigungen hatte und ihm offenkundig ein gut gebauter Angestellter einer Moskauer Behörde gefiel. Der KGB observierte den Blaublüter und schien zunächst erfolgreich zu sein. Als der KGB diesem Fotos unter die Nase hielt, die den Diplomaten bei Sexspielen mit einem anderen Mann zeigten und auf denen dieser gut zu erkennen war, da soll der Franzose nur gelacht haben. Er bekannte sich offen zu seiner Homosexualität. Und: Jeder in der französischen Botschaft in Moskau wusste davon, nur der KGB hatte es für ein Geheimnis gehalten. Der Diplomat ließ sich nicht erpressen.

Hingegen fiel der amerikanische Diplomat Irvin Scarbeck in Polen auf eine »Schwalbe« herein. In einem kleinen Warschauer Altstadtpalais in der Kościelna-Gasse erhielt er am Abend des 4. September 1959 einen Anruf. »Ich bin ein hübsches Mädchen«, kam die Anruferin Ursula Discher, eine polnische Agentin, gleich zur Sache und lud den verdutzten Diplomaten zu sich ein. Irvin Scarbeck, verheiratet und Vater dreier Kinder, ging auf das eindeutige Sexangebot ein, traf die

21 Jahre alte Frau und verfiel ihren Reizen. Bei einem der folgenden Treffen in einer Warschauer Wohnung standen plötzlich zwei Milizionäre im Schlafzimmer und fotografierten das Liebespaar mit Blitzlicht. Ein dritter Mann in Zivil befahl den Milizionären, das Mädchen wegen des Verdachts der »illegalen Prostitution« festzunehmen. Der »Zivilist« sagte zu Irvin Scarbeck: »Sie werden das Mädchen nie wieder sehen, wenn Sie nicht mit uns zusammenarbeiten. Die Dame wird wegen Prostitution und Devisenschwarzhandel vor Gericht gestellt und dann in ein Armeebordell verfrachtet.« Scarbeck wusste damals nicht, dass es in Polen gar keine »Armeebordelle« gab. Er hatte zwar keine Angst wegen der mit Blitzlicht aufgenommenen Fotos – vor bösen Folgen würden ihn seine Immunität und die schützende Hand seines Botschafters Jacob Beam schon bewahren –, aber er fühlte sich dem Mädchen gegenüber verantwortlich. Und genau darauf hatten es die Polen abgesehen: Sie drängten ihn sanft in die Rolle des »Retters« und erhielten nebenbei noch die Verpflichtung des Amerikaners, ihnen geheime Dokumente aus der Botschaft zu beschaffen. Scarbeck wurde später in den Vereinigten Staaten wegen Spionage zu 30 Jahren Haft verurteilt.

Auch das Ministerium für Staatssicherheit der DDR, umgangssprachlich kurz als »Stasi« bezeichnet, beherrschte die Gefühlsklaviatur seiner potenziellen Opfer. Seine Pläne zielten vor allem auf einsame Sekretärinnen zwischen 30 und 50 in den Berliner und Bonner Behörden. Dabei durften die als Sexagenten eingesetzten Lockopfer nicht Supermänner vom Schlage eines James Bond sein. Es wäre zu auffällig gewesen, wenn diese sich an eher durchschnittlich aussehende Sekretärinnen heranmachten. Die Männer wurden von erfahrenen Frauen zu charmanten Verführern ausgebildet. Die ersten Treffen mit ihren »Opfern« wurden wie zufällig arrangiert: Man gab vor, an die falsche Bürotür geklopft zu haben, und entschuldigte sich einen Tag später mit einem kleinen Blumenstrauß, dem das Angebot zu einem Cafébesuch folgte. Die Stasiagenten waren vor allem bei NATO-Sekretärinnen so erfolgreich, dass man in ihren Büros sogar Plakate aufhängen ließ, die auf diese Anwerbeversuche hinwiesen. Etwa von Beginn der 1960er-Jahre an wurden mithilfe dieser Methode »Romeo« ausgesuchte Stasiagenten – als charmante Liebhaber getarnt – auf alleinstehende westdeutsche Sekretärinnen in wichtigen Behörden oder Ministerien angesetzt. Die Frauen wurden von den Agenten erotisch erobert, emotional abhängig gemacht und manchmal sogar geheiratet. Viele von ihnen waren anschließend bereit, Geheimdokumente aus ihrem Arbeitsbereich zu verraten.

Die wohl bekannteste männliche »Schwalbe« des KGB war Detective John Symonds, der lange für die Londoner Polizei gearbeitet hatte. Nach einer Bestechungsgeschichte 1969 ging ihm das Geld aus und er bot sich selbst dem KGB an. Weil man in Moskau seine »anziehende Erscheinung« schätzte, wurde John Symonds zwischen 1972 und 1980 an vielen Plätzen der Welt als Romeo-Agent des KGB eingesetzt: einmal in Bulgarien, dann in Tansania und schließlich auch einmal in Bonn. Auf vier Kontinenten durfte er seine Verführungskünste spielen lassen. Seine wichtigste Eroberung war eine Mitarbeiterin eines westdeutschen Ministeriums. 1980 hatte Symonds allerdings genug von dieser Tätigkeit. Er ging zurück nach England, stellte sich und verbüßte zwei Jahre Haft wegen Bestechung. Bezüglich seiner Spionagetätigkeit wurde er nicht belangt.

Manchmal waren auch Journalisten das Ziel von Romeo-Agenten und »Schwalben«. In den 1980er-Jahren sollen mehrere Mitarbeiter der französischen Nachrichtenagentur *Agence France Presse* (AFP) in die »Schwalben«-Falle getappt sein. Auch ein italienischer Diplomat in Moskau ließ sich reinlegen. Als er ein Verhältnis mit einem Dienstmädchen hatte, versuchte man ihn auch mit einer »Schwalbe« zu kompromittieren. KGB-Agentin Schukowa, dienstintern nur »Honigfalle« genannt, wurde darauf angesetzt, ihn zu verführen. Sie erreichte ihr Ziel – und der KGB fotografierte das intime Beisammensein. Dann wandte sich ein russischer Freund an den Italiener und behauptete, eine kriminelle Bande werde sich demnächst vor Gericht verantworten müssen und es gebe das Gerücht, dass die Bande über Fotos verfüge, die den Italiener beim Sex zeigten. Und die würden dann wohl auch vor Gericht zur Sprache kommen. Man könne dem Italiener aber helfen, wenn er einwillige, Moskau einige »Gefallen« zu tun. Der Italiener gab nach und lieferte dem KGB fortan Botschaftsberichte.

Ebenso zog Jeremy Wolfenden, 1962 Korrespondent des *Daily Telegraph*, der in Großbritannien für den Marinegeheimdienst gearbeitet hatte, die Aufmerksamkeit des KGB auf sich. Der homosexuelle Mann wurde mit einer »Honigfalle« kompromittiert. Nach Rücksprache mit dem MI6 ließ er sich darauf ein, als Doppelagent für die Sowjets und den MI6 zu arbeiten. Am 28. Dezember 1965 fand man seine Leiche in Washington, wo er zu jener Zeit das Büro des *Telegraph* leitete. Angeblich hatte er sich selbst getötet.

In einem anderen Land lockten Sexagentinnen derweilen ihre Opfer in eine tödliche Falle: Mehr als ein Dutzend britische Soldaten wurden während des Nordirland-Krieges von hübschen jungen Frauen in Bars angesprochen und zum Sex eingeladen. Im Zimmer angekommen, warteten dann die Mörder auf sie. Doch nicht nur die IRA setzte Sexagentinnen ein. Die Briten reagierten prompt und eröffneten in Belfast zwei Bordelle, in die man die mutmaßlichen Kämpfer der IRA lockte. Dort arbeiteten nicht etwa britische Prostituierte. Nein, man »besorgte« sich überall in Europa erfahrene Prostituierte, die man mit viel Geld köderte. Und die Frauen waren offenkundig ihr Geld wert. Denn es soll viele gute Informationen gegeben haben, die sie von ihren »Opfern« nach dem Beischlaf erhielten.

Vom israelischen *Mossad* weiß man ebenfalls, dass er den Einsatz von Sexagentinnen betreibt. Dabei handelt es sich um Frauen arabischer Herkunft, die einen kanadischen oder amerikanischen Pass besitzen und die in Palästina und arabischen Staaten etwa als vermeintliche »Journalistinnen« oder Mitarbeiterinnen internationaler »Hilfsorganisationen« auftreten.

In China haben sich die Sexagentinnen der Volksrepublik auf Personen aus Taiwan und Südkorea spezialisiert. Den Chinesen wird allerdings nachgesagt, noch eine andere Zielgruppe im Auge zu haben: katholische Priester, die man beim hemmungslosen Sex mit jungen Frauen filmt und dann erpresst. Katholische Priester, so glaubt man offenkundig in Peking, können der atheistischen Staatsführung mit ihren Netzwerken dienlich sein.

Am 24. Juni 2002 berichtete der Radiosender *Voice of America* über Agentinnen in der amerikanischen Geschichte. Anlass des Berichtes war die Eröffnung einer Ausstellung im *National Women's History Museum* mit dem Titel *Clandestine Women – The untold stories of women in espionage.* Darin wurde über Virginia Hall, eine der ersten

Frauen, die bei OSS und CIA Karriere machten, berichtet und über
Sheila Martin, die während des Zweiten Weltkriegs codierte japanische
Wetterberichte ins Englische übersetzte. Auf die wahre Geschichte
über Sexagentinnen aber warteten die Hörer vergeblich. Es war ein
patriotischer Bericht über patriotische Frauen, die im Dienste ihrer
Vaterländer einer ehrenvollen Aufgabe nachgingen. Zielgerichteter
Agentensex ist auch außerhalb der Dienste offenkundig noch immer
ein Tabuthema.

Immerhin gab es einen legendären Geheimdienstmann, der nachweislich alles unternahm, um dem Unwesen der Sexagentinnen Ein-
halt zu bieten: Maxwell Knight, britischer Spionagechef im Zweiten
Weltkrieg und Vorbild für sein Pendant »M« in den James-Bond-
Romanen, riet den Agenten dringend davon ab, Sex und Beruf miteinander zu verbinden. Knight soll gesagt haben, wenn ein männliches
Opfer bei einer Frau plaudere, dann werde es nach einigen Malen Sex
das Interesse an ihr verlieren: »Ich bin überzeugt davon, dass weibliche
Agenten mehr Informationen erlangen konnten, indem sie sich von
den Armen eines Mannes fernhielten, als dadurch, dass sie sich ihm
scheinbar willenlos hingaben.« Mit dieser Auffassung aber scheint
Knight ziemlich isoliert in der Welt der Geheimdienste zu stehen.
Selbst für den Filmhelden James Bond fand sein geistiger Vater Ian
Fleming ein Leben ohne Agentenaffären nicht akzeptabel.

KAPITEL II

Was die Bürger nicht wissen

Besser als Science-Fiction – Spionagehilfsmittel

Spione benutzen heute Hilfsmittel, die viele für Science-Fiction halten. Ein Beispiel: In James-Bond-Filmen hat es so etwas schon vor Jahrzehnten gegeben, in der Realität erst 2007 – eine Kamera, mit deren Hilfe Spione durch Wände blicken können. Das amerikanische Unternehmen *Physical Optics Corporation* gilt als ausgesprochen innovativ. Seit dem Jahre 2007 macht es diesem Ruf alle Ehre: Mit dem insgeheim entwickelten Produkt »LEXID« (Lobster Eye X-ray Imaging Device) gelang den Forschern der bislang wohl größte Coup. Immerhin kann man mit dem Gerät von der Größe einer Videokamera durch Zement, Stahl und Holz blicken. Die amerikanische Heimatschutzbehörde hatte die Forschungsarbeiten unterstützt und war dann erster Großkunde für das schlicht *Lobster* genannte technische Meisterstück. Der *Lobster* hat viele Eigenschaften, die Sicherheitsbehörden und auch Wirtschaftsspione schnell schätzen lernen werden: Man kann an Flughäfen im Vorbeigehen in das Gepäck der Reisenden schauen, man kann in den Rümpfen von Containerschiffen sofort sehen, was sich tatsächlich in einem solchen Transportbehälter befindet. Hindernisse oder Trennwände aus Holz, Stahl und Beton – für den *Lobster* kein Problem. Inzwischen sind viele Einzelheiten über das Gerät, dessen Entwicklung kaum eine Million Dollar gekostet haben soll, bekannt geworden. Nur ein Geheimnis wird weiterhin gehütet: der Preis eines einzelnen Systems.

Sicherheitsausweise sollen eigentlich der Sicherheit dienen. Mit ihnen sollen nur berechtigte Personen Zutritt zu bestimmten Orten oder Räumen erhalten. Seit 2008 gibt es einen Sicherheitsausweis, der selbst das perfekte Sicherheitsrisiko ist und ausschließlich erfunden wurde, um unbemerkt spionieren zu können. Immer mehr Unternehmen rüsten ihre Mitarbeiter mit personalisierten und codierten Zutrittskarten aus. Diese sollen helfen, Unbefugte am Betreten eines Betriebes zu hindern. Im Internet existieren viele Anbieter, die Plastikkarten mit jedwedem Motiv versehen. Es ist also leicht, eine leere Plastikkarte mit der Optik eines Sicherheitsausweises eines bestimmten Unternehmens auszurüsten. Das ist die eine Seite.

Seit 2008 gibt es »Sicherheitskartenrohlinge« am Markt, die man nicht nur grafisch gestalten lassen kann – sie haben auch eine eingebaute Spionagefunktion: Die Karten verfügen über eine Kamera und über einen Audiorekorder mit einem Vier-Gigabyte-Speicher. Man kann damit in einem Unternehmen vortäuschen, in offizieller Funktion anwesend zu sein – und zeitgleich heimlich Audio- und Videoaufnahmen erstellen. Die Kamera schießt Bilder mit einer Auflösung von 1280 x 1024 Pixeln und kostet 174 Dollar. Jeder echte Spion dürfte seine Freude an dem »Sicherheitsausweis« haben. Immerhin ergänzt dieser eine neue Spionageuhr, die man locker am Handgelenk tragen kann: Diese Uhr macht ebenfalls Video- und Audioaufnahmen – und zeigt zugleich auch noch ganz normal die Uhrzeit an. Die technischen Daten der 236 Dollar teuren Uhr: Zwei-Gigabyte-Speicher, Bildauflösung 352 x 288 Pixel, AVI-Aufnahme, USB-Anschluss zum Laden und zur Datenübertragung.

Die technische Ausrüstung von Spionen verändert sich beständig. Jeden Tag werden neue Dinge erfunden oder vorgestellt, die Wirtschaftsspione für ihre Zwecke nutzen können – obwohl die betreffenden Geräte eigentlich einem ganz anderen Zweck dienen sollen. So verhielt es sich auch 2007 mit einer neuen Krawattennadel, die einen USB-Stick enthält. Eigentlich sollte sie – am Jackett oder an der Krawatte befestigt – als hypermoderner MP3-Player dienen. Der »MP3-Player« enthält natürlich eine Festplatte, mit der man vor aller Augen unauffällig Daten aus einem Unternehmen schmuggeln kann. Wir wollen unseren Lesern natürlich nicht verschweigen, dass es inzwischen längst eine Fachmesse gibt, auf der Geheimdienste ihre Neuerungen auswählen können. Und dort wird auch ein Preis für die besten Neuerungen vergeben – der *Global Security Challenge Award*. Gewinner des Preises war 2007 ein neu entwickeltes Nachtsichtgerät der *NoblePeak Vision Corporation* (ansässig in Wakefield, Massachusetts, USA). Mit der Nachtsichtkamera kann man kurzwelliges Infrarotlicht für das menschliche Auge in einer Qualität sichtbar machen, die sich bislang niemand vorstellen konnte.

In James-Bond-Filmen ist alles einfach – da geht der Agent nur zum Chefbastler »Q«, und schon kann er aus einer großen Palette unglaublicher Erfindungen für den nächsten Einsatz auswählen. In der Realität sieht das natürlich anders aus: Die großen Nachrichtendienste dieser Welt haben auf dem Gebiet der Wirtschaftsspionage Mühe, mit den Entwicklungen der vielen privaten Erfinder Schritt zu halten. Deshalb lagern sie vieles einfach aus und kaufen neue Erfindungen auf dem freien Markt ein. Eine dieser neuen Erfindungen, die im Frühjahr 2008 sofort das Interesse der Geheimdienste fand, stammte von dem Designer Mac Funamizu. Der hatte sich Gedanken über die Welt von morgen gemacht und sich dabei ein einstweilen noch namenloses Gerät einfallen lassen, das im Wesentlichen aus einem kleinen Mobilrechner plus Kamera/Scanner, GPS und Internetanschluss besteht. Wenn man Kamera oder Scanner auf ein beliebiges Objekt oder einen Text richtet, wird eine Suche im Internet durchgeführt (mittels *Wikipedia, Google, Google Earth* etc.) und die Suchresultate werden auf dem Display zusammen mit dem Bild dargestellt: Das ist natürlich von Interesse, wenn man pausenlos an Orten unterwegs ist, über die man möglichst schnell möglichst viel herausfinden soll. Ob das Gerät in absehbarer Zeit im zivilen Sektor erhältlich sein wird, ist nicht bekannt – die Dienste aber setzen es bereits ein.

Zugegeben: Geheimdienste können eine Zielperson oder ein Zielfahrzeug mittels raffinierter Technik schon lange insgeheim aus der Ferne beobachten. Sie sollten wissen, dass es diese Technik nun auch für Privatleute gibt – hervorragend geeignet auch für Wirtschaftsspione. Angeblich verkauft man die Produkte beispielsweise nur an Eltern, die einfach einmal wissen wollen, wie schnell die Kinder denn mit Vaters Auto fahren und ob sie sich auch schön an die Verkehrsregeln halten. Das jedenfalls suggeriert die Werbung, die Realität beim Einsatz der unheimlichen Geräte aber sieht völlig anders aus.

Vielleicht kennen Sie aus TV-Krimis Geräte, die manche Mitbürger in die Fahrzeuge anderer Menschen einbauen, wenn sie wissen wollen, wann diese wohin fahren. Derartige »GPS-Tracker« genannten

Systeme waren vor Jahren noch teuer – und klobig: Früher waren Geräte, mit denen man Fahrzeuge lokalisiert, schon auf Anhieb hinter der Stoßstange oder unter dem Kotflügel eines Fahrzeuges auch für einen Laien zu erkennen. Und wir kennen einen Fall, bei dem das Kölner Bundesamt für Verfassungsschutz noch im Herbst 2004 die französischen Kollegen darum ersucht hat, ein solches Gerät im Süden Frankreichs heimlich aus einem Zielfahrzeug wieder auszubauen, weil die Zielperson einfach nicht mehr nach Deutschland zurückkam – und das Gerät einfach zu teuer war, um es abzuschreiben. Inzwischen sind die Geräte immer kleiner geworden. Mittlerweile haben sie die Größe eines kleinen USB-Sticks erreicht. Und brauchte man früher noch eine externe Stromversorgung und zusätzlich ein Mobiltelefon zur Datenübertragung, so können die Daten heute aus bis zu fünf Metern Entfernung im Vorbeifahren per Bluetooth aus einem solchen winzigen Gerät ausgelesen werden.

ALLtrack USA ist eine Firma, die solche Geräte für den »Privatgebrauch« in den Vereinigten Staaten anbietet. Unter dem Vorwand, dass man damit doch heimlich einmal testen könne, ob Sohn oder Tochter sich an die Verkehrsregeln halten, wird das winzige Spionage-Tool angepriesen. Natürlich kann man dieses Gerät auch unter die Bodenplatte eines Fahrzeuges von Mitarbeitern klemmen. Wann ist der Mitarbeiter wohin gefahren, wie schnell ist er gefahren, welche Straßen hat er benutzt, wo hat er wie lange gehalten, welche Restaurants sind in der Nähe? Die dem Gerät beigefügte Software bietet deutlich mehr Möglichkeiten als nur das Erkunden der Spritztouren von Söhnen oder Töchtern.

Vor diesem Hintergrund ist es kein Wunder, dass sich noch weitere Anbieter mit ähnlicher Technologie auf dem weltweit offenkundig großen Markt der Fahrzeug-Fernspionage tummeln. *Delio Black Box GPS-Tracker* ist ein weiterer solcher Anbieter, dessen Produkte es in sich haben. Einmal in ein Fahrzeug eingebaut, muss niemand mehr das Spionage-Tool ausbauen, um die gespeicherten Daten auslesen zu können. Per Bluetooth sind Ferndiagnose und Auslesen auf mehrere Meter möglich. Die Black Box ist weltweit einsetzbar – und die Software ist kinderleicht zu bedienen. Für Datenschützer bricht offenkundig ein neues Zeitalter an. Denn hat man ein solches Gerät in seinem Fahrzeug gefunden, dann weiß man noch lange nicht, wer es installiert hat und das Fahrzeug heimlich beobachtet.

Xun Chi 138 heißt das 2010 entwickelte, weltweit kleinste Kamera-Mobiltelefon, das kaum sechs Zentimeter Länge misst und nur ganze 55 Gramm wiegt. Es ist ein Dual-Band-GSM-Phone und unterstützt GSM-Netzwerke in Europa, Australien und Asien. Die Kamera hat einen 1,3-Megapixel-Sensor, schießt Fotos mit einer Auflösung von 640 x 480 Bildpunkten, ist GPRS-fähig und verfügt außerdem über einen 121-MB-Speicher. Alle Aufnahmen und Filme kann man live über das Mobiltelefon senden – bis der Akku leer ist oder das Gerät entdeckt wird ...

Der Spion im Telefon

Eine Lüge, die man 100 Mal gehört hat, glaubt man eher als die Wahrheit, die man noch nie gehört hat. Eine der Lügen, die sich tief in das Gedächtnis der Menschen eingeprägt haben, lautet: Wenn ein Mobiltelefon ausgeschaltet ist, dann kann man aus der Ferne nicht dabei zuhören, was in der Umgebung des Mobiltelefons gesprochen wird. Man kann ein solches Gerät angeblich nur als »Wanze« benutzen, wenn es eingeschaltet ist. Die Wahrheit aber lautet: Diese Auffassung ist Unsinn, auch ein völlig abgeschaltetes Mobiltelefon kann von den Sicherheitsbehörden ganz locker aus der Ferne freigeschaltet werden. Diese Tatsache wird auch für Zwecke der Wirtschaftsspionage ausgenutzt. Sie sehen als Eigentümer des Mobiltelefons nichts, Sie hören nichts, Sie merken nichts. Und die Lauscher hören dennoch mit. Das FBI hat 2009 zum ersten Mal vor Gericht in einem Prozess eingestehen müssen, dass das hier Genannte technisch möglich ist – und auch angewendet wird. Und glauben Sie bitte nicht, in Europa lebe man technisch gesehen noch hinter dem Mond. Natürlich ist das alles auch in Europa möglich – und wird angewendet.

Spätestens seit 2004 wissen Fachleute, dass Mobiltelefone als »Wanzen« eingesetzt werden können. Damals wurde öffentlich beschrieben, wie die Vereinten Nationen und UN-Generalsekretär Kofi Annan mit einfachsten Mitteln aus der Ferne abgehört wurden. Die britische BBC hatte die Details damals ausführlich dargestellt. Solcherlei Technik ist inzwischen für jeden Privatmann günstig bei Internet-Auktionshäusern zu erwerben. Gibt man etwa bei *Ebay* die Stichworte »Handy« und »Wanze« ein, dann findet man für weniger als 100 Euro ein »ganz normales« *Nokia*-Mobiltelefon, das laut Verkäuferangaben folgende Sondereigenschaften hat. Wörtlich heißt es:

»Das Handy ist ein spezial-modifiziertes *Nokia 3310*, das von außen aussieht wie ein gewöhnliches Gerät. Auch bei der Benutzung des Handys lässt sich die Modifikation nicht feststellen. Der Unterschied liegt in einer versteckten Funktion des Gerätes. Durch eine geheime und nur Ihnen bekannte Tastenkombination schaltet sich das Gerät in den Babyphone-Modus, Klingelton und Vibrationsalarm werden deaktiviert und die automatische Rufannahme wird aktiviert. Das Display schaltet sich ab, das Handy wirkt jetzt, als sei es ausgeschaltet. Sie platzieren das Gerät an einem beliebigen Ort, beispielsweise in einem Kinderzimmer, Auto, Büro oder legen das scheinbar ausgeschaltete Gerät auf den Tisch und verlassen den Raum. Sie rufen das Handy nun von einem beliebigen Telefonanschluss an. Die Verbindung wird hergestellt und das Gerät nimmt Ihren Anruf automatisch an. Optisch und akustisch sieht das Gerät nach wie vor aus, als ob es nicht eingeschaltet wäre.«

Nun muss man in diesem Falle ein speziell präpariertes Mobiltelefon kaufen. Zudem muss man es dort platzieren, wo man mithören will. Was aber macht man, wenn man in Deutschland wohnt und ein Gespräch bei einer in Hongkong oder Tokio lebenden Zielperson mithören möchte? Für Geheimdienste ist die Antwort ganz einfach. Man nutzt das Mobiltelefon der Zielperson als Wanze – auch wenn es ausgeschaltet ist, indem man es einfach aus der Ferne freischaltet. Der Eigentümer bekommt nichts davon mit.

Das FBI hat 2009 in Gegenwart des amerikanischen Richters Lewis Kaplan darlegen müssen, wie man bestimmte Erkenntnisse über den mutmaßlichen Gangster John Ardito und dessen Anwalt Peter Peluso erlangt hat. Das FBI nannte zwar keine Einzelheiten, bekundete aber, man habe ein *Motorola-* und ein *Samsung*-Mobiltelefon der Zielpersonen aus der Ferne freigeschaltet und die Mikrofone der Handys einfach als Wanzen benutzt.

Dabei setzt das FBI offenkundig die Technik des sogenannten »over-the-air programming« (OTA) ein. Diese ermöglicht es, drahtlose Updates aus der Ferne über das Mobilfunknetz auf ein Mobiltelefon zu übertragen. Der Kunde bekommt davon nichts mit. Denn ursprünglich war diese Technik als besonderer Komfort für die Nutzer gedacht. Die drahtlose Programmiertechnik sollte vermeiden, dass ein Gerät für ein Update vom Kunden an das Werk geschickt werden muss. Das Mobiltelefon funktioniert beim Aufspielen solcher Updates weiterhin normal und der Anwender merkt nicht, was vor sich geht. Geheimdienste wie das FBI haben offenkundig eigene Programme, um »Updates« auf die Rufnummern von Zielpersonen zu überspielen. Diese machen es etwa möglich, dass die Geräte auch in augenscheinlich ausgeschaltetem Zustand Gespräche aus einem Raum übertragen. Richter Leis Kaplan hat diese vom FBI gegebene Information dann ins Internet stellen lassen. Auch italienische und britische Geheimdienste setzen diese Technik schon seit längerer Zeit ein. Damit dürfte klar sein, dass ebenso deutsche Sicherheitsbehörden über diese Technik verfügen. Es gibt einen sicheren Weg, sich vor solchen Mithörmöglichkeiten fremder Geheimdienste zu schützen. Wenn man ein Mobiltelefon ausschaltet, dann muss man auch den Akku entfernen. Immerhin braucht auch eine Wanze eine Stromquelle. Wer aber tut das schon?

Der Agent in der Festplatte

Seagate Technology LLC ist ein bekannter Hersteller von Festplatten und Bandlaufwerken. Der Hauptsitz des Unternehmens befindet sich in Kalifornien, registriert ist es auf den Kaiman-Inseln. Im Dezember 2005 kaufte *Seagate* den kalifornischen Festplattenhersteller *Maxtor*. Das alles wären reine Branchennachrichten – würden beide Unternehmen derzeit nicht in der großen Welt der Geheimdienste Schlagzeilen machen. Denn nicht wenige der jüngst ausgelieferten Festplatten wurden von chinesischen Geheimdiensten manipuliert.

Sowohl *Seagate* als auch *Maxtor* produzieren Festplatten und Bandlaufwerke in China. *Maxtor*-Festplatten wurden bei der Produktion in

China mit einem trojanischen Virus verseucht, das beim Erwerber der Festplatten Daten ausspähen und an einen anderen Rechner schicken sollte. *Es ist ungewöhnlich, dass Festplatten schon ab Werk mit einem zur Industriespionage vorgesehenen Virus ausgerüstet werden.* Deshalb hatte *Seagate* keine andere Chance, als sofort die Flucht nach vorn anzutreten und in einer kaum wahrgenommenen Pressemitteilung über die angeblich nur wenige Festplatten betreffenden Vorkommnisse zu berichten. In der offiziellen Mitteilung von *Seagate* wurde das Problem zunächst verniedlicht. Und dann hieß es:»*Kaspersky Labs*, ein Hersteller von Antivirensoftware, hat *Seagate* von der Existenz eines Virus in Kenntnis gesetzt, das auf mindestens einem *Maxtor*-Basics-Personal-Storage-3200-Produkt gefunden wurde. *Seagate* konnte dieses Problem bis zu einer kleinen Anzahl von Einheiten zurückverfolgen, die von einem Zulieferanten von *Maxtor* in China gefertigt wurden. *Seagate* hat den Versand von Einheiten aus diesem Werk umgehend gestoppt, sobald das Unternehmen von der möglichen Infektion erfahren hatte. Alle Einheiten, die das besagte Werk jetzt verlassen, sind virenfrei. Alle gelagerten Einheiten werden überarbeitet, bevor sie zum Verkauf freigegeben werden. Es ist jedoch möglich, dass einige Einheiten bereits verkauft waren, bevor das Problem entdeckt wurde. *Seagate* entschuldigt sich für die Unannehmlichkeiten, die aufgrund dieses Vorfalls entstanden sind.«

Angeblich waren also nur einige wenige Festplatten betroffen. Und man musste diese aus einem Rechner ausbauen und die Seriennummer abfragen, wenn man wissen wollte, ob die eigenen Geräte davon betroffen waren.

Wesentlich interessanter als die oben abgedruckte offizielle Pressemitteilung ist der Bericht der taiwanesischen Zeitung *Taipei Times* vom 12. November 2007 zu den Vorfällen. Dort erfuhren die Leser, dass im September 2007 aus chinesischer Produktion stammende und mit Trojanern präparierte Festplatten von *Seagate/Maxtor* auch in den Niederlanden in den Handel gekommen waren. Verkauft wurden sie auch in Taiwan. Beim ersten Betreiben der Festplatten in einem Rechner, der ans Internet angeschlossen worden war, übertrug dieser ein Programm an eine Website nach Peking. Dieses Programm stellte sicher, dass auch künftig Passwörter und Festplattendaten an die Chinesen übermittelt werden würden. So einfach kann Industriespionage heute sein.

Seagate ist weltweit Marktführer auf dem Gebiet der Festplattenproduktion.

Und inzwischen haben amerikanische Geheimdienste ganz offen in der *New York Times* davor gewarnt, Festplatten aus chinesischer Produktion könnten ein Sicherheitsrisiko darstellen. Deren Hardware oder Treibersoftware – vor allem bei verschlüsselten Laufwerken – ließe sich so manipulieren, dass dem Datenklau übers Netz Tür und Tor geöffnet werden könnten. Die Warnung der Geheimdienste ist keinesfalls neu. Zuvor hatte bereits das amerikanische Außenministerium die Nutzung von *Lenovo*-Computern (das chinesische Unternehmen *Lenovo* hatte vorher die PC-Sparte von IBM aufgekauft) im eigenen Haus verboten. Dass sich chinesische Unternehmen seit einigen Jahren für US-amerikanische High-Tech-Hersteller interessieren, ist nicht neu. Sie übernehmen diese ganz legal, indem sie die Aktienpakete kaufen. So hatte *Lenovo* die PC-Sparte von IBM für 1,75 Milliarden Dollar am Aktienmarkt aufgekauft. Anschließend verlagerten die Chinesen Teile der Produktion nach China und präparieren die Geräte seither so, dass sie künftig auch zur Industriespionage eingesetzt werden können.

Unterdessen hat der US-Kongress in nie gekannter Offenheit China offiziell der Industriespionage bezichtigt. China und die staatlich gelenkte Industriespionage seien die größte Bedrohung für den industriellen Fortschritt der Vereinigten Staaten, so heißt es.

Auch Europa ist weitaus stärker, als in der Öffentlichkeit bekannt ist, von chinesischer Spionage betroffen. In Belgien hatte sich unlängst ein chinesischer Student dem *Sûreté de l'Etat* – das ist der belgische Inlandsgeheimdienst – anvertraut und ein Netzwerk chinesischer Spione in Europa enthüllt.

Der Spion in der Kreditkarte

Beinahe jeder Europäer verfügt über eine Kreditkarte – viele besitzen gleich mehrere. Das System gilt allgemein als vorteilhaft. Schließlich muss man keine Bargeldbeträge bei sich haben, wenn man einkaufen gehen will. Und es gilt als sicher, denn man hat ja eine Geheimzahl. Nun gibt es eine unglaubliche Methode, Ihre Kreditkartendaten inklusive der nur Ihnen bekannten Geheimzahl abzuschöpfen. Bis die Behörden Sie öffentlich davor warnen, dürfte es noch einige Zeit dauern. Lesen Sie also hier, was Ihnen beim nächsten Einsatz der Kreditkarte möglicherweise droht.

Jedes Geschäft verfügt heute über Kreditkartenleser. Das ist modern. Das ist fortschrittlich. Die Geräte werden in China, Korea und Taiwan gebaut – man lebt ja schließlich in einer globalisierten Welt. 23 Millionen Geschäfte und 800 000 Bankautomaten akzeptieren weltweit Kreditkarten. Generell gelten Kreditkarten heute als »sicher«. Und die Polizei gibt mit schöner Regelmäßigkeit Tipps, wie man eine Kreditkarte sicher einsetzen kann. Wenn Sie Ihre Geheimzahl (PIN) nicht aus der Hand geben und sich versichern, dass vor dem Kartenschlitz eines Bankautomaten kein zweiter Kartenleser heimlich angebracht wurde, dann ist die bargeldlose Welt doch in Ordnung, oder etwa nicht?

Dummerweise sind Datenspione teilweise sehr intelligent. Eine der übelsten Spähertruppen, die Ihre Konten abräumen will, muss weder Ihre PIN noch Ihre Kreditkartendaten mit Helfershelfern ausspähen – denn inzwischen bekommen sie diese frei Haus auf den heimischen PC geliefert. Dr. Joel Brenner ist der Leiter der amerikanischen Gegenspionage-Teams. Er teilt nun öffentlich mit, dass die Hersteller von Kreditkartenlesern in China schon ab Werk geheime Programme einbauen, die die Kreditkartendaten beim Durchziehen einer Karte auslesen und mitsamt der PIN beim Datenabgleich mit der heimischen Bank, der auf elektronisch-telefonischem Wege erfolgt, parallel auch noch telefonisch unbemerkt auf die Rechner der Täter liefert. Die Hersteller der so kompromittierten Geräte sitzen also in China, die die Konten mithilfe der gesammelten Daten abräumenden Gangster befinden sich in Lahore/Pakistan, die betrogenen Kunden sind derzeit vor allem Briten, Irländer, Niederländer, Dänen und Belgier. Da niemand weiß, welche dieser kompromittierten Kartenleser wann an welche Endabnehmer ausgeliefert werden, können die Geräte aber auch schon in Deutschland an den Kassen stehen – was durchaus wahrscheinlich ist.

Die Betrüger haben schon viele Millionen Euro von fremden Konten mit dieser völlig neuen Methode abgeräumt. Allein in Großbritannien sollen schon Hunderte solcher kompromittierten Kreditkartenleser aufgefunden worden sein – nach Reklamationen von Kunden, deren Konten leergeräumt wurden. Betroffen sind vor allem Supermärkte, etwa *Sainsbury's*. Die weltweit eingesetzten kompromittierten Kreditkartenleser sind theoretisch von den unverdächtigen leicht zu unterscheiden – sie wiegen wegen der eingebauten Technik einige Gramm mehr. Um nun die guten von den schlechten Geräten trennen zu können, müsste man weltweit an alle Nutzer von Kreditkartenlesern die Soll-Gewichte inklusive einer Warnung vor den Praktiken der Betrüger aussenden. Anschließend müsste jedes Geschäft seine Geräte abbauen und wiegen – so einfach wäre das. Doch bis es diese Warnung offiziell geben wird, wenn überhaupt, kann man nur hoffen, beim Einsatz seiner Kreditkarte ein möglichst altes Lesegerät vorzufinden, das hoffentlich nicht aus chinesischer Produktion stammt.

Der Schnüffler im Reisepass

Jeder Bürger eines westlichen Staates besitzt einen Reisepass. Alle neueren Pässe tragen einen kleinen Chip, auch jene der Deutschen. Schauen wir doch einmal, was damit passiert: Die Vereinigten Staaten haben seit dem 11. September 2001 sehr strenge Sicherheitsvorkehrungen, aber nicht in allen sicherheitsrelevanten Bereichen. Das *Government Printing Office* ist eine amerikanische Behörde, die bereits seit 200 Jahren Regierungsdrucksachen erstellen lässt – und seit 1926 auch alle Reisepässe. Als die US-Regierung vor einigen Jahren beschloss, alle Reisepässe mit elektronischen RFID-Chips auszustatten, da erkundigte sich das *Government Printing Office* nach den günstigsten Anbietern. Und wurde in Asien fündig. Die Pässe werden seither in Europa gedruckt und dann nach Asien gebracht, genauer gesagt nach Ayutthaya – das liegt nördlich von Bangkok. Und nun wird es spannend. In Thailand bekommen die amerikanischen Blanko-Reisepässe die RFID-Antennen. Verantwortlich für die Produktion in Thailand ist ein niederländisches Unternehmen – *Smartrac Technology Ltd.*

Im Oktober 2007 musste dieses niederländische Unternehmen vor Gericht in Den Haag eingestehen, dass die komplette Technologie zur Herstellung der amerikanischen Reisepässe in Thailand von den Chinesen entwendet wurde: ein Fall von Wirtschaftsspionage. Nach unseren Informationen nutzt das *Government Printing Office* Kuriere von *FedEx*, um die Blanko-Reisepässe nach Europa, Asien und dann zurück in die Vereinigten Staaten zu transportieren. Bei *Interpol* in Paris ist es ein offenes Geheimnis, wie leicht es ist, amerikanische Blanko-Reisepässe auf dem Transportweg zu entwenden und auf dem Schwarzmarkt anzubieten. Man benötigt einen Blanko-Reisepass und einen RFID-Chip – und schon können Fachleute daraus einen »echten« amerikanischen Pass zaubern. Die Herstellung eines amerikanischen Reisepasses kostet das *Government Printing Office* pro Stück 7,97 Dollar, und es berechnet der Regierung für jeden Pass 14,80 Dollar. Ein Amerikaner zahlt dafür beim Passamt dann 100 Dollar – und auf dem Schwarzmarkt werden Tausende Dollar geboten. Allein im Jahre 2008 wurden 28 Millionen neue amerikanische Pässe produziert, die Sicherheitsvorkehrungen waren dabei wie geschildert gering – die Gewinne aber groß. Und glauben Sie ja nicht, dass die Möglichkeiten des Ausspähens und Fälschens bei europäischen Pässen geringer wären. Das suggerieren Ihnen zwar unsere Behörden, aber die Realität ist eine andere.

U-Boote auf Jagd nach Wirtschaftsinformationen

Kein anderer hat die Grundzüge der Spionage zutreffender zusammengefasst als John LeCarre:»Bei jeder Operation agiert man oberhalb der Gürtellinie und unterhalb der Gürtellinie.« Oberhalb der Gürtellinie handle man nach den Gesetzen, unterhalb der Gürtellinie erfülle man seine Aufgabe. Mehr denn je gelten diese Worte heute für ein weithin unbeachtetes Feld der Spionage: politisch legitimierte Wirtschaftsspionage. Das ist eine Art der Spionage, die in Zeiten knapper Arbeitsplätze heimlich,»unterhalb der Gürtellinie« und illegal Know-how von einem Land zum anderen transferiert. Blaupausen und Notizen über Auftragsverhandlungen gehören ebenso dazu wie Kundendateien. Wer mithilfe eines Geheimdienstes als Staat Unternehmen solche Informationen über Konkurrenten oder gar deren Know-how zum Nulltarif verschaffen kann, der betätigt sich auf dem Gebiet der Wirtschaftsspionage. Es gibt viele Regierungen der Welt, die Geheimdienste auch zur Wirtschaftsspionage einsetzen.

Die Bundesregierung ignoriert das alles. Studenten der Betriebswirtschaft oder Wirtschaftswissenschaft, die einmal über die Zukunft deutscher Unternehmen zu entscheiden haben werden, lernen viel – aber nichts über die Gefahren der Wirtschaftsspionage. Die Lehrpläne sehen das nicht vor. Die Bundesregierung hat die Gefahren eben immer noch nicht erkannt. Man lässt Wirtschaftsspione in Deutschland einfach gewähren. Vielleicht sollte sich die Bundesregierung einmal ein Beispiel an der kanadischen Regierung nehmen: Im April 2006 bezichtigte der kanadische Außenminister Peter MacKay die chinesische Regierung öffentlich der Wirtschaftsspionage. MacKay forderte Peking auf, die Beschaffungsbemühungen in Kanada umgehend einzustellen. Der Hintergrund: Das kanadische Unternehmen *Research in Motion Ltd.* wollte spätestens zur Jahresmitte 2006 in China einen auf der *Blackberry*-Technik basierenden Push-E-Mail-Dienst einführen. Doch schon im April führte das staatlich kontrollierte chinesische Unternehmen *China Unicom Ltd.* eine *Redberry* genannte, ähnliche Technik im chinesischen Markt ein. Zuvor hatten Hunderte chinesische »Werkstudenten« in kanadischen Unternehmen gearbeitet – und dabei auch Einblicke in die Technik von *Research in Motion Ltd.* genommen.

Über Jahre hin war das Feindbild beim Ausspähen von Unternehmen in westlichen Industrienationen klar definiert. Die bösen Spione kamen aus dem Osten, allenfalls noch aus weit entfernten Staaten. Aus China etwa, aus Korea und manchmal auch aus nahöstlichen »Schurkenstaaten«. Sie beschafften sich militärische und politische Informationen, immer wieder aber auch wirtschaftliches Know-how. Im Zeitalter der Globalisierung aber sind Arbeitsplätze zu einem knappen Gut geworden. Und deshalb gelten die alten Regeln nicht mehr. Auch mittelständische Unternehmen sollten sich mit der Arbeitsweise von

Spionen vertraut machen. Maxim Worcester, ein früherer Geschäfts-führer von Control Risks Deutschland, sagt dazu:»Im Grunde hat sich daran nichts geändert. Nur hat die Globalisierung weltweit zu Um-brüchen auf den Arbeitsmärkten geführt. Arbeitsplätze zu sichern, das ist heute für Politiker eines der höchsten politischen Ziele.« Mittler-weile gehöre dieses Ziel zum nationalen Interesse westlicher Industrie-staaten.»Immer stärker werden die Geheimdienste der Welt daher von ihren Regierungen auch in die Informationsbeschaffung zugunsten der Sicherung von Arbeitsplätzen und von Wettbewerbsvorteilen einbezo-gen«, sagt Worcester im Gespräch.

Freimütig bekannte sich vor vielen Jahren schon der frühere russische Präsident Boris Jelzin zur Wirtschaftsspionage. Er hob immerhin schon 1994 hervor:»In einer Zeit, in der die Militärbudgets gekürzt werden, sind die von Agenten beschafften Wirtschaftsinformationen von be-sonderer Bedeutung.« Die russische Wirtschaftsspionage müsse ausge-weitet werden, um die»wirtschaftliche Unterentwicklung« zu been-den. Folgerichtig übernahm Moskau in jenen Jahren rund 300 ehema-lige Mitarbeiter des einstigen Ministeriums für Staatssicherheit der DDR, die heute durch Repräsentanten russischer Firmen in westlichen Staaten gelenkt werden. Es ist selten, dass russische Wirtschaftsspione gefasst werden. 1999 etwa wurden zwei bei der DASA enttarnt. Russi-sche Spione hatten es geschafft, als»geheim« eingestuftes Material der Daimler Chrysler Areospace AG zu entwenden. Die Unterlagen schick-ten sie geradewegs nach Russland.

Auch der frühere amerikanische Präsident Bill Clinton legte dem technischen Geheimdienst *National Security Agency* (NSA) nach dem Ende des Kalten Krieges die Ausspähung des Geschäftsgebarens der Konkurrenten amerikanischer Unternehmen ans Herz. Mitte der 1990er-Jahre ließ Clinton dann wissen, dass Wirtschaftsspionage ein besonderes Anliegen»seiner« Geheimdienste sein sollte. Ein Appell, der offenbar Früchte getragen hat. James Woolsey, von 1993 bis 1995 CIA-Direktor, verteidigte die Überwachung nichtamerikanischer Un-ternehmen rückblickend mit den Worten:»Nur so kann man beispiels-weise feststellen, wer Bestechungsgelder bezahlt und amerikanischen

Unternehmen Aufträge abjagt.« Woolsey verschwieg dabei, dass man zwangsläufig alle ausländischen Unternehmen überwachen musste, um Zufallserkenntnisse über einzelne Bestechungsfälle zu erhalten. Im Zuge dieser generellen Überwachung fielen natürlich auch andere Erkenntnisse – etwa innerbetriebliche – an. Was aber geschah damit? Wir werden uns in diesem Buch näher mit dieser Frage befassen.

Wenn die Vereinigten Staaten Wirtschaftsgespräche führen, dann fordert Washington Aufklärung über die Standpunkte der Gesprächspartner. Das stetig wichtiger werdende politische Interesse der Sicherung von Arbeitsplätzen auch mit geheimdienstlichen Mitteln hat Washington inzwischen dazu veranlasst, ein U-Boot der *Seawolf*-Klasse für fast eine Milliarde Dollar umzubauen. Wer sich mit den Fähigkeiten amerikanischer U-Boote beschäftigt, der wird über die atomar angetriebene *USS Jimmy Carter* zunächst nur Standardinformationen finden: Länge, Breite, Tiefgang, Verdrängung, Tauchtiefe und Geschwindigkeit. Dabei birgt das nach dem 39. amerikanischen Präsidenten benannte modernste U-Boot der Vereinigten Staaten ein weithin unbekanntes Geheimnis: Der 138 Meter lange Koloss wurde so umgerüstet, dass er mit schlittenähnlichen Kufen auf dem Meeresgrund aufsetzen und in den Weltmeeren verlaufende transkontinentale Glasfaserkabel heimlich anzapfen kann. Erhielt der technische Geheimdienst NSA 1993 von Clinton den Auftrag, die über Satelliten geführte Kommunikation großer Unternehmen abzufangen und auszuwerten, so kam Ende der 1990er-Jahre die Aufgabe hinzu, auch die eigentlich als abhörsicher geltenden transkontinentalen Glasfaserkabel anzuzapfen. Über solche Kabel können gleichzeitig bis zu 100 Millionen Gespräche geführt werden. Nun hilft die *USS Jimmy Carter* der NSA bei dieser neuen Aufgabe. Letztlich ist das Jagd-U-Boot eben auch im Einsatz zur Sicherung amerikanischer Arbeitsplätze. In der Öffentlichkeit ist das alles nicht bekannt. Schließlich hinterlässt das Abfangen der Daten keine Spuren.

Was die Amerikaner können, das wollen die Russen natürlich auch können: In der russischen Hafenstadt Sewerodwinsk lief am 17. Dezember 2007 ein neues Spionage-U-Boot vom Stapel, das es nach offizieller Darstellung eigentlich gar nicht gibt: die *B-90 Sarow*. Sie ist Bestandteil des *Geheimprojekts 20120*. Das U-Boot wurde in der Werft der Hafenstadt Sewerodwinsk gebaut, der geheime Antrieb in der zentralrussischen Stadt Sarow. Mit Ausnahme der großen Geheimdienste dieser Welt hatte niemand Kenntnis von einem geheimen *Projekt 20120* – bis zum 6. September 2007. An jenem Tag zeigte sich die Stadtverwaltung von Sarow schrecklich stolz, denn Sergej Kroschkin, der künftige Kommandeur des geheimen U-Bootes *B-90 Sarow*, stattete einem Forschungszentrum der Stadt einen (geheimen) Besuch ab. Die städtischen Verantwortlichen waren so stolz auf den ranghohen Besuch, dass man auf der offiziellen Internetseite der Stadt nicht nur über diesen berichtete, sondern gleich auch noch Fotos vom Treffen mit dem Kommandeur und Informationen über den geplanten Stapellauf des geheimen U-Bootes im World Wide Web veröffentlichte. Einen Tag später waren die Informationen zwar wieder von der Seite verschwunden, allerdings längst von den westlichen Diensten entdeckt und mit Schadenfreude kopiert worden. Der Pressesprecher der russischen Marine, Alexander Smirnow, dementiert seither fleißig, dass er je etwas von einem *Projekt 20120* gehört habe.

Peinlicherweise enthüllte im Dezember 2007 dann noch die Wirtschaftszeitung Nischni Nowgorods, die *Nischegorodskaja delowaja gaseta*, versehentlich, warum der Stapellauf der *B-90 Sarow* so geheim war: In dem U-Boot wurde ein völlig neuer Hybridantrieb eingebaut, eine Kombination aus einem Dieselantrieb und einem neuartigen Kernreaktor, der bei westlichen Geheimdiensten angeblich auf großes Interesse stößt. Man muss in diesem Zusammenhang wissen, dass die russische Stadt Sarow früher das für Ausländer gesperrte Gebiet *Arsamas-16* war – und das sowjetische Gegenstück der amerikanischen Los-Alamos-Nuklearlaboratorien beherbergte. Auch heute noch werden in Sarow neue Nuklearreaktoren erforscht. Es wird also spannend auf den Weltmeeren, jedenfalls unter Wasser. Denn wirklich beachtlich ist die Zeit, die das U-Boot – ohne aufzutauchen – unter Wasser bleiben kann: 45 Tage. Das ist das Neunfache der Tauchzeit eines typischen russischen Diesel-U-Bootes und immerhin die durchschnittliche Verdopplung dessen, was die deutschen, französischen und amerikanischen U-Boote derzeit aufzuweisen haben (nur das deutsche

Unterseeboot *U-31* kann bis zu maximal 30 Tage nacheinander unter Wasser bleiben). Diese Eigenschaft interessiert die westlichen Geheimdienste nun wirklich, vor allem, wenn man die künftige Aufgabe der *B-90 Sarow* kennt: Sie ist eines der modernsten russischen Spionage-U-Boote und wird im Nordmeer eingesetzt. Anderthalb Monate lang wird sie dort in der Nähe westlicher Verbände kreuzen können, ohne bei ihren Bewegungen auch nur einen Ton von sich zu geben. Das neue U-Boot Moskaus kann ebenso wie die *USS Jimmy Carter* Tiefseekabel anzapfen und abhören – was natürlich auch der Wirtschaftsspionage dient.

In beinahe allen Staaten der Welt gibt es Gesetze, die die Tätigkeit der Geheimdienste regeln. In Großbritannien listet das entsprechende Gesetz seit Anfang der 1990er-Jahre als eine der Aufgaben dieser Dienste auch das »economic well-being« auf, also das wirtschaftliche Wohlergehen des Vereinigten Königreiches. »Economic well-being« bedeutet in diesem Falle, dass auch befreundete Staaten im Visier britischer Agenten stehen, die akribisch aufzeichnen, was aus wirtschaftlicher Sicht für Großbritannien interessant sein könnte. Wenn die britische Regierung Wirtschaftsverhandlungen mit anderen Staaten führt, macht sich der britische Auslandsgeheimdienst nützlich und späht die gegnerischen Delegationen aus.

Kein anderes Gebiet der Spionage ist so sehr von politischer Rücksichtnahme geprägt wie die Wirtschaftsspionage. Im Dezember 2001 strahlte der amerikanische Sender *Fox News* eine vierteilige Dokumentation zum Thema »Israelische Wirtschaftsspionage in den Vereinigten Staaten« aus und berichtete über zahlreiche Verhaftungen und Ausweisungen israelischer Agenten. Der entsprechende Bericht war nach wenigen Tagen auf Betreiben der amerikanischen Regierung nirgendwo mehr verfügbar. Werden Wirtschaftsspione ertappt, dann gibt es viele Gründe, die Öffentlichkeit nicht darüber zu unterrichten: Unternehmen fürchten um ihren guten Ruf, Sicherheitsbevollmächtigte um ihren Arbeitsplatz und Regierungen um das gute Verhältnis zu jenen Staaten, von denen die Späher geschickt wurden.

Es ist schon erstaunlich, wie sorglos vieler Beschäftigte in Deutschland mit sensiblen Daten umgehen: Passwörter, Safeschlüssel und Geheimdokumente liegen offen in der Schublade, sodass auch die Putzkolonne problemlos zugreifen könnte. Die Aufklärung über die Gefahren ist oft ein Kampf gegen Windmühlenflügel. Immerhin fragen sich viele Firmenchefs heute immer noch, ob sie überhaupt bespitzelt werden. Doch die *richtige* Frage müsste eigentlich lauten: Wo ist die Gefahr für mein Unternehmen am größten?

Iraner verhaften Tauben als »Spione«

Manche Länder sind diesbezüglich viel weiter als Deutschland. Und sie sehen mitunter Spione, wo wir uns nur verwundert die Augen reiben. Beispiel Iran. Die Islamische Republik Iran wurde über viele Jahre verdächtigt, insgeheim ein militärisches Atomwaffenprogramm voranzutreiben. Die Iraner dementierten das stets – und sahen parallel überall westliche Spione, die ihre Geheimnisse ausspähen wollten. Im Oktober 2008 hatte man allen Ernstes zwei Tauben in der Nähe einer Nuklearanlage »verhaftet« – und zwar wegen Spionage. Nein, das ist kein Scherz. Spione sind skrupellos und niederträchtig. Jeder noch so miese Trick ist ihnen aus iranischer Sicht angeblich recht …

Der britische Auslandsgeheimdienst MI6 hatte etwa in Lissabon eine Wohnung mithilfe von weißen Mäusen verwanzt: Die wurden in einer Lagerhalle in Großbritannien darauf trainiert, mit einem dünnen Faden im Maul durch Regenfallrohre zu klettern. Kamen sie erfolgreich mit dem Faden am Ziel an, dann erhielten sie einen Leckerbissen. MI6 packte die Nager in eine Kiste, flog nach Lissabon und setzte sie am unteren Ende eines Regenrohres aus. Die Mäuse transportierten einen Sender mit Draht durch die Regenfallrohre und legten das System am Rahmen eines Dachfensters ab. Diese unglaubliche »tierische« Abhöraktion hat der Ex-MI6-Agent Richard Tomlinson enthüllt. Es gab nur ein Problem: Die weißen Mäuse erhielten nach der erfolgreichen Aktion eine lebenslange Pension Ihrer Majestät der britischen Königin. Und sie vermehren sich seither so ungeheuerlich, dass sie zu einer regelrechten Plage wurden.

Auch die CIA hat »tierische« Erfahrungen gemacht. Sie hat bei-spielsweise einer Katze Abhöreinrichtungen einoperieren lassen. Das war aufwendig und dauerte lange Zeit, denn über die Drähte und Kabel musste das Fell erst wieder komplett nachwachsen. Aufgabe der Katze sollte es sein, in Washington um eine Parkbank herumzu-streunen, bei der sich gelegentlich KGB-Mitarbeiter trafen. Die Vorbe-reitungen dauerten sehr, sehr lange – und dann kam der erste Einsatz-tag. Man fuhr die Katze in die Nähe der Parkbank, öffnete die Fahrzeug-türe – doch die Katze rannte auf eine Straße zu und wurde überfahren. Das war das Ende der *Operation Cat*.

Im Oktober 2008 – und damit kommen wir auf den kuriosen Fall der beiden verhafteten Tauben zurück – berichtete die iranische Zei-tung *Etemad Melli* über einen neuen »tierischen« Spionagefall: In Nantaz wurden in der Nähe einer Urananreicherungsanlage die zwei Vögel »verhaftet«. Die Zeitung berichtete, die Tauben seien offenkun-dig »Spione«. Sie trügen an den Beinen merkwürdige Metall- und Plastikringe, die mit noch merkwürdigeren Ziffern und Buchstaben versehen waren. Es ist nicht bekannt, ob und wie die »Spione« dann verhört wurden. Vielleicht sitzen sie ja immer noch im berühmten Evin-Gefängnis in Einzelzellen. Vielleicht können die Vereinten Na-tionen den Iranern bei den nächsten Atom-Konsultationen folgenden Hinweis geben: In westlichen Staaten beringen manche Menschen Tauben. Man nennt diese Tauben dann Brieftauben. Und damit der Eigentümer einer Brieftaube seinen gefiederten Liebling nach einem Flug verlässlich identifizieren kann, werden die Ringe mit Buchstaben und Ziffern versehen. Möglicherweise lesen die Iraner dieses Buch und lassen die armen Tiere wieder frei – denn der Eigentümer wird sie ganz sicher schon vermissen.

KAPITEL III:
Die Lehren der Vergangenheit

Der Blick zurück – kleine Weltgeschichte der Wirtschaftsspionage

Um die Bedeutung der Wirtschaftsspionage exakt einschätzen zu können, hilft ein Blick in die Geschichte. Das Auskundschaften wirtschaftlicher Geheimnisse dürfte älter sein als jede andere Art der Spionage. Man darf annehmen, dass es deshalb auch alle anderen Arten der Spionage überleben wird – falls es eines Tages etwa gelingen würde, die militärische Spionage durch die Abschaffung sämtlicher Waffen überflüssig zu machen. Immer ist Geschichte auch die Geschichte des Erkundens der Fertigkeiten anderer gewesen. Vielen mag es widerstreben, etwa das Zeitalter der Entdeckungen oder das Zeitalter der Erfindungen mit Spionage und Produktpiraterie in Verbindung zu bringen. Doch ein Blick in die Geschichte lehrt, dass etliches von dem, was wir etwa als europäische »Erfindung« ansehen, in Wirklichkeit aus China oder aus der arabischen Welt nach Europa geschmuggelt oder von dem angeblichen »Erfinder« schlicht kopiert wurde. Fertigkeiten wie die Papierherstellung (erfunden in China) oder die Herstellung von Schießpulver (ebenfalls aus China stammend) sind durchaus mittels Methoden zu uns gelangt, die man mit der heutigen Produktpiraterie vergleichen könnte. Denn der Verrat der Produktionsgeheimnisse dieser Erfindungen war mit schweren Strafen belegt. Aus heutiger Sicht kann man zahlreiche der großen »Entdeckungen« und »Erfindungen« fraglos unter der Rubrik des Ausspähens von Geschäftsgeheimnissen einordnen, auch wenn es sich nicht um jene Wirtschaftsspionage handelt, die es erst seit dem Aufkommen industrieller Fabrikation gibt.

Es handelte sich dabei vielmehr um die vorindustrielle Ausspähung von wirtschaftlichen Geheimnissen, die nicht systematisch von einem professionellen Geheimdienstapparat gefördert wurde, sondern so gut wie immer eine Einzelaktion war. Erst im 17. Jahrhundert, als man in Europa damit begann, die Rätsel der Natur nicht nur durch Nachdenken zu lösen, sondern auch durch praktisches Experimentieren, brach in der Alten Welt eine Zeit an, in der eigenständige Erfindungen in der Mehrzahl waren. Damit erlebte aber zugleich auch die – oftmals von den Herrschern bewusst geförderte – Industriespionage eine bis dahin nicht gekannte Blütezeit. Alle Ebenen des menschlichen Geistes und Schaffens waren in der Geschichte das Ziel von Ausspähungen und nachfolgenden Plagiaten. Das gilt nicht nur für Handwerker, sondern ebenso für Künstler, die etwa begierig neue Maltechniken oder Grundzüge neuer Melodien voneinander kopierten.

Archäologen sind davon überzeugt, dass die Ausspähung wirtschaftlich wertvoller Geheimnisse (Werksspionage) schon in der Steinzeit begonnen hat. Damals – so behaupten die Wissenschaftler – sollen die Männer der Sippenverbände bei anderen Sippen beispielsweise neueste Techniken zum Behauen von Feuersteinen ausgekundschaftet haben. Immer seien auch gewalttätige Konflikte zwischen jenen Gruppen ausgebrochen, die über die Kunst des Feuererzeugens verfügten, und anderen, die ihnen das wärmende und schützende Feuer rauben wollten. Ausgrabungen deuten darauf hin, dass Menschen, die es verstanden, Feuersteine zu schlagen, manchmal über weite Strecken verschleppt wurden, um andernorts ihre Kenntnisse auszubeuten. Nüchtern betrachtet ergibt sich kaum ein Unterschied, ob in heutiger Zeit die Sieger eines Krieges die Wissenschaftler eines unterlegenen Staates deportieren (wie es nach den beiden Weltkriegen geschah), um ihr Know-how zu »erbeuten«, oder ob es sich dabei um unsere frühen Vorfahren handelt.

In jüngster Zeit vermuteten Wissenschaftler sogar, dass schon vor 5000 Jahren etwa von der Insel Kreta Fachleute für den megalithischen Steinbau nach England in das Gebiet um Stonehenge verschleppt wurden, wo sie ihre Fertigkeiten beim Bauen jener Zirkel einbringen mussten, deren Bedeutung uns heute immer noch rätselhaft erscheint. Kretische Techniker waren zu jener Zeit offenbar Monopolisten bei der Bewegung großer Gesteinsmassen. Stonehenge gilt heute als größtes prähistorisches Baudenkmal. Doch die Kreter konnten nicht nur Steine behauen und bewegen. Ihr größter Ingenieur, Daidalos, hat so viele Erfindungen gemacht, dass man wohl annehmen darf, es habe sich bei ihm nicht um einen einzelnen Mann gehandelt, sondern vielmehr um einen Sammelbegriff für die Absolventen einer Ingenieurschule. Daidalos erfand etwa Bindemittel und Gleitflugzeuge, entdeckte aber auch das Geheimnis der künstlichen Befruchtung und empfängnisverhütende Mittel. Es galt als sicher, dass diese Erfindungen und Erkenntnisse auch in anderen Teilen der damals bekannten Welt Interesse geweckt haben. Kundschafter anderer Völker waren darum bemüht, an dieses Wissen zu gelangen.

Auch das um 4000 v. Chr. erfundene Rad, der Pflug (400 v. Chr.), das Schmelzen von Kupfer und Gold (3800 v. Chr.), der Webstuhl (2000 v. Chr.) und der Flaschenzug (250 v. Chr.) waren das Ziel von Menschen, die wir heute wohl mit Spionage in Verbindung bringen würden.

Im Gegensatz zu politischen und militärischen Agentengeschichten jener Epoche sind schriftliche Überlieferungen der Werksspionage aus jener Zeit eher spärlich. Während die ältesten derzeit bekannten schriftlichen Spionage-Überlieferungen etwa 4000 Jahre alt sind, in Mesopotamien verfasst wurden und militärische Erkenntnisse zum Inhalt haben, stammen die ältesten Dokumente der Wirtschaftsspionage aus dem fünften Jahrhundert unserer Zeitrechnung. Sie finden sich in der chinesischen Chronik *Tang Shu* (zu Deutsch: *Die Geschichte der Tang*). Ihr Inhalt böte den Stoff für einen spannenden Spionagethriller, findet sich dort doch jene interessante Mischung, die für das Publikum auch heute noch unwiderstehlich und anziehend ist. Was beginnt wie ein Märchen aus *Tausendundeinernacht*, ist nicht etwa erfunden, sondern eine wahre Begebenheit: Eine chinesische Prinzessin schmuggelte vor rund 1500 Jahren Seidenraupen, zu jener Zeit die Quelle unermesslichen Wohlstands, aus ihrer Heimat nach Indien, wo sie heiraten sollte. Verborgen in ihrer blumengeschmückten Kopfbedeckung, überlebten mehrere Tiere, die sie ihrem Geliebten, einem Inder (dem König von Jusadanna / Khotan), zum Hochzeitsgeschenk machte. Über viele Jahrhunderte hinweg hatte China das Geheimnis der Seidenproduktion bewahren können. Auf dessen Verrat stand die Todesstrafe. Als dann erste Gerüchte über den Ursprung des glänzenden Stoffes über die Grenze ins Ausland gelangten, weigerten sich viele Herrscher zu glauben, dass die von ihnen so geschätzte Seide von Raupen produziert wurde. Der Schmuggel der Seidenraupen war das erste bekannte Meisterstück der Werksspionage. Es blieb nicht aus, dass die Seidenraupenproduktion von nun an auch in anderen Staaten auf Interesse stieß. Der Herrscher des Oströmischen Reiches, Justinian, ermunterte um die Mitte des sechsten Jahrhunderts Mönche, den Indern oder Chinesen das Geheimnis der Seidenraupen zu entreißen. Etwa um das Jahr 553 n. Chr. gelang es ihnen, die Eier und als Nahrung für die Raupen auch Maulbeersamen, in einem hohlen Wanderstab versteckt, nach Konstantinopel (das heutige Istanbul) zu bringen. Die Mönche schufen damit den Grundstock für die byzantinische Seidenproduktion. Als Staatsmonopol zählte die Seidenindustrie später zu den wichtigsten Einnahmequellen des Byzantinischen Reiches. Fortan war jene Zeit Vergangenheit, in der römische Geschichtsschreiber Plinius noch entrüstet behaupten konnte:»Da muss man bis ans Ende der Welt ziehen, damit eine römische Dame ihre Reize in einem durchsichtigen Schleier zur Schau stellen kann.«

Im frühen Mittelalter wurde Byzanz mehr und mehr zu einer Drehscheibe für die Werksspionage. In einer vom Kaiser eingerichteten Behörde wurden von Diplomaten, Missionaren, Kaufleuten und Reisenden beschaffte Geheiminformationen gesammelt und zum Wohle des eigenen Landes ausgewertet. Diese Institution war zugleich dafür zuständig, Ausländer auf Schritt und Tritt zu überwachen. In nachfolgenden Jahrhunderten war eine militärische Sensation das Ziel von Werksspionen. Der aus der syrischen Stadt Heliopolis stammende Architekt Kallinikos – er verließ den Kalifen, um für den Kaiser von Byzanz zu arbeiten – erfand das»Griechische Feuer«. Dieses Kampfmittel wurde im Jahre 678 zum ersten Mal von den Byzantinern bei der Verteidigung Konstantinopels eingesetzt. Janusz Piekalkiewicz schreibt dazu in seiner *Weltgeschichte der Spionage*:»Im Frühjahr 678 steht das geschwächte Oströmische Reich nach mehrjähriger Belagerung von Byzanz durch die Araber fast vor der völligen Niederlage; da holt die byzantinische Flotte zu einem überraschenden Schlag aus. Sie nimmt Kurs auf das Marmarameer und steuert der weit überlegenen arabischen Flotte entgegen … Wie auf Kommando schießen Flammenstrahlen aus den Rohren am Bug ihrer Boote, mit denen sie auf die arabischen Schiffe zielen ... Im Nu verwandeln sich die arabischen Schiffe in lodernde Fackeln ... Bereits wenige Wochen später wendet sich der Kalif an Kaiser Konstantin IV. mit der Bitte um Frieden ... Hätte die byzantinische Flotte versagt, wäre Konstantinopel in Kürze gefallen. Dann stünde der europäische Kontinent dem Islam offen.« Das »Griechische Feuer« hat also den Gang der Weltgeschichte entscheidend beeinflusst. Weil es mit Wasser nicht gelöscht werden konnte, stellte es im Seekrieg für gegnerische Flotten eine große Gefahr dar. Seine chemische Zusammensetzung ist im Laufe der Jahrhunderte wieder in Vergessenheit geraten. Der *Brockhaus* vertritt die Auffassung, dass es wahrscheinlich ein Gemisch aus Erdöl, Salpeter, Kalk und Schwefel gewesen sein muss (andere nennen zusätzlich Fichtenharz), aber genau weiß es heute niemand mehr. Von Wurfmaschinen abgefeuert, gab es vor diesem Kampfmittel kaum ein Entrinnen. Und so verwundert es nicht, dass vom siebten bis zum zwölften Jahrhundert das Geheimnis des »Griechischen Feuers« immer wieder das Ziel von Spionen gewesen ist. Die Italiener setzten vor allem nach der Zerstörung von Pisa im elften Jahrhundert einen Preis für denjenigen aus, der ihnen die Rezeptur dieser Wunderwaffe beschaffte. Aber einzig den Arabern soll es in der Zeit der Kreuzzüge gelungen sein, sich der Waffe zu bemächtigen. Später jedoch ging das Wissen um die geheimnisvolle Rezeptur wieder verloren. Das Napalm der »modernen« Kriegsführung hat jedenfalls nichts mit dem »Griechischen Feuer« des frühen Mittelalters gemein.

In mittelalterlicher Zeit scheint die militärische und politische Spionage wichtiger als der Diebstahl von Wirtschaftsgeheimnissen gewesen zu sein. Erst mit dem Aufkommen des Städtebundes der Hanse im 13. Jahrhundert begann auch eine neue Blütezeit der Werksspionage. Ohne ein gut ausgebautes Netz von Kundschaftern hätte die Hanse wohl kaum zur ersten europäischen Wirtschaftsgemeinschaft aufsteigen können. Die Hanse erschloss sich alle nord- und westeuropäischen Märkte und übte dort Waren- und Handelsmonopole aus. Unberührt von Raubrittertum und kriegerischen Auseinandersetzungen trieb der Bund Handel über die Ost- und Nordsee. Seine Führer wurden reich durch ihren Informationsvorsprung: Dank ihrer Agenten konnten sie vorhersehen, wann und wo Waren knapp wurden und sich daher mit Gewinn verkaufen ließen.

Auch die Fugger benötigten ein Netz von Agenten, um im Geschäftsleben jene sagenhaften Erfolge erzielen zu können, für die sie heute noch über die Grenzen von Augsburg hinaus gerühmt werden. Während Kolumbus den amerikanischen Kontinent (wieder-)entdeckte, finanzierten die Fugger im Jahre 1498 den Portugiesen eine Seereise mit, die im selben Jahr zur ersten bekannten Umschiffung des Kaps der Guten Hoffnung – der Südspitze Afrikas – führte. Die Portugiesen eroberten in den folgenden Jahren die wichtigsten Küstenstädte der Arabischen Halbinsel und bemächtigten sich des Handels mit Indien (an dem auch die Fugger verdienten). Es soll ein omanischer Seemann gewesen sein, der Portugiesen und Fuggern das Geheimnis des Monsunwindes verriet und ihnen so den regelmäßigen Schiffsverkehr – und den gewinnträchtigen Handel – mit den asiatischen Ländern ermöglichte. Von nun an konnten die europäischen Handelshäuser selbst den Weihrauchhandel aus Dhofar (im südlichen Monsungebiet des heutigen Sultanats Oman gelegen) übernehmen und das lieblich riechende Harz mit großen Gewinnspannen den europäischen Kirchenführern für die Liturgie verkaufen. Doch es war nicht nur das Harz des Weihrauchbaums, das die Werksspione der europäischen Höfe ihren Auftraggebern empfohlen hatten. Vor allem das Indien der Mogulkaiser lockte mit sagenumwobenen Schätzen: das dort existierende Gold, zahlreiche Edelsteine und Gewürze versprachen reichen Gewinn.

Gewinn versprach seinerzeit auch der Diebstahl von Zwiebeln – Blumenzwiebeln. Denn für die damals seltene Tulpenzwiebel wurden astronomische Summen bezahlt. Das Tulpensammeln geriet zu einem Hobby der Reichen und Mächtigen. Der Höhepunkt des »Tulpenwahns« wurde zwischen 1634 und 1637 erreicht. Ein Käufer bezahlte für eine Tulpenzwiebel der Sorte *Viceroy* damals einen silbernen Trinkbecher, vier Tonnen Weizen, acht Tonnen Roggen, vier Ochsen, zwölf Schafe, acht Schweine, 500 Liter Wein, 250 Liter Bier, 100 Kilogramm Butter und ein Festtagsgewand. Die holländischen Tulpenzüchter erzielten ungeheure Gewinne, doch nach wenigen Jahren vermehrten sich auch die verkauften Zwiebeln, und der Markt brach allmählich zusammen. In jener Zeit waren es zumeist Handelsgeheimnisse, die Spione anzogen.

Es sollte auch noch eine Weile dauern, bis es gelang, den Chinesen das Geheimnis der Porzellanherstellung zu entreißen. Während selbst an den Höfen der europäischen Herrscher noch Mahlzeiten auf grobem Tongeschirr serviert wurden, stellten die Chinesen schon das zarteste Porzellan her. Die lange und gefahrvolle Reise trieb den Preis der zerbrechlichen Ware in Europa in schwindelerregende Höhen. Doch der enorme Wert des Porzellans bestand nur so lange fort, wie niemand außerhalb Chinas in der Lage war, es nachzuahmen. Über Jahrhunderte hatten die Chinesen die Herstellung des Porzellans mit einem Mythos umgeben. Man behauptete, die Masse sei tief unter der Erde an einem heiligen Ort verborgen und verfestige sich erst beim Kontakt mit den wärmenden Sonnenstrahlen zu dem begehrten Material. Es war ein Mönch der Jesuiten, der als Werksspion den Chinesen wichtige Informationen über die Porzellanherstellung entlocken konnte. Pater d'Entrecolles gelang es als erstem Europäer, die geheime Stadt King Tö Tchen zu besuchen, in der sich die kaiserliche Porzellanmanufaktur befand. Zwischen September 1712 und Januar 1722 beschrieb er in seinen Briefen die kaiserliche Manufaktur. Selbst wenn man die in der damaligen Zeit häufigen Übertreibungen abzieht, scheint die Anlage gewaltige Ausmaße gehabt zu haben: Eine Million Arbeiter, so berichtet Pater d'Entrecolles, seien dort Tag und Nacht damit beschäftigt gewesen, 3000 Porzellanöfen zu heizen. Es gelang dem gottesfürchtigen Mann auch, einen Teil der Rezeptur in Erfahrung zu bringen und Proben der verwendeten Grundstoffe in seine französische Heimat zu schicken. Dann half den Franzosen ein glücklicher Zufall bei der Lüftung des Geheimnisses weiter: Die französischen Chemiker Darcet und Macquer fanden im Gebiet von Limoges Kaolin. Sie experimentierten unter Zuhilfenahme der Beschreibungen des Paters mit Kaolin, Quarz und Feldspat, bis sie auf das richtige Mischungsverhältnis stießen. Bald fand man auch heraus, wie durch Drehen, Strangpressen, Nasspressen oder Gießen die Masse zu Gegenständen geformt und in Brennöfen getrocknet werden konnte. Nur kurze Zeit dauerte es, bis man mithilfe von Kobaltoxid (für Blau) oder Chromoxid (für Grün) auch farbige Unterglasurdekore erstellen konnte.

Doch in der Zeit zwischen dem ersten Brief des Jesuitenpaters und den erfolgreichen Experimenten französischer Chemiker war es auch einem Deutschen, Johann Friedrich Böttger, gelungen, Porzellan herzustellen. Brannte dieser 1707 noch rotes Steinzeug, so glückte ihm zehn Jahre später der Durchbruch: Nach anfangs gelblichem konnte er endlich in Dresden das begehrte weiße Porzellan herstellen. Wenige Jahre zuvor war 1710 auf der Albrechtsburg in Meißen für ihn eine Manufaktur errichtet worden, deren Porzellan später weltberühmt werden sollte. Obwohl das Geheimnis seiner Herstellung streng bewacht wurde, gelang doch einigen Arbeitern die Flucht.

Das ganze 18. Jahrhundert hindurch war die Porzellanherstellung das Hauptziel der Werksspione. Und obwohl in diesem Zusammenhang fast alle Geheimnisse gelüftet werden konnten, wurde eines doch bewahrt: Man weiß bis heute nicht, wie die Chinesen rosafarbenes Porzellan hergestellt haben. Einer Legende zufolge soll dazu das Blut einer Jungfrau verwendet worden sein. Es ist nicht überliefert, ob die Europäer den Wahrheitsgehalt dieser Mythologie erkundet haben; fest steht jedoch, dass man dieses Herstellungsverfahren nicht hätte patentieren lassen können.

Patente nützten allerdings wenig, wenn es um das Wissen der sogenannten Alchimisten ging. Der deutsche Porzellanerfinder Böttger begann ebenso als Alchimist wie eine Reihe von anderen Forschern, die von ihren Landesherren zumeist den Auftrag erhalten hatten, Gold herzustellen. Der Mythos der Alchimie ist eng mit dem Glauben an deren angebliche Fähigkeit verbunden, Gold – in damaliger Zeit der Inbegriff des Reichtums – »herstellen« zu können. Es bedarf keines weiteren Beleges, dass die angeblich mit solcherlei »Fähigkeiten« Ausgestatteten das Ziel von Spionen waren, denn jeder Mächtige der damaligen Zeit wollte an derartigen Geheimnissen partizipieren. Ein weiteres sagenumwobenes und zugleich blühendes Geschäft der Alchimisten war die Herstellung von Giften. Giftmorde waren in jener Zeit vor allem in »besseren« Kreisen an der Tagesordnung. Die Giftaffäre der Mätresse Ludwigs XIV., Madame Montespan, ist kein Einzelfall. In Zusammenhang mit der Werksspionage ist die Giftmischerei von Interesse, weil kaum vorstellbare Beträge dafür aufgewendet wurden, um den Giftmischern die Rezepturen für Gegengifte zu entlocken.

Doch Alchimisten stellten auch andere begehrte Güter her: Salpeter- und Schwefelsäure sowie Schießpulver. In gewissem Sinne waren Alchimisten somit die Gründerväter der heutigen chemischen Industrie. Die europäischen Alchimisten werden aber heute zu Unrecht für ihre Fähigkeiten gerühmt, haben sie diese doch nicht selbst entwickelt, sondern arabischen Alchimisten in Nordafrika und Spanien »entliehen«. Beispielsweise wurde das Schwarzpulver in China schon im achten Jahrhundert in Feuerwerkskörpern verwendet. Und in der Schlacht von Pienking setzten die Chinesen gegen die heranstürmenden Mongolen 1232 nachweislich Pfeile ein, die mithilfe eines salpeterhaltigen Brandsatzes abgeschossen wurden. Arabische Wissenschaftler hatten bereits im zwölften Jahrhundert ebenfalls Kenntnis vom Schießpulver und seiner Zubereitung. Und in der zweiten Hälfte des 13. Jahrhunderts benutzten die Araber Schießpulver auch als Treibmittel für Raketen. Der arabische Kriegsschreiber Hassan ar-Rammah hat in seinen Schriften darüber berichtet. Diese wurden von wissbegierigen europäischen Mönchen allmählich ins Lateinische übersetzt, womit im 13. Jahrhundert das Wissen um die Wirkung des Schwarzpulvers auch nach Europa gelangte.

Heute verbinden wir die »Erfindung« des Schwarzpulvers mit dem Namen des Mönches Berthold Schwarz. Doch es darf mit Recht bezweifelt werden, dass dieser wirklich bei alchimistischen Studien auf die Mixtur aus Kohlepulver, Schwefel und Salpeter stieß. Während die meisten neueren Enzyklopädien Berthold Schwarz die Erfindung des Schießpulvers zuschreiben, findet man in Lexika der vergangenen Jahrhunderte durchaus kritischere Angaben. Dort heißt es zum Stichwort »Schießpulver und sein Weg von China nach Europa«: »Es kam über die Araber nach Europa und wurde hier um 1250 von Albertus Magnus und Roger Bacon beschrieben. Wer die metallenen Rohre erfand, aus denen mit Schießpulverkraft Geschosse geworfen wurden, ist ungewiss; solche Rohre (Kanonen) wurden 1326 in England ausgebildet; später (1331) verwendeten deutsche Ritter Schießpulver und Geschütz in Oberitalien. Um 1380 reformierte Berthold Schwarz Pulver und Geschütz.«

Der Franziskanermönch Schwarz ist also mitnichten der Erfinder des Schießpulvers, sondern ein Alchimist gewesen, der »die chunst, aus püchsen zu schyessen«, nur verbessert hat. Er hat nur von der in der damaligen Ordenswelt üblichen Gier, das Wissen aus anderen Ländern dem eigenen Territorium nutzbar zu machen, profitiert und dabei die so gewonnenen Erkenntnisse zu verbessern gesucht. Ordensbrüder, die von ihren Kirchenherren als Missionare in wenig erforschte Weltgegenden ausgesandt wurden, hatten den Auftrag, neben dem Glaubensgeschäft auch den wirtschaftlichen Vorteil der Kirche im Auge zu behalten und über alles zu berichten, was diesen mehren könnte. Genauso wie päpstliche Gesandte eine bedeutende Rolle in der Geheimdiplomatie der vielen einzelnen Höfe spielten, leisteten Ordensbrüder und Predigermönche als wirtschaftliche Kundschafter unschätzbare Dienste.

In der damaligen Zeit, in der ein durchschnittlicher Mensch im Laufe seines gesamten Lebens weniger an Neuigkeiten über die Zusammenhänge der Welt erfuhr, als heute in einer einzigen Ausgabe einer Tageszeitung steht, hatte der Satz »Wissen ist Macht« eine tiefere Bedeutung als in der Gegenwart. Das traf nicht nur auf die Kenntnis um die Zusammensetzung des Schwarzpulvers zu. Zumindest in Friedenszeiten wichtiger als das Schießpulver war das Papier. Das aber haben nicht etwa kluge Europäer erfunden. Es waren vielmehr die Spione der Kirche, die zum ersten Mal Papier auf ihren Reisen zu sehen bekamen: Noch im zwölften Jahrhundert brachten sie bei ihrer Rückkehr vom Grab des Apostels Jakobus in Santiago de Compostela, dem großen Wallfahrtsort im äußersten Nordwestzipfel Spaniens, die ersten Blättchen Papier mit nach Hause, die ihre Glaubensbrüder aus dem arabischen Andalusien bei sich getragen hatten. Bei den Arabern – so hatten diese ihnen berichtet – verwendeten nur die Schönschreiber bei der Herstellung der heiligen Bücher das teure Pergament; alle anderen – und beinahe jeder erlernte dort die Kunst des Schreibens – benutzten dafür die Blättchen, von denen es so viele gegeben haben soll, dass man sie sogar zum Einwickeln benutzte. Material zum Schreiben aber war im christlichen Teil Europas der damaligen Zeit Mangelware. Hatten zur Zeit der Merowinger wenigstens die Kaufleute, Notare und Klöster noch das aus Ägypten stammende Papyrus zur Verfügung, so schuf die Ausbreitung des Islam im achten Jahrhundert im Mittelmeerraum eine Grenze zwischen zwei Welten: dem Morgenland und dem Abendland, in dem aufgrund der Blockaden Papyrus allmählich zur Mangelware wurde. Fortan ging man sparsam mit den alten Beständen um. Man konnte nur auf das teure Pergament zurückgreifen oder aber antike Handschriften abkratzen und den Untergrund neu verwenden. So ist es kein Wunder, dass Späher den Arabern auch das Geheimnis der Papierherstellung zu entreißen suchten.

Der Gewürzhändler Ulman Stromer, Sohn eines Nürnberger Kaufmannsgeschlechts, den der Safranhandel nach Spanien führte, brachte die Rezeptur aus Andalusien mit und gründete 1389 bei Nürnberg mit der Geismühle die erste Papiermühle Deutschlands.

Doch nicht nur das Papier, sondern auch die Konstruktion von Mühlen war eine Domäne der Araber, aus der diese dem Abendland durch ihre Erfindungen von Mühlen aller Art (auch Wassermühlen und Windmühlen) abgegeben haben. Die Araber waren jedoch nicht die Erfinder des Papiers. Das dürfen sich die Chinesen zuschreiben, die die Kunst seiner Herstellung seit dem ersten nachchristlichen Jahrhundert beherrschten. Sie zerkleinerten Baumrinde, Hanf, Lumpen und alte Fischernetze zu einem Material, das sie von der teuren Seide als Schreibstoff unabhängig machte. Um das Jahr 751 herum sollen dann Araber chinesische Kriegsgefangene in Samarkand angesiedelt haben, die die Kunst der Papierherstellung beherrschten. Somit gelangte die Papierfabrikation in die muslimische Welt. Nachdem auch die Europäer das Wissen um die Papierherstellung erlangt hatten, fehlte ihnen aber noch die Erfindung des Druckes mit beweglichen Lettern, um Abschied vom mühevollen Abschreiben alter Handschriften nehmen zu können. Drucktechniken gab es schon lange, aber alle Verfahren hatten einen entscheidenden Nachteil: Das Material war nicht widerstandsfähig genug für die Erstellung größerer Auflagen.

Die technische Entwicklung schien in eine Sackgasse geraten zu sein. Wohin die Kaufleute der damaligen Zeit auch gelangten, nirgendwo gab es eine Technik, mit deren Hilfe Bücher auf schnelle und billige Art vervielfältigt werden konnten. Der Mainzer Johannes Gutenberg schloss um das Jahr 1450 diese Wissenslücke der Menschheit mit der Erfindung des Bleigusses einzelner beweglicher Lettern und einer einfach zu handhabenden Gießform. Gutenberg benötigte viel Geld, bis ihm der Durchbruch gelang. Er musste sich beim Mainzer

Advokaten Johannes Fust mit dem Gegenwert mehrerer Bauerngüter (insgesamt 800 Gulden) verschulden. Als es zum Streit um das Geld kam, sah sich Gutenberg gezwungen, Teile seiner Werkstatt zu verkaufen – und damit auch Teile seiner Geschäftsgeheimnisse. Damit war der Weg frei für die schnelle Ausbreitung seiner Erfindung. Als Erfinder der »Schwarzen Kunst« geriet Gutenberg deshalb bald in Vergessenheit, nicht jedoch seine revolutionäre Technik, mit deren Hilfe es zum ersten Mal möglich war, Druckwerke in hoher Auflage und deshalb zu erschwinglichen Preisen herzustellen. Seine Drucktechnik wurde von vielen – Werksspionen oder Produktpiraten, die in einer Produktionsstätte herumschnüffelten – kopiert.

Zudem verbreitete sich mithilfe der Druckkunst auch das technische Wissen schneller als je zuvor (wenngleich nur unter denjenigen, die des Lesens kundig waren). Ein Beispiel dafür ist das wenige Monate nach dem Tod des Autors Georg Agricola (1494–1555), eines Chemnitzer Stadtarztes und Bürgermeisters, erschienene und in lateinischer Sprache geschriebene erste umfassende Werk der Neuzeit über Bergbau und Hüttenwesen mit dem Titel *De re metallica libri XII* – zu Deutsch: *Vom Berg- und Hüttenwesen*. Es war bis in das 18. Jahrhundert hinein das grundlegende Handbuch des Berg- und Hüttenwesens, ein Klassiker der Technikgeschichte. Wissen und Bildung konnten sich am Übergang vom Mittelalter zur Neuzeit somit schnell ausbreiten, nicht immer zur Freude der Obrigkeit, die auf die Erfindung der Buchdruckerkunst bald mit der »Erfindung« der Zensur reagierte – und deren Beachtung von einem Geheimdienst überwachen ließ.

Weitaus stärker noch als Gutenberg wurde der 1452 als unehelicher Sohn eines erfolgreichen Florentiner Rechtsanwaltes und eines schönen italienischen Dorfmädchens geborene Leonardo da Vinci das Opfer von Werksspionen. Wo auch immer er hinkam, fand er nicht nur Bewunderer, sondern gleichfalls viele Neider, die große Summen darauf verwandten, ihm seine zahlreichen Erfindungen zu entlocken.

Es sollte weitere Jahrhunderte dauern, bis auch die Kenntnis von der Bestimmung der Gestirne aus der arabischen Welt über Europa etwa in das heutige Russland gelangte. Henry Vallotton beschreibt in seiner Biografie über Peter den Großen und Russlands Aufstieg zur Großmacht, wie der junge Peter Kenntnis von der Astronomie erlangte: »Als Fürst Dolgurukij 1687 von einer diplomatischen Mission in Paris zurückkehrte, erzählte er Peter von einem wunderbaren Instrument, das Astrolabium genannt wurde, mit dem man die Position und die Größe der Sterne messen könne. Der Prinz ruhte nicht eher, als bis er es besaß, aber niemand konnte damit umgehen. Schließlich fand man einen jungen Holländer, Timmermann, der sich darauf verstand. Peter nahm ihn als Lehrer für Arithmetik und darstellende Geometrie zu sich …« Das so geweckte Interesse des späteren Zaren Peter, den wir heute »den Großen« nennen, an der Astronomie war auch das Motiv für sein Interesse an Seefahrt und Navigation und dem daraus entstehenden Drang, Russland zu einer Seemacht zu entwickeln und auf allen Gebieten den technischen Anschluss an Kontinentaleuropa zu finden. Zu diesem Zweck »importierte« Peter das Know-how der damaligen Zeit, indem er allen Berufsständen Europas, die ihm nützlich erschienen, die Ansiedlung in seinem Herrschaftsbereich schmackhaft machte. Heiko Haumann schreibt in seiner *Geschichte Russlands*: »Ausländer warb der Staat auch als Fachkräfte an.« Vor allem holländische Schiffbauer folgten seinem Werben. Das Vorgehen Peters unterscheidet sich nicht von dem Vorgehen von Konzernen, die in der Gegenwart Mitarbeiter von Konkurrenzunternehmen abwerben mit dem Ziel, deren Kenntnisse in der eigenen Produktion verwerten zu können. Dieses Abwerben von Know-how unter Peter dem Großen hatte Erfolg: Gab es um 1690 nur 21 ausschließlich staatliche Manufakturen in Russland, so zählte man 1725 schon 200 solcher Großbetriebe, von denen sich 86 in staatlichem und 114 in privatem Besitz befanden.

Einige Jahre später, 1697 und 1698, betätigte sich Peter der Große auch selbst als Industriespion. In jener Zeit zog er mit einer bunten Truppe quer durch Deutschland: 60 Kutschen und Gefährte, davon 32 vierspännige Staatskarossen, rumpelten am 10. März 1697 aus den Toren des Kremls. Die Expedition hatte neben diplomatischen Missionen an den Höfen der Kurfürsten von Brandenburg und anderer Regenten auch einen Geheimauftrag: Informationen zu sammeln, alles Know-how zu notieren, vor allem über Handwerk und Industrie. Heute nennt man das Industriespionage. In Halberstadt im Harz unternahm Peter beispielsweise einen Abstecher, um ein barockes

Technologiezentrum auszuspähen: die Eisenhütten von Ilsenburg. In den Hüttenwerken ließ er sich den Abstich geschmolzenen Eisens aus den Hochöfen, das Schmelzen von Eisen in Tiegeln, das Schmieden schmaler Streifen zu Gewehrläufen und die Arbeit an Schleif- und Rohrbänken zeigen. Die Abwerbung zweier Fachleute konnte die Zunft gerade noch verhindern.

Eines der Hauptopfer russischer Werksspionage jener Zeit war Großbritannien. Britische Unternehmer mochten vom Jahre 1719 an nicht länger den russischen Abwerbungsversuchen ihrer besten Arbeiter tatenlos zusehen. Sie drängten deshalb ihre Regierung dazu, Gesetze zu erlassen, die ihren Arbeitskräften das Verlassen des Landes untersagten.

Weitaus aggressiver als die Russen agierten in damaliger Zeit jedoch die französischen Werksspione in Großbritannien. Der Wissenschaftler John Harris beschreibt deren Wirken eindrucksvoll in seinem Buch *Industrial Espionage and Technology Transfer. Britain and France in the Eighteenth Century*, das 1998 in Großbritannien erschien. Harris dokumentiert dort etwa, wie es den Franzosen gelang, den 1714 in Birmingham geborenen britischen Industriellen Michael Alcock im Jahre 1755 dazu zu überreden, seine Heimat zu verlassen und künftig mit seinem Fachwissen Metallgegenstände nach britischen Techniken in Frankreich zu produzieren.

Die Dampfmaschine war wohl die größte technische Erfindung im Großbritannien des 18. Jahrhunderts. Das Wissen um ihre Existenz verbreitete sich schnell auch auf dem Kontinent. In dem kleinen Ort Tipton wurde 1712 die erste Dampfmaschine in Betrieb genommen. Harris schreibt dazu: »Wir wissen, dass die Dampfmaschine in Tipton sehr bald auch das Ziel des spanischen Botschafters und eines großen Gefolges von Ausländern war, die das neue Gerät begutachten wollten. Doch egal, wie viel Geld sie auch boten, sie durften das Gebäude, in dem sich die Maschine befand, nicht betreten. Sie kehrten unverrichteter Dinge zurück und konnten nur über die Bewegungen der Maschine berichten.«

Auch der Schwede Marten Triewald suchte vor Ort das Geheimnis der Dampfmaschine für seine Heimat zu ergründen. Lange konnte man es nicht geheim halten. Als 1718 vor der *Royal Society* in London eine Dampfmaschine vorgeführt wurde, war auch der Deutsche Johann Keysler anwesend. Bald wusste man auch in Wien von der wundersamen Maschine und ermunterte Joseph Fischer von Erlach, sich in Arbeiterkleidung unter die Bedienungsmannschaft eines solchen Gerätes zu mischen und ihr das Geheimnis zu entreißen – ein klarer Fall von Industriespionage. Selbst das Patent der von Watt entwickelten Dampfmaschine wurde mithilfe eines spanischen Kundschafters unterlaufen, der das Geheimnis den Franzosen verkaufte. Wie wir später sehen werden, bediente sich Friedrich der Große in Großbritannien ebenfalls der Hilfe von Industriespionen.

Patente als Schutz vor Abzockern

Weil die Werksspionage immer mehr zu einer allgemeinen Plage wurde, erfand man im Mittelalter als Reaktion auf sie »Patente«. Sie sollten Erfinder und Forscher wenigstens in gewissem Maße vor dem Diebstahl schützen. Etwa vom 17. Jahrhundert an konnte der Patentinhaber den Patenträuber sogar bis zu 20 Jahre lang gerichtlich verfolgen lassen, danach wurde das Patent Gemeingut. Am 7. Januar 1791 – kaum zwei Jahre nach der Französischen Revolution – wurde in Frankreich das wohl ungewöhnlichste Patentgesetz der Welt beschlossen. Es forderte französische Erfinder auf, in anderen Ländern Wirtschaftsgeheimnisse auszuspähen und sich diese in der Heimat »patentieren« zu lassen. Jedem, der dann als Erster eine ausländische Erfindung nach Frankreich brachte, gewährte das Gesetz den gleichen rechtlichen Schutz wie dem eigentlichen Urheber. Das war der unverhohlene Auftrag zur Wirtschaftsspionage – staatlich geförderter Technologieraub. Diese Methode des Vorgehens war nicht neu: Schon zuvor hatte man in Frankreich Ausländer, die geheime Fertigungstechniken kannten oder aufgrund von Erfindungen erfolgversprechende Neuerungen einführen wollten, dazu ermuntert, sich in Frankreich niederzulassen. Im Jahre 1551 ermöglichte es die Anweisung des Königs etwa dem aus Bologna stammenden Thesco Mutio, zehn Jahre lang ohne jegliche Konkurrenz in Frankreich alle Arten von venezianischem Glas herzustellen. Niemanden hat es damals interessiert, dass der Geschäftsmann

Mutio das Geheimnis zur Herstellung des venezianischen Glases zuvor in Venedig gestohlen hatte.

In Venedig wurde seit etwa 1530 ein Glas produziert, das in ganz Europa einzigartig war: Es war klar und enthielt kaum Einschlüsse. Venedig suchte das Herstellungsgeheimnis durch strenge Vorschriften zu hüten. So durften Venezianer nicht mit Fremden über die Glasherstellung sprechen. Jene, die in der Glasherstellung arbeiteten, durften das Land nicht verlassen. Zu Beginn des 17. Jahrhunderts verlor Venedig seine marktbeherrschende Stellung auf diesem Gebiet, weil es immer mehr Ausländern gelungen war, das Geheimnis seiner Herstellung zu erkunden.

Das schon erwähnte französische Werksspionage-Förderungsgesetz aus dem Jahre 1791 schuf auch den Begriff des »Erfinderpatents«. Jacques Bergier schrieb in seinem 1970 erschienenen Buch *Industriespionage* dazu: »Die jährlich vom französischen Patentamt bewilligten Patente steigen von 19 zwischen 1791 und 1804 auf 71 für das folgende Jahrzehnt (1804 bis 1815), 230 zwischen 1815 und 1831, 750 zwischen 1831 und 1841, 4000 im Jahre 1855, 5000 im Jahre 1876 und mehr als 10 000 zu Ende des Jahrhunderts.«

Die Erfindungen der industriellen Revolution waren Wegbereiter einer Intensivierung der auf wirtschaftliche Geheimnisse gerichteten Spionage. Zeitungen sorgten dafür, dass neue Erfindungen sogleich in aller Welt bekannt wurden. Daraufhin schwärmten Spione aus, um die Geheimnisse der neuen Erfindungen zu erkunden und diese anschließend auf ihre Brauchbarkeit testen zu lassen. Der Franzose Philippe Lebon konnte sich beispielsweise nicht lange an seinem Patent vom »6. Vendemiaire des Jahres VIII« (napoleonischer Zeitrechnung) freuen, denn die Engländer entwickelten seine Erfindung der »Thermolampe« weiter. Während Lebon 1804 in bitterer Armut starb, arbeiteten britische Techniker an seinem Patent und konnten als Ergebnis im Jahre 1816 die ersten öffentlichen Gasleuchten aufstellen.

In England war der Raub von französischen Patenten in jener Zeit ein Volkssport, verkörperte er doch den Kampf für Freiheit und gegen Tyrannei. Für englische Fabrikbesitzer war es deshalb nichts Unanständiges, den Franzosen ein Patent stehlen zu lassen, dieses dann in England zu verfeinern und durch ein Monopol abzusichern. 1796 wurde in Manchester die »Vereinigung gegen das Patent- und Monopolwesen« gegründet; aus heutiger Sicht ein obskurer Verein zur Förderung der Industriespionage. Mit der Zahl der Patente war auch die Zahl der Industriespione stetig gestiegen. Die neue Bewegung der Philanthropen sah es als eine ihrer Aufgaben an, Erfindungen der ganzen Menschheit zugutekommen zu lassen. Sie zahlten jenen Erfindern, die ihre Produkte nicht patentieren ließen und alle Einzelheiten darüber veröffentlichten, Prämien. Beispiele dafür sind die gegen Schlagwetter schützende Sicherheitslampe für Bergleute und Impfungen. Doch es waren nicht nur technische Neuerungen, die geraubt und kopiert wurden. Auch die Malerei war in jedem Jahrhundert ein Objekt von Neidern, die neue Techniken »entlehnten«, also Kopien erstellten.

Selbst die berühmtesten Schriftsteller jener Zeit haben weite Teile ihrer Werke schlicht abgeschrieben. Dazu zählt Johann Wolfgang von Goethe (1749–1832) ebenso wie Shakespeare. Goethe gab sogar zu, er habe sich anderweitig bedient: »So singt mein Mephistopheles ein Lied von Shakespeare [*Hamlet*], und warum sollte er das nicht? Warum sollte ich mir die Mühe geben, ein Eigenes zu erfinden, wenn das von Shakespeare eben recht war und eben das sagte, was es sollte?«

Dem Engländer Edmond Malone haben wir eine im Jahre 1790 veröffentlichte Shakespeare-Ausgabe zu verdanken, in der all das mit roten Buchstaben wiedergegeben wird, was Shakespeare von seinen Zeitgenossen wörtlich abgeschrieben hatte. Von 6043 Shakespeare-Versen waren 1711 wörtlich übernommen und weitere 2373 geringfügig umformuliert. Man sieht, dass die Werksspionage kaum ein Gebiet des menschlichen Schaffens verschont hat.

In England verbot vom Ende des 18. Jahrhunderts an der »Tools Act« die Ausfuhr wichtiger technischer Konstruktionen, Modelle und Zeichnungen. Auch Arbeiter, die ein solches Modell gesehen hatten oder an einer der neuen Maschinen ausgebildet worden waren, durften das Land nicht mehr verlassen. Im Oktober 1788 wurde ein junger dänischer Marineoffizier mit Namen Adam Haaber nach England zur Industriespionage geschickt. Die dänische Admiralität gab ihm den Auftrag, einen Briten anzuwerben, der in Dänemark eine Dampfmaschine zum Schmieden von Ankern bauen könne. Weil Haaber eine

Engländerin geheiratet hatte, glaubte man in ihm jemanden gefunden zu haben, der möglichst unauffällig den Auftrag ausführen könnte. Der Schotte Andrew Mitchell erklärte sich mit dem Vorhaben einverstanden und verlangte monatlich 130 dänische Reichstaler sowie nach Fertigstellung der Dampfmaschine weitere 10 000 Taler. Mitchell gelang es, alle Bauteile für die Dampfmaschine außer Landes zu bringen, da er sie auf mehrere Kisten verteilte, die unabhängig voneinander verschifft wurden.

Diese Verschleierungstechnik war schon damals beliebt. Ein weiterer Industriespion mit dem Namen Matthew Boulton soll 1806 vier Dampfmaschinen und eine Münzprägemaschine aus England herausgeschmuggelt haben, ohne den Zollbehörden aufzufallen. Das aber gelang nicht immer. 1789 wurde der Däne Ljungberg in England verhaftet, weil er die schriftlichen Aufzeichnungen aus drei Jahren seiner Tätigkeit als Industriespion in England nach Kopenhagen schicken wollte. Ljungberg hatte in der Wedgwood-Porzellanmanufaktur Erfindungen zu Tonerden, Farbstoffen und Brennöfen ausgekundschaftet.

Seit dem Beginn der industriellen Revolution scheint sich in Europa auf dem Gebiet der Industriespionage nichts verändert zu haben. Schon damals konnten die in europäischen Nachbarländern stationierten britischen Diplomaten wohl nur zu einem Teil die Flut der Bemühungen um Industriespionage aufdecken. 1787 etwa unterrichtete der britische Konsul in Kopenhagen seine Regierung darüber, dass der Inhaber einer Eisenhütte vom dänischen König eine Unterstützung in Höhe von 70 000 Talern für den Bau einer Anlage zur Stahlerzeugung erhalten habe. In dem Schreiben heißt es: »Da aber die Kunst, Stahl zu kochen, den Dänen und Norwegern völlig unbekannt ist, haben sie einen Mr. Kaas nach England geschickt, um Leute anzuwerben, die sich auf das Geschäft verstehen, herüber zu kommen und sie zu unterweisen.« Und die norwegische Bergbauakademie in Kongsberg schickte 1780 eine Gruppe von Informationsbeschaffern durch Schweden, den Harz, Sachsen, Ungarn und England, um die in der Heimat praktizierten Techniken der Salz- und Glasherstellung, des Kupfer- und Silberbergbaus und die Verarbeitung von Eisen, Stahl und Kobalt zu verbessern. Die wichtigste Voraussetzung für einen Spion war in damaliger Zeit eine hervorragende Ausbildung, die ihn in die Lage versetzte, die Bedeutung einer technischen Maschine zu erkennen und das Funktionieren zumindest in den Grundzügen nachzuvollziehen. Zudem musste er mehrere Sprachen beherrschen. Der schon erwähnte »Tools Act« schaffte es nicht, den Transfer von Schlüsseltechnologien zu verhindern; er erschwerte ihn lediglich.

Das machte sich auch Friedrich der Große zunutze. Er wollte mit seinen europäischen Nachbarn bei der Gründung von Manufakturen mithalten und wandte zwischen 1763 und 1783 für dieses Unterfangen 40 Millionen Taler auf. Den großen Nutzen der von James Watt entwickelten Dampfmaschine erkannte er sofort – auch wenn er diese nur vom Hörensagen kannte. Im Bergwerk nahe der preußischen Stadt Hettstedt war ein neuer Schacht abgeteuft worden, doch man wurde des eindringenden Wassers nicht Herr. Friedrich der Große verfiel höchstpersönlich auf den Gedanken, eine Dampfmaschine zum Abpumpen des Wassers einzusetzen. Doch woher sollte man diese nehmen? Zwei preußische Ingenieure erhielten von ihm den königlichen Spionageauftrag: Für Seine Majestät sollten sie nach England reisen, um dort die Wirkungsweise des feuerspeienden Ungetüms zu studieren. Der Inselstaat hatte ein Ausfuhrverbot für die Neuerfindung verhängt und den Geheimnisverrat mit drastischen Strafen belegt. Die preußischen Ingenieure hatten es schwer, doch sie waren geschickt und in der Spionage erfahren. Schon nach wenigen Wochen konnten sie dem königlichen Hof melden, dass sie sowohl den »Mechanismus« als auch die Details erkundet hatten.

Nach ihrer Rückkehr halfen sie bei der Konstruktion der ersten deutschen Dampfmaschine, die – wie von Friedrich dem Großen gewünscht – in Hettstedt das Wasser aus dem Bergwerk pumpte. Mehrere preußische Manufakturen bauten daran mit. In Berlin goss man den Zylinder, in Eberswalde schmiedete man den Kessel, und in Ilsenburg entstanden die Pumpen. Am 14. August 1785 wurde die erste preußische Dampfmaschine in Betrieb genommen. Friedrich der Große war zufrieden und erteilte weitere Spionageaufträge.

Private Investoren fanden sich jedoch kaum, denn die preußischen Unternehmer der damaligen Zeit waren nur schwer vom Nutzen der Dampfmaschinen zu überzeugen. So war es der preußische Staat, der

Investitionsanreize zur Einführung der neuen Errungenschaften schuf. Wirtschaftsminister Freiherr vom Stein war bemüht, den großen wirtschaftlichen Vorsprung Englands bei der Industrialisierung aufzuholen. Englische Unternehmen erkannten schnell, dass die in ihren Betrieben auffallend häufig als Besucher gemeldeten preußischen Ingenieure Spione waren. Weil der vom preußischen Staat subventionierte Technologietransfer immer größere Ausmaße annahm, erteilte der bekannte Dampfmaschinen-Hersteller *Boulton & Watt* schon 1786 ein Besichtigungsverbot für Ausländer. Zahlreiche englische Industrieunternehmen schlossen sich dieser Maßnahme an.

1820 gab es in Preußen rund 100 Dampfmaschinen, während zur gleichen Zeit in England schon 5000 in Betrieb waren. Mittlerweile trieben Dampfmaschinen dort nicht nur Pumpen, sondern auch Schiffe an. Schon 1681 hatte Denis Papin den Vorschlag unterbreitet, Schiffe mit Dampfkraft auszustatten, doch erst mit der James Watt zugeschriebenen »Erfindung« der Dampfmaschine im Jahre 1765 konnten geeignete Aggregate gebaut werden. (Es gab bereits 1712 eine von dem Engländer Thomas Newcomen entwickelte Dampfmaschine, die zum Abpumpen von Wasser aus einem Bergwerk praktisch genutzt wurde. Watt entwickelte Newcomens Maschine weiter. Er ist, wenn man um Exaktheit bemüht ist, also nicht »der Erfinder der Dampfmaschine«.) James Watt hatte eigentlich das Feinmechanikerhandwerk gelernt und beschäftigte sich seit 1759 mit der Kraft des Dampfes. Die von ihm im Jahre 1765 entwickelte Niederdruck-Dampfmaschine mit einem vom Zylinder getrennten Kondensator und mit einem Dampfmantel um den Zylinder wurde 1769 patentiert. Um seine Erfindung auch in die Praxis umzusetzen, verband er sich mit dem Unternehmer Boulton und eröffnete gemeinsam mit diesem in Soho bei Birmingham 1775 die erste Dampfmaschinenfabrik. Watt selbst war stets ein lohnendes Objekt für Industriespione aus aller Welt. Von 1782 bis 1784 entwarf er die doppelt wirkende Niederdruck-Dampfmaschine (mit Drehbewegung). Das war jene Maschine, ohne die es die industrielle Revolution wohl nicht gegeben hätte. Mit dieser Dampfmaschine wurde 1802 auch das erste von William Symington gebaute Dampfschiff ausgerüstet, ein Heckraddampfer mit dem Namen *Charlotte Dundas*.

Im Oktober 1815 erwarben der Engländer John Humphrey und sein Sohn ein Privileg für die Dampfschifffahrt in Preußen. Sie wurden Anteilseigner an einer Werft in Pichelsdorf und konstruierten dort das erste deutsche Dampfschiff, die im September 1816 fertiggestellte *Prinzessin Charlotte von Preußen*, ein Mittelraddampfer, dessen Radkasten hoch über das Deck ragte. Der Antrieb wurde aus England geliefert – von der Fabrik *Boulton & Watt*. Es war eine Dampfmaschine mit einer damals ungeheuer erscheinenden Leistung von 14 PS. Damit erreichte die *Prinzessin Charlotte von Preußen* die sagenhafte Geschwindigkeit von 7,5 Kilometern pro Stunde. König Friedrich Wilhelm III. war begeistert. Die Humphreys durften weitere Dampfschiffe bauen, und schon im Mai 1817 wurde die »Patentierte Dampfschifffahrts-Gesellschaft« gegründet. Preußen, das Arbeiter mit dem Know-how zur Herstellung von Dampfmaschinen aus England abgeworben hatte, begann allmählich, den technischen Rückstand aufzuholen.

Industriespionage – Geburtshelfer der Krupp-Dynastie

Vieles deutet darauf hin, dass die Industriespionage im 19. Jahrhundert das Schwergewicht von Forschung und Fortschritt von England nach Deutschland gebracht hat. Profitiert davon hat auch der Gründer des Krupp-Konzerns, Friedrich Krupp. Dieser nahm teil an einem Wettbewerb, den der zu Beginn des 19. Jahrhunderts auch über Deutschland herrschende Kaiser Napoleon Bonaparte ausgeschrieben hatte. Napoleon hatte einen Preis ausgelobt für denjenigen, dem es gelänge, »englischen Stahl« herzustellen. Dem französischen Kaiser war es dabei egal, ob das Fabrikationsgeheimnis in England gestohlen oder von einem heimischen Forscher gelüftet werden würde. Friedrich Krupp, Ahnherr der Krupp-Dynastie, der Industriespionen viel Geld für das Geheimnis bezahlt haben soll (das jedenfalls behauptet Jacques Bergier in seinem Buch *Industriespionage*), gewann den Wettbewerb und gründete 1811 in Essen eine Gesellschaft zur Herstellung und Verarbeitung von »englischem Stahl«. Doch die Industriespione hatten ihm das Wissen um die Herstellung des »englischen Stahls« nur vorgegaukelt. Erst seinem Sohn Alfred (bekannt geworden als »Kanonen-

könig«) sollte es nach einer Englandreise gelingen, die Qualität des
»englischen Stahls« zu erreichen.

In einem 1912 zum hundertjährigen Bestehen der Firma Krupp
herausgegebenen Buch liest sich die Entstehungsgeschichte der deutschen Stahlindustrie spannend wie ein Roman. Dort werden die nähe-
ren Umstände, die dazu führten, dass der »englische Stahl« auch in
Deutschland produziert werden konnte, nicht verschwiegen: »Die
vorbereitenden Schritte erfolgten gegen Ende 1811: Im November
dieses Jahres begründete der Kaufmann Friedrich Krupp in der Ab-
sicht, eine Fabrik zur Verfertigung des englischen Gussstahls und aller
daraus resultierenden Fabrikate anzulegen, die Firma Friedrich Krupp
in Essen ... Als Friedrich Krupp den Entschluss zur Begründung einer
Gussstahlfabrik fasste, da wagte er sich an eine Aufgabe, die zu Beginn
des 19. Jahrhunderts auf dem europäischen Festlande zwar viel um-
worben, aber noch nirgends praktisch gelöst war. Die Frage der heimischen Gussstahlerzeugung lag gewissermaßen in der Luft, nachdem
Napoleon die gesamte Wirtschaftspolitik des Festlandes unter der
Devise ›Los von England‹ gestellt hatte ... Im Übrigen war die fabrik-
mäßige Erzeugung des Gussstahls noch immer das seit Jahrzehnten
streng und erfolgreich bewahrte Geheimnis Englands. Begünstigt durch
reiche Erz- und Kohlenschätze, durch technische Überlegenheit und
unbegrenzte Mittel, hatte die englische Eisenindustrie im Laufe des
18. Jahrhunderts einen Vorsprung vor der des Festlandes gewonnen,
den sie durch alle Hilfsmittel einer fortschreitenden Technik und einer
zielbewussten Handelspolitik aufrecht erhielt ... Auch die Stahlerzeugung hatte in England bedeutsame Fortschritte erfahren ... Seit 1700
wurde auch aus Schmiedeeisen durch einen nachträglichen Kohlungs-
oder Zementierprozess ein Stahl von guten Eigenschaften hergestellt:
der Brenn- oder Zementstahl. Eine eigenartige Verkettung von inneren
und äußeren Umständen, von Motiven des Charakters und der Um-
welt traf zusammen, um Friedrich Krupp von der hergebrachten und
sicheren Lebensstraße seiner Vorfahren auf eine völlig neue Bahn zu
drängen.«

Den Kolonialhandel seiner Vorfahren gab Friedrich Krupp auf, als
er im Jahre 1811 zwei Männer kennenlernte, die »nach ihrer Versicherung im Besitz der ihm noch fehlenden Kenntnisse [für die Guss-

stahlerzeugung] waren«. Gert von Klass schreibt in seiner Darstellung der Krupp-Geschichte weiter: »Die Krupp-Saga ist eine Vermengung von Dichtung und Wahrheit wie alle anderen Sagen dieser Erde. In die Überlieferung ist Friedrich Krupp, der Gründer der Gussstahlfabrik Friedr. Krupp, Essen, eingegangen als der Erfinder des Gussstahls und hat mit diesem Namen Ehren und Nachruhm erlangt. Aber wenn der Gussstahl je erfunden wurde, dann geschah dies nicht durch Friedrich Krupp, es gab in England Gussstahl vorzüglicher Qualität schon in einer Zeit, als Friedrich Krupp sich noch nicht mit seinem Geheimnis beschäftigte.«

Aus der Sicht der Industriespionage wesentlich interessanter ist der Krupp-Sohn Alfred. Dieser suchte bei Reisen nach England die Geheimnisse zur Produktion des besten Stahls selbst zu erkunden und wollte sich nicht auf Agenten verlassen. In der zum 100-jährigen Krupp-Jubiläum erschienenen Ausgabe heißt es zu der Studienreise nach England: »Dort hoffte er die Bezugsquellen für das schwedische Eisen zu erfahren, dessen sich die englischen Gussstahlfabriken ausnahmslos bedienten. Krupp hatte schon 1837 versucht, durch die bedeutendste Importfirma, *Sykes & Sons* in Hull, dieses Eisen auch für sich zu beziehen. Es war ihm jedoch verweigert worden, und so blieb nur die Hoffnung, durch persönliche Bemühungen in England zum Ziel zu kommen … Es gelang ihm, Eintritt in zahlreiche industrielle Werke zu erlangen und wertvolle Kenntnisse zu sammeln.«

Das ist eine vornehme – aus Sicht der Firmenleitung aber verständliche – Umschreibung für das wahre Vorhaben Krupps: Industriespionage. Die Chronik verschweigt, dass Herr Krupp seinen Namen in England zunächst einmal in »A. Crip« änderte. In London trug er sich unter diesem Namen auch im Hotel *Sablonniere* am Leicester Square ein. Die Chronik fährt fort: »Mit einer Fülle neuer Erfahrungen und Kenntnisse … traf er im September 1839 nach einer Abwesenheit von 15 Monaten in Essen wieder ein.« Gert von Klass fasst die Ergebnisse der Englandreise Alfred Krupps mit dem Satz zusammen: »In England treibt er unter falschem Namen in voller Gemütsruhe das, was man heute Werksspionage nennen würde. Eine posthume Kritik wird daraus die Bosheit und Verworfenheit des Kruppschen Geistes herauslesen. Jene Zeit ist jedoch der Ansicht, dass es Sache jedes Unternehmens ist, sein Geheimnis zu hüten.« Letzteres war für Krupp die wichtigste Lehre aus seiner Englandreise. Daher schuf er für das von ihm geführte deutsche Unternehmen einen in damaliger Zeit vorbildlichen Werksschutz, der den Abfluss von Betriebsgeheimnissen verhindern sollte.

Industriespion Krupp mutierte in Deutschland zum Erfinder der industriellen Spionageabwehr. Jacques Bergier schreibt dazu: »Wenn er auch alles selbst machte, so benötigte er dennoch die Erfindungen der anderen, um sein Geschäft in Gang zu halten; so stahl er einem seiner Kunden die Pläne zu einer Maschine, mit der Löffel und Gabeln hergestellt werden konnten. Seine Devise lautete: ein weit entwickeltes Spionagenetz nach außen, die größtmögliche Absicherung der Fabrikationsgeheimnisse nach innen. Mit dieser Devise scheint er ausgezeichnet gefahren zu sein.«

In jener Zeit, in der Alfred Krupp sein Unternehmen erfolgreich gegen Werksspione abschottete, waren viele deutsche Erfinder das Ziel ausländischer Kundschafter. Einer von ihnen war der größte Chemiker seiner Zeit, Justus von Liebig (1803–1873), Begründer der organischen und der Agrikulturchemie. Seine Laboratorien in Gießen machte er zum Mekka der Chemiker aus aller Welt – und gab damit zugleich seine wichtigsten Geschäftsgeheimnisse preis. Der von ihm erforschten und erprobten Mineraldüngung ist es zu verdanken, dass heute mehr Menschen auf der Welt ernährt werden können als vor 100 Jahren. Es erscheint fast unmöglich, all das aufzulisten, was von Liebig entdeckt, geschaffen und aufgebaut hat. So wurde in seinem Laboratorium das Chloroform entwickelt, das als Narkosemittel der Chirurgie neue Wege eröffnete. Auch der nach ihm benannte Fleischextrakt und das Chemiestudium in seiner heutigen Form sind seine Erfindungen.

Das Genie von Liebig war von Anfang an ein Ziel ausländischer Neider, die seine Erfindungen sich selbst zuschreiben wollten. Schon als Student in Paris, wo von Liebig bei dem berühmtem Professor Gay-Lussac lernen sollte, trug dieser die Ergebnisse von von Liebigs Arbeiten selbst in der Pariser Akademie der Wissenschaften als angeblich eigene Leistungen vor. Alexander von Humboldt ist es zu verdanken, dass der Großherzog von Hessen damals auf den jungen von Liebig aufmerksam wurde und ihn mit 21 Jahren zum Professor in Gießen ernannte, damit er »dem Vaterlande Ehre machte« (so Humboldt) – und nicht anderen. 30 spätere Nobelpreisträger haben danach bei von Liebig in Gießen studiert und seinen Ruhm begründet, der erste Chemiker der Zeit zu sein. Er trug damit wesentlich dazu bei, dass Deutschland wenig später über die größten und bedeutendsten Chemiewerke der Welt verfügen konnte. Heute ist es selbstverständlich, dass dem Boden anorganischer Dünger zugefügt wird, doch zu von Liebigs Zeiten lachten die Bauern zunächst über den eigentümlichen Professor, der behauptete, Humus und Stalldung allein reichten auf Dauer nicht, um den Ertrag der Böden zu steigern.

Hohn und Spott erntete unterdessen auch der Franzose Louis Pasteur (1822–1895), der Entdecker der Kleinstlebewesen und ihrer Mitwirkung bei Gärungs- und Krankheitsprozessen. Seine Methode, Lebensmittel durch kurzzeitiges Erhitzen zu »pasteurisieren«, ist auch heute noch hochaktuell. Viele Forscher lachten damals über ihn und versuchten ihm Fallen zu stellen. Die von ihm entwickelte Schutzimpfung gegen Tollwut hat ihm unsterblichen Ruhm beschert. Auch Pasteur war in fortgeschrittenen Jahren ein Ziel jener Neider, die sein Genie erkannt hatten und nun darauf brannten, ihm seine Geheimnisse zu rauben und diese als eigene Erfindungen auszugeben.

Zur gleichen Zeit muss für Alfred Krupp der »deutsche Bruderkrieg«, in dem 1866 die Preußen bei Königgrätz über Österreich siegten, einer der schönsten Tage seines Lebens gewesen sein, war es doch die erste Auseinandersetzung, in der »seine« Geschütze erfolgreich eingesetzt werden konnten. Ausgerechnet im Land Alfred Krupps war die Anschaffung neuer Geschütztypen (die auf der Londoner Weltausstellung 1851 erstmals gezeigt worden waren) lange Zeit verschlafen worden. Jede dritte preußische Batterie verfügte nur über altmodische Zwölfpfünderkanonen mit glattem Lauf, die mit einer maximalen Reichweite von 1,5 Kilometern kaum halb so weit schossen wie die Kanonen des Herrn Krupp. Der Generalinspekteur der Artillerie, General von Hahn, wehrte sich bis zu seiner Pensionierung 1864 gegen die Einführung der Krupp-Kanonen. Er hasste »das neumodische Zeugs« so sehr, dass selbst bei seiner Beerdigung nur herkömmliche Kanonen Salut schießen durften.

In jener Zeit gab es im Königreich Preußen 6669 Dampfmaschinen mit insgesamt 137 377 PS. Das Eisenbahnnetz war mehr als 7000 Kilometer lang, und die Züge fuhren mit einer Höchstgeschwindigkeit von 50 Kilometern pro Stunde. Damals überragten die Schlote schon die Kirchtürme, und es entstanden neue Städte, die von vornherein als Industriesiedlungen angelegt waren. Karl Marx schrieb, wenn man durch das Rheinland und Westfalen fahre, werde man an die englischen Industrielandschaften in Lancashire oder Yorkshire erinnert. Beschäftigte Krupp 1861 noch 2000 Arbeiter, so waren es zehn Jahre später nach dem Sieg über Frankreich – den Kruppsche Kanonen miterrungen hatten – schon 10 000. Die Blütezeit des Kruppschen Unternehmens fiel zusammen mit dem allgemeinen Aufblühen der Werksspionage. Bergier zitiert einen von Alfred Krupp verfassten Satz zur Abwehr fremder Werksspione: »Wie hoch auch immer die Kosten sein mögen, alle Arbeiter müssen ständig von energischen und erfahrenen Männern überwacht werden, die für jeden Saboteur, Faulenzer oder Spion, den sie entlarven, eine Prämie erhalten.«

Der Sohn von Alfred Krupp, Friedrich Alfred, war zwar ein Meister der Abwehr von Werksspionage, doch der auf sein Privatleben angesetzten Spitzel des Kaisers konnte er sich kaum erwehren. In der Hauptstadt des Deutschen Reiches gab es zu jener Zeit noch keine Telefon-Abhöranlagen, und so mussten die Spitzel höchstpersönlich Geschehnisse erforschen. Zu Protokoll gab der Besitzer des Hotels *Bristol* der Polizei eine Ungeheuerlichkeit über den Herrn Friedrich Alfred Krupp: »… seit Langem interessiert er sich für junge Kellner, gibt sogar Ratschläge für ihre Behandlung, unter anderem, dass sie mindestens einmal in der Woche baden sollten …« Der Inhaber der Essener Stahl- und Panzerplattenfabrik war Stammgast in dem Hotel und äußerte hin und wieder den Wunsch nach der Gesellschaft von jungen Italienern auf seinem Zimmer. Die kaiserlichen Spitzel waren einer delikaten Angelegenheit auf der Spur, war Krupp doch ein Vertrauter Seiner Majestät des Kaisers Wilhelm II. – dieser berief ihn im Januar 1897 »aus besonderem königlichen Vertrauen« zum Mitglied des Herrenhauses auf Lebenszeit – und besuchte ihn, wann immer er in Essen weilte, in der *Villa Hügel*. Doch Homosexualität war in damaliger Zeit eine Straftat (§ 175).

Am 15. November 1902 berichtete der sozialdemokratische *Vorwärts* über die Neigung des damals reichsten Mannes in Deutschland, der inzwischen 50 000 Arbeiter beschäftigte. Krupp starb wenige Tage später – offiziell an einem Gehirnschlag; andere Quellen sprechen dagegen von einem vertuschten Selbstmord. Kaiser Wilhelm II. ehrte den Verstorbenen öffentlich und suchte damit auch die leisen Anschuldigungen gegen ihn selbst zum Schweigen zu bringen. Nur in den Randbemerkungen der Geschichtsbücher findet man heute noch jene Hinweise, die belegen, dass auch Wilhelm II. dem männlichen Geschlecht (und auch seinem Freund Krupp) mehr als dem weiblichen zugetan war. John Röhl schreibt in seiner Biografie *Kaiser, Hof und Staat*: »Und es ist in der Tat ein beunruhigender Gedanke, dass die Generale, die Deutschland und Europa 1914 in die große Katastrophe unseres Jahrhunderts führten, nicht selten ihre Karriere der Bewunderung Kaiser Wilhelms für ihr schönes Äußeres in ihren fabelhaften Uniformen verdankten …, stehen wir vor der Frage, wo Kaiser Wilhelm in dem ›heterosexuell-homosexuellen Kontinuum‹ anzusiedeln ist.« Er schließt, die »Interpretation von Wilhelm als unterdrücktem Homosexuellen« gewinne mehr und mehr an Boden. Der »Krupp-Skandal« aus dem Jahre 1902 war jedenfalls nicht die einzige homosexuelle »Affäre« in der Umgebung des Kaisers, jenes Mannes, der von Historikern bislang auch auf einer anderen Ebene verkannt worden ist: War Wilhelm II. – und nicht Adolf Hitler – doch der Vordenker der Judenvernichtung mit Gas (im Exil schrieb Kaiser Wilhelm II. dazu: »… am besten wäre Gas«).

Spione in der Kautschukindustrie

Ein weiteres vorrangiges Gebiet der Industriespionage des 19. Jahrhunderts war die Kautschukindustrie. Schon lange vor der Entdeckung Amerikas war Kautschuk ein von den Ureinwohnern Lateinamerikas genutztes Gewächs. Die Mayas ritzten den Stamm des »weinenden Baumes« an, fingen den Saft auf, tauchten Holzstäbe hinein und hielten diese in den Rauch eines Feuers, damit sich der gerinnende Saft in Schichten um den Stab legte. Schon 1739 präsentierte der französische Gelehrte de La Condamine, der viele Jahre Ecuador und andere lateinamerikanische Gegenden bereist hatte, zum ersten Mal der Akademie der Wissenschaften in Paris ein Stück Kautschuk. In der Sprache der Ureinwohner heißt der brasilianische Kautschukbaum (Hevea brasiliensis) »kauutschu«. Da der Saft (Latex) viele Eigenschaften hat, die denen der Milch ähnlich sind (gerinnt leicht und wird bei längerem Stehen sauer) und der Rohkautschuk zudem bei Wärme klebrig wird, wussten die weißen Siedler Nordamerikas und auch die Europäer zunächst nichts damit anzufangen.

Das änderte sich mit der Erfindung des Charles Goodyear, dem Vulkanisieren. Er kam durch Zufall dahinter, dass aus einem gut durchgekneteten Gemisch von Rohkautschuk und Schwefel, wenn man es auf 80 bis 160 Grad Celsius erwärmt, je nach Schwefelgehalt Weichgummi (ein bis sieben Prozent Schwefel) oder Hartgummi (bis zu 45 Prozent Schwefel) wird. Auch die Farbe des Materials lässt sich verändern. Die ziegelrote Farbe des vulkanisierten Materials wird durch Zusatz von Antimonpentasulfid, die schwarze durch Zusatz von Ruß und die weiße durch Zinkweiß erzielt. Nach weiteren Experimenten fand man auch heraus, dass Zusätze von Ölen oder Bitumen den Kautschuk noch weicher machen.

Die Erfindung Goodyears hat in der Welt bleibenden Einfluss hinterlassen: Seither konnten Heftpflaster und Isolierband, Gummireifen und Dichtungsringe ihren Siegeszug um den Globus antreten. Die Kautschukindustrie war daher ein bevorzugtes Ziel von Industriespionen. Jacques Bergier schreibt dazu: »Die eigentliche Grundlage der Kautschukindustrie war jedoch ein im Dezember 1841 von einem Amerikaner angemeldetes Patent, das die Vulkanisierung zum Gegenstand hatte. Das Verfahren war durch Zufall von Charles Goodyear entdeckt worden, der alles Erdenkliche unternahm, um es geheim zu halten. Seine Vorsicht war – trotz des Patentes – durchaus berechtigt, denn ein paar Proben seines vulkanisierten Kautschuks, die er nach England geschickt hatte, fielen einem Chemiker namens Thomas Hancock in die Hände. Dieser schnüffelte daran, roch den Schwefel, stellte das Produkt selbst her und ließ sein Verfahren patentieren. Immerhin war Hancock ein Gentleman, der nicht bestritt, das Goodyear als Erster die Vulkanisierung entdeckt hatte. Dasselbe kann man kaum von den amerikanischen Spionen behaupten, die dem Erfinder sein Patent unzählige Male stahlen.« Bergier beschreibt im Folgenden die vielen Prozesse, die Goodyear führten musste. Damit sei es ihm gelungen, sein Patent um sieben Jahre verlängern zu lassen, nachdem es normalerweise im Juni 1858 abgelaufen wäre. Zwar seien alle seine Widersacher verurteilt worden, doch habe ihm das nur moralische Genugtuung verschafft. Bergier: »Als Goodyear 1860 für immer die Augen schloss, hinterließ er 995 000 Franken Schulden (damaliger Währung). Die Kautschukindustrie entwickelte sich bald zu einem wahren Paradies für Werksspione, und trotz aller Vorsichtsmaßnahmen wurde ein gutes Dutzend von Geheimverfahren entwendet, die die Vulkanisierung, die Verwendung von Füllstoffen und die Kautschukverformung zum Gegenstand hatten. Die Kautschukindustrie nahm einen so gewaltigen Aufschwung, dass die Rohstoffversorgung bald zum Problem wurde. Da gelang es einem englischen Werksspion und Abenteurer, Henry Wickham, einige Heveasamen illegal aus Brasilien auszuführen und nach England zu bringen.«

In dem nahe London gelegenen botanischen Garten von Kew wurden anschließend 7000 Pflanzen gesät. Später wurden sie nach Ceylon, Borneo und Malakka gebracht. Schnell wurden die Gummiplantagen zur wichtigsten Einnahmequelle dieser Region. Bergier beschreibt die Folgen: »Wickham wurde geadelt, eine Ehrung, deren sich nicht viele Wirtschaftsspione rühmen können. Ereignisse dieser Art sowie die relative Unwirksamkeit aller individuellen Sicherheitsmaßnahmen führten zur Gründung einer Reihe von Organisationen und Agenturen zur Bekämpfung der Werksspionage; einer der fünf ›Großen‹ auf diesem Gebiet ist die … amerikanische Agentur *Pinkerton*.« So wie Alfred Krupp der deutsche Ahnherr der industriellen Sicherheit ist, gilt Allan Pinkerton als Begründer des nordamerikanischen Werksschutzes.

Einen guten Werksschutz hätte man auch dem deutschen Unternehmen Bayer gegönnt. Im Jahre 1897 brachte das Unternehmen das als »Aspirin« weltbekannt gewordene Präparat mit Acetylsalicylsäure auf den Markt, ein Mittel, das direkt die Schmerzrezeptoren nahe einer Entzündung erreicht. Wie oft das erfolgreiche Medikament in der Anfangszeit der Herstellung das Ziel von Werksspionage gewesen ist, kann man sich heute kaum noch vorstellen. In jener Zeit waren Industriespione erfindungsreich. Das belegt auch die Geschichte der Schweizer Biskuits »Willisauer Ringli«. Fast ebenso hart wie Duplo-Steine, erfreuten sie sich schon im 19. Jahrhundert einer großen Beliebtheit. Doch erfunden wurden die »Willisauer Ringli« nicht in Willisau, sondern auf Schloss Heidess im Luzerner Seetal. Im vorletzten Jahrhundert wurde das streng gehütete Familienrezept in einem Gebetbuch ins Hinterland geschmuggelt.

Telegrafie und Verschlüsselung

Vor dem Hintergrund der gewaltigen technischen Umwälzungen seit dem Ende des 19. Jahrhunderts ergaben sich auch für die klassische Spionage neue Möglichkeiten. In jener Zeit dauerte es – im Gegensatz zu heute – jedoch immer mehrere Jahre, bis Geheimdienste technische Neuerungen für ihre Ziele nutzten. Ein Beispiel dafür ist die Erfindung der drahtlosen Telegrafie.

Am 2. Juni 1896 meldete der Italiener Guglielmo Marconi den ersten derartigen Apparat zum Patent an. Er hatte schon im Alter von 20 Jahren entdeckt, dass elektromagnetische Wellen viel weiter reichten, als man damals dachte. Im Oktober desselben Jahres nutzte die italienische Marine zum ersten Mal diese neue Art der Kommunikation, um mit dem Flottenkommando in Verbindung zu bleiben. Am 13. Mai 1897 gelang es dem Italiener außerdem, eine drahtlose Verbindung über den 14 Kilometer breiten Bristolkanal herzustellen. Nun horchte man auch in der Finanzwelt auf, gründete die *Wireless Telegraph Trading Signal Company* und ernannte den erst 23 Jahre alten Marconi zu deren Direktor. Im Jahre 1901 gelang Marconi die drahtlose Übermittlung zwischen Korsika und dem Festland (175 Kilometer). Spätestens mit dem Transfer drahtloser Nachrichten zwischen Europa und den Vereinigten Staaten im Dezember 1901 war auch das Augenmerk aller Geheimdienste auf den jungen Mann gerichtet. An der Südspitze Englands hatte er eine 35 Kilowatt starke Sendestation errichtet und konnte im 3540 Kilometer entfernten Neufundland mithilfe einer Empfangsstation, die als Antenne einen Drachen verwendete, schwach, aber deutlich die gemorsten Nachrichten aus England hören.

Botschaften und Geheimdienste profitierten von der Erfindung des Italieners. Ihre in den vergangenen Jahren über Kabelverbindungen versandten geheimen telegrafischen Mitteilungen (davor hatte man Nachrichten nur mit der Postkutsche, Boten oder Brieftauben befördert) waren immer wieder entweder durch angezapfte Leitungen oder durch ungetreue Bedienstete in den Telegrafenbüros abgefangen oder kopiert worden.

In Frankreich hatte man die Zuständigkeit für die Überwachung der ausländischen Botschaften beispielsweise dem *Cabinet Noir* übertragen, das seine Geschichte bis auf den legendären Kardinal Richelieu zurückführen konnte. Das Verschlüsseln von Nachrichten bot schon in jener Zeit keinen Schutz vor Spionen. Der amerikanische Geheimdienstfachmann Jeffrey Richelson hat in seinem Buch *The Century of Spies* ein ansehnliches Beispiel für die damals übliche Art der Verschlüsselung von telegrafischen Nachrichten gebracht. So beinhaltet beispielsweise die Nachricht »1735 IVOF/28 WESL&CHV 4W/4CN/5W/12CAIS IW/2CUIS/15W/20 CHR/band noir epaulière jaune Nr. 15« im Klartext die Übermittlung einer Truppenverlegung: »5 Uhr 35. Ein Offizier/28 Waggons für Soldaten und Pferde/vier Waggons mit vier Geschützen/fünf Waggons mit zwölf Artilleriegeschützen/ein Waggon mit einer Feldküche/15 Waggons mit 20 Fahrzeugen/Schwarze Bänder und gelbe Schulterstreifen, Regiment Nr. 15. 25«. In dieser Zeit der Jahrhundertwende verlor die Industriespionage kurzfristig an Bedeutung, während jene der Militärspionage dafür wuchs.

Diesem – heute in Vergessenheit geratenen Ziel – diente ursprünglich auch die Erfindung der Flugmaschine durch die Gebrüder Wilbur und Orville Wright. Sie hoben am 17. Dezember 1903 um 10.35 Uhr zum ersten Mal für zwölf Sekunden und 40 Meter von der Erde ab. Die wissbegierigen Forscher hatten sich nicht etwa die Beförderung von Personen in der Luft zum Ziel gesetzt; nein, sie wollten ihre Erfindung Regierungen und deren Militärs verkaufen, damit diese in Kriegszeiten aus der Luft die Truppenbewegungen des Gegners auskundschaften konnten. Niemals hatten sie daran gedacht, dass ihre

Flugmaschine schon bald auch die kommerzielle Luftfahrt beflügeln würde.

Doch zunächst waren es die Militärs, die binnen weniger Jahre die Vorteile des Flugzeugs erkannten. Im Oktober 1911 – während des italienisch-türkischen Krieges – unternahm der italienische Kapitän Piazza zum ersten Mal Erkundungsflüge über türkischen Truppenverbänden nahe Tripoli in Nordafrika. Und am 24. Februar 1912 fertigte er auch die ersten Luftaufnahmen der Spionagegeschichte an. Bis zum Ausbruch des Ersten Weltkriegs hatten alle Armeen und Geheimdienste Europas die Wichtigkeit der noch in den Kinderschuhen steckenden Luftaufklärung erkannt.

Mit dem Beginn des Ersten Weltkriegs widmeten sich die Geheimdienste auch wieder stärker der Wirtschaftsspionage. Durchtränkt von nationalsozialistischem Duktus schreibt dazu in dem 1937 erschienenen Buch *Vorsicht! Feind hört mit!* ein Freiherr von Grote: »Auch im Weltkrieg gab es eine Wirtschaftsspionage, wenn sie auch natürlicherweise mit dem militärischen Geheimdienst eng zusammenhing. Die Kriegsindustrie herrschte in den Jahren 1914 bis 1918 vor allen anderen Wirtschaftszweigen … Eine der wichtigsten, man kann sogar sagen umstürzenden Erfindungen der Kriegswirtschaft bedeutete das Aufkommen der sogenannten Gaskampfmittel. Deutschland kann sich rühmen, das vernichtende Gas erfunden zu haben, erst in der primitiven Form des Abblasens von Gasflaschen angewandt, die vor der feindlichen Front eingebaut waren … Mit Blitzesschnelle aber wusste der Gegner durch seine Industriespione das deutsche Verfahren, vor allem auch die chemische Zusammensetzung der einzelnen Gase, herauszubekommen und konnte sogleich an die Bereitung von Abwehrmitteln schreiten, die Konstruktion von Gasmasken, wie er auch in der Folge durch Bereitung eigener Gaskampfmittel selbst zum Gegenangriff antrat.« Mit offenkundiger Empörung beschreibt Grote dann, wie der französische Geheimdienst mithilfe eines italienischen Industriespions die Formeln von vier deutschen Gasarten erkundete. Glaubt man Grote, dessen anekdotenhafte Erzählung über die Agentenlisten des Italieners Lucieto sich mittlerweile in vielen Büchern über die Spionage als angeblich »wahre Begebenheit« findet, so war es die Schwatzhaftigkeit der Menschen, die ihm zuhilfe kam.

Nahe den Essener Krupp-Werken – wo die für den Kriegseinsatz im Ersten Weltkrieg bestimmten Gasgranaten abgefüllt wurden – ging Lucieto jeden Abend in eine Gaststätte, in der auch Krupp-Arbeiter verkehrten, und zechte mit ihnen. Glaubhaft ist durchaus, dass er dort auch auf einen Gendarmen traf, der ihm nach dem Genuss mehrerer Biere zum ersten Mal über die Wirkung des Gases berichtete. Doch die nachfolgende Erzählung von Grote beruht allein auf Lucietos späteren Angaben und dürfte wohl malerisch ausgeschmückt und übertrieben sein. Grote schreibt, Lucieto habe den Gendarmen gefragt: »Ich soll Ihnen glauben, dass man in eine Granate Gas füllen kann? Ebenso gut könnte man Wasser in einen Vogelkäfig sperren!« Der Gendarm habe daraufhin wutentbrannt geantwortet: »Wollen wir wetten?« Die beiden wetteten schließlich um 1000 Mark, und der Gendarm führte Lucieto wenige Tage später auf einen geheimen Testplatz, wo sich folgende Begebenheit zugetragen haben soll: »Was Lucieto zuerst auffiel, war eine große Schafherde, etwa 100 dieser Tiere, die in der Mitte des Schießplatzes zusammengetrieben waren. Diese Herde sollte offenbar als lebendiges Ziel für die Versuchskanonen gelten, ein 77-Millimeter-Feldgeschütz und eine Schiffskanone, die sich etwa 1200 Meter davon entfernt aufgestellt hatten. Im Übrigen war der ganze Platz militärisch stark abgesperrt. Jetzt ertönten in rascher Folge hintereinander Autosignale. Eine Anzahl Offiziere versammelte sich, zumeist höhere Chargen, bis dann, von seiner Suite gefolgt, Kaiser Wilhelm II. erschien und eine aufgestellte Ehrenkompanie abschritt. Bald darauf ertönten Kommandorufe, zwei Kanonenschüsse donnerten, vor der Zielerhöhle, die den Spion verbarg, platzten zwei Granaten, dicht vor der zusammengepferchten Schafherde. Gleich darauf erhob sich ein grünlich-gelber Nebelschleier, der die Tiere einhüllte und für Augenblicke völlig verdeckte. Und dann sah der Spion mit eigenen Augen den grauenhaften Erfolg des neuen Schießmittels der Deutschen. Denn als die Gaswolke sich zerteilt hatte, erblickte man die 100 Schafe unbeweglich, tot am Boden. Die Steine auf dem Boden waren wie mit einer Rostschicht überdeckt. Aus den Reihen der Zuschauer ertönten Begeisterungsrufe und Hurra-Geschrei.« Schon drei Tage später habe Lucieto eine Probe vom Boden des Testgeländes nebst ausführlicher Beschreibung der Vorkommnisse beim französischen Geheimdienst abgeliefert und damit Frankreich in die Lage versetzt, Gegenmittel zu produzieren. Grote schließt diese Anekdote allerdings mit dem Hinweis, dass hinter die Essener Abenteuer des Agenten Lucieto wohl »mehr als nur ein Fragezeichen« gehöre.

Schaut man rückblickend auf viele Jahrhunderte Wirtschaftsspionage, dann sind es oftmals die simplen Tricks und Täuschungen, die am besten funktionieren. In der Realität wird *Pepsi* heutzutage ein *Coca-Cola*-Rezept zum Kauf angeboten und McLaren-Mercedes wird nach einer Spitzelaffäre zu einer Millionenstrafe verurteilt: Immer wieder machen spektakuläre Fälle von Wirtschaftsspionage Schlagzeilen. Die Täter sind Geheimdienste, konkurrierende Unternehmen, gekaufte Insider. Know-how, in das ein Unternehmen oft viel Geld investiert hat, wird gestohlen und fällt an die Konkurrenz. Und warum fallen Unternehmen trotz aller Warnungen in so großer Zahl auch heute noch immer wieder auf Spitzel herein? Ein Grund: Moderne Kommunikationssysteme bieten viele Schwachstellen, die technisch versierte Spione ausnutzen können. Und es bleibt die Schwachstelle Mensch, die es immer gegeben hat und immer geben wird.

Mittelständische Unternehmen vernachlässigen aus Sicht des Bundesinnenministeriums den Schutz gegen Wirtschaftsspionage. Und die Experten des Verfassungsschutzes schildern immer wieder neue Angriffe: So brach 2009 in Niedersachsen ein Industriespion in ein Unternehmen ein. Er versuchte, an ein neu entwickeltes Softwaresystem für die Stahl und Blech verarbeitende Industrie heranzukommen. Die Daten seien auf dem Laptop des Firmenmitarbeiters nicht verschlüsselt gewesen, berichtete der Verfassungsschutz. In einem anderen Fall habe ein chinesischer Geschäftsführer in Bayern 2009 einen Hersteller für Betonelemente heimlich mit einer Kamera am Gürtel ausspioniert. Der Verfassungsschutz vertritt die Auffassung, dass Spionage ein immer größeres Problem für die deutsche Wirtschaft wird. Dabei sei die Dunkelziffer aber sehr hoch.

KAPITEL IV

Maulwürfe bei der Wühlarbeit

Trübe Schatten auf den Dunkelziffern

Es erweckt garantiert Aufmerksamkeit, wenn Mitarbeiter des deutschen Verfassungsschutzes mit dem Finger auf die vermeintlich bösen Wirtschaftsspione des Ostblocks zeigen. Mit der Ausspähung deutscher Hochtechnologie richten diese angeblich Milliardenschäden in der deutschen Wirtschaft an. Allein, die Sache hat einen Schönheitsfehler: Denn bis ein russisches, ukrainisches oder polnisches Unternehmen aus geraubtem deutschem Know-how ein eigenes Produkt entwickelt hat, ist in Deutschland längst die übernächste Produktgeneration auf dem Markt. Ein Schaden »in Milliardenhöhe« ist hier nicht erkennbar. Nicht die notleidenden Späher bankrotter russischer Firmen, sondern westliche Wirtschaftsspione sind die wahren Bösewichte. Deutschen Behörden obliegt es, auch solche Angriffe abzuwehren. Das aber ist politisch mehr als heikel, müsste man doch Bündnispartner wie die Vereinigten Staaten, Großbritannien, Frankreich und Israel öffentlich brüskieren, die auf diesem Gebiet – auch in Deutschland – führend tätig sind. Den Mut dazu hat der deutsche Verfassungsschutz bislang nicht bewiesen. Er blickt weiterhin vorwiegend nach Osten – und deckt den Rest der Welt vornehm mit dem Wort »Dunkelziffer« zu. Das aber wirft einen trüben Schatten.

Zu jenen, die in der Vergangenheit aus der Schattenwelt heraustraten, zählte stets Harald Woll, langjähriger Leiter der Abteilung Spionageabwehr im Stuttgarter Landesamt für Verfassungsschutz. Er hob einmal hervor: »Ich halte Wirtschaftsspionage für ein großes Problem. Der ehemalige CIA-Direktor Woolsey sagte schon 1993 bei seiner Antrittsrede im Senat: ›Wirtschaftsspionage ist das heißeste Thema der gegenwärtigen Geheimdienstarbeit‹.« Diese Aussage ist absolut korrekt: In der Informationsgesellschaft steigt der Wert der Information, viele Informationen spielen eine wichtige strategische

Rolle. Zudem wird die Wirtschaftskraft eines Staates im Weltgefüge immer wichtiger.

Klar ist jedenfalls, dass mit dem Fall der Mauer im Jahre 1989 auch die Verbündeten Deutschlands ihre Antennen gedreht haben und sich seither nicht scheuen, im nationalen Interesse der Sicherung heimischer Arbeitsplätze deutsche Unternehmen ins Visier zu nehmen. Doch dank des technischen Fortschrittes wird es immer schwieriger, derartige Angriffe nachzuweisen. Wo früher aufwendig Laserpistolen auf Konferenzräume gerichtet oder heimlich Wanzen im Akku eines Handys platziert werden mussten, genügt es heute schon, eine SMS genannte Kurznachricht an ein Mobiltelefon zu senden. Das Zielobjekt der Ausspähung erhält zwar eine belanglose Nachricht, vielleicht eine Werbebotschaft, weiß jedoch nicht, dass theoretisch zugleich mit der SMS auch die Softwareeinstellungen seines Handys verändert werden können. Seit mehr als zehn Jahren – genau gesagt seit dem Sommer 2000 – wissen deutsche Geheimdienste, dass etwa der technische amerikanische Geheimdienst NSA über dieses Know-how verfügt. Eigentlich sind amerikanische und deutsche Geheimdienste »Partnerdienste«, doch bei solch sensiblem Wissen endet die Zusammenarbeit. Fieberhaft forschten Fachleute des Bundesamtes für Sicherheit in der Informationstechnik (BSI), einer früheren Außenstelle des BND, deshalb im Frühjahr 2001 auf diesem Gebiet. Sie wussten einzig, dass mittels SMS bei allen für den Weltmarkt produzierten Geräten theoretisch etwa der Klingelton ausgeschaltet und der Lautsprecher aktiviert werden könnte. Über Monate hinweg gelang es ihnen im Versuch jedoch nicht, dieses auch in der Praxis nachzuvollziehen. Es dauerte mehrere Jahre, bis sie das Geheimnis lüften konnten: Ähnlich Viren, die als Anhang an eine E-Mail verschickt, auf einem fremden Rechner tätig werden, funktioniert auch die Fernmanipulation mittels SMS. Doch es war nicht die einzige Herausforderung: Auch die Uhrfunktion der meisten Handys stellte eine Sicherheitslücke dar, über die Geräte theoretisch freigeschaltet werden können. Immerhin lässt sich der Software-Status vieler Mobilfunk-Geräte leicht abfragen, Manipulationen können so entdeckt werden. Doch welcher Eigentümer eines *Nokia*-Handys einer bestimmten Baureihe fragt schon täglich über die Tastenkombination *#0000# den

Softwarezustand seines Gerätes ab? Und welcher Siemens-Nutzer drückt täglich die Kombination *#06# und danach die linke Displaytaste? Und bei *Trium*-Handys müsste die Sternchentaste permanent gedrückt sein, während man den Code 5806 eingibt, um Näheres über das Software-Innenleben zu erfahren. Beinahe jedes Gerät hat hier seinen eigenen Code … Der elektronische Hausputz scheint allerdings noch unbeliebter – und wohl auch unbekannter – als das heimische Aufräumen zu sein.

Hätte man es beim BSI nur mit dieser einen neuen Technik zu tun gehabt, so wäre man vielleicht schneller vorangekommen. Doch zeitgleich drängte die »Bluetooth«-Technik auf den Markt, ein Standard, nach dem Geräte per Funk über kurze Entfernungen Daten miteinander austauschen können. Bluetooth, dessen Funkverbindungen zumindest von Geheimdiensten leicht mitgelesen werden können, stellt für Unternehmen jedenfalls ein ähnlich großes neues Sicherheitsrisiko dar wie etwa kabellose Funktastaturen, die nach Herstellerangaben eine Reichweite von nur zwei Metern haben, nach Erkenntnissen deutscher Spionagetechniker jedoch ohne Zusatzgeräte bis zu 40 Meter weit senden. Nicht nur ein über einen Milliardenetat verfügender Geheimdienst, selbst ein unzufriedener Mitarbeiter könnte somit nur wenige Räume vom Vorzimmer eines Vorstandes entfernt alle eingetippten Daten mit handelsüblichem Gerät auffangen – ohne dass es irgendjemandem auffallen würde.

Und wer sich nicht davor scheut, ein geringes Risiko einzugehen, kann mittels dreier Handgriffe zwischen Tastatur und Rechner auch noch ein winziges Zwischenstück einfügen. Über die Internetadresse *www.keyghost.com* kann man mittlerweile für weniger als 100 Euro den unauffälligen Adapter bestellen, der immerhin mehrere Millionen Tastatureingaben speichert. Die neuseeländische Firma *Working Technologies* bietet auf ihrer Homepage jedenfalls nicht nur Geheimdiensten Zusatzgeräte an, die unabhängig vom Betriebssystem jede Tastatureingabe speichern. Da der Speicher ohne Batterien auskommt, ist das Gerät äußerst langlebig – und bei Wirtschaftsspionen zunehmend beliebt. Denn die »Keyghosts«, von denen allein die CIA mehrere Tausend bestellt haben soll, fallen selbst einem geübten Computerfachmann kaum auf. Softwarebasierte Schnüffelprogramme gibt es schon seit Längerem. Sie sammeln Tastatureingaben erst in einer Datei und stellen diese dann Dritten über die Internetdatenleitung zur Verfügung. Aus Spähersicht haben sie jedoch einen großen Nachteil: Durch Neuinstallation des Betriebssystems kann der Software-Key-Logger überschrieben oder, entsprechende Kenntnisse vorausgesetzt, vom Anwender aufgespürt werden. Anders verhält es sich mit Hardware-Key-Loggern: Diese lassen sich direkt in die Tastatur oder zwischen Tastatur und Rechner einbauen und fangen die Eingaben unmittelbar an der Quelle ab. Und ein solches Hardwaretool, gegen das derzeit kein Kraut gewachsen ist, ist der »Keyghost«.

Dass selbst die größten der großen Unternehmen Spionageangriffen von außen manchmal hilflos ausgeliefert sind, belegen die Vorkommnisse bei *Microsoft*. Beispielsweise drangen Hacker, gegen die das Unternehmen sich sicher wähnte, in die Rechner des Konzerns ein und richteten einen Schaden in dreistelliger Millionenhöhe an. Mindestens 14 Tage lang konnten sich die Hacker frei im Unternehmensnetz bewegen, stahlen geheime Entwicklungspläne sowie die Ursprungsversionen von Computerprogrammen und Betriebssystemen. Dementiert wurde zwar der Diebstahl der Quellcodes, doch ein Teil des geistigen Eigentums war abhandengekommen. Indirekt war dieses Ereignis auch eine Schlappe für die NSA, arbeitet sie doch bei der Entwicklung neuer *Microsoft*-Produkte eng mit dem Softwarehersteller zusammen.

Klar ist jedenfalls, dass es immer schwieriger wird, vertrauliche Firmendaten zu schützen. Einen Beitrag dazu dürfte auch ein weithin unter Durchschnittsbürgern unbekanntes Spray leisten. In der amerikanischen Fachzeitschrift *New Scientist* berichteten Forscher über eine Erfindung, die sie dort »see-through« nannten, ein Spray, das für 15 Minuten einen Briefumschlag transparent werden lässt und dann spurlos verfliegt. *Mistral Security*, ein im amerikanischen Bundesstaat Maryland ansässiges Unternehmen, hatte es entwickelt und will es nach eigenen Angaben »nur an Strafverfolgungsbehörden« verkaufen. Doch wer kann schon garantieren, dass damit künftig nicht auch die Geschäftspost deutscher Unternehmen behandelt wird? Warum also Briefumschläge verschließen, wenn manche Geheimdienste durch sie hindurchsehen können? Verkauft wird das Spray nur an amerikanische

Dienste, der Bundesnachrichtendienst soll interessanterweise abgewiesen worden sein. Ein Sprecher von *Mistral Security* sagte zu der Entwicklung: »Versteckt man beispielsweise eine Visitenkarte in einem braunen Briefumschlag, dann kann man sie mithilfe unseres Sprays lesen.« Nur bei Umschlägen, die mit einer Plastikschicht überzogen sind, versagt es den Gehorsam. Doch es wird letztlich nur eine Frage der Zeit sein, bis sich auch dafür eine Lösung findet.

Auch ohne moderne Sprays wird Post allerdings mitunter geöffnet: Über Jahrzehnte hin wurde Westdeutschen gesagt, dass das Ministerium für Staatssicherheit der DDR widerrechtlich Briefe öffne und das Postgeheimnis verletze. Doch nach vielen Jahrzehnten wird nun bekannt: In Westdeutschland war das nicht anders. In Artikel 10 des Grundgesetzes heißt es: »Das Briefgeheimnis sowie das Post- und Fernmeldegeheimnis sind unverletzlich.« Von der Gründung der Bundesrepublik 1949 bis zum Jahre 1968 hat man diese Bestimmung des Grundgesetzes jedoch ignoriert: Nicht nur in der DDR, auch in der Bundesrepublik wurde zensiert, abgehört und Post vernichtet. Sechs Jahrzehnte nach Gründung der Bundesrepublik wurden die entsprechenden Akten nun freigegeben. Diesen zufolge haben Briten, Amerikaner und Franzosen als alliierte Besatzungsmächte beinahe jede Postsendung auf westdeutschem Gebiet geöffnet, ausgewertet und – wenn diese als unangenehm empfunden wurde – auch vernichtet. Deutsche Beamte mussten ihnen dabei helfen und gegen das Grundgesetz verstoßen.

Der damalige CDU-Chef Heinrich von Brentano schrieb 1951 an den seinerzeitigen Bundeskanzler Konrad Adenauer, wie das in der französischen Zone funktionierte, und berichtete, es werde »die gesamte Post grundsätzlich den französischen Behörden zur Zensur zugeleitet« – auch alle Sendungen aus der damaligen Bundeshauptstadt Bonn, sodass man annehmen konnte, »dass auch die Korrespondenz der Bundesregierung und der Bundestagsabgeordneten der Kontrolle durch die französische *Securité* unterliegt«. Zudem wurden Telegramme und Telefonanschlüsse kontrolliert und überwacht. »Ich weiß«, so schrieb Brentano, »dass beispielsweise in Mainz die Landesregierung, der Landtag, die Gerichtsbehörden, die politischen Parteien, die konfessionellen Verbände, der Bauernverband, das Regierungspräsidium, die Verlage, die Bischöfliche Kanzlei, der Bischof selbst, eine Anzahl von Anwälten, Landtags- und Bundestagsabgeordneten, bestimmte Firmen und Zeitungen dieser ständigen Kontrolle unterliegen.«

In den amerikanischen Besatzungsgebieten war es nicht anders: Die Kontrolle – zwischen 1960 und 1967 wurden 42,1 Millionen Postsendungen an die Amerikaner ausgehändigt – funktionierte nur mit einem gigantischen Überwachungsapparat. So waren allein in der britischen Überwachungsstelle in Düsseldorf 90 Mitarbeiter für die Postkontrolle eingesetzt. Auch die deutschen Behörden waren angewiesen mitzuwirken, ihr Wissen aber geheim zu halten. Nachweislich wurden in 19 Post- und Fernmeldeämtern von Bremen bis München alliierte Zensur- und Überwachungsstellen eingerichtet, deren Mietverträge erst 1968 endeten, als eine Grundgesetzänderung Post- und Telefonüberwachungen nach deutschem Recht legalisierte. Seither ist das Briefgeheimnis offiziell eingeschränkt. Und die Überwachung der Kommunikation ist seither legal.

Heute schreitet die Überwachung voran: Immer mehr Geheimdienste gehen vor dem Hintergrund der schnellen technischen Entwicklung dazu über, sich an innovativen Firmen zu beteiligen. Ein Beispiel dafür lieferte in der Vergangenheit auch der deutsche Auslandsgeheimdienst Bundesnachrichtendienst. Der BND soll auf dem Gebiet der Spracherkennungstechnik tätigen Unternehmen (»Start-up-Firmen«) über Tarnfirmen und Sponsoren finanzielle Unterstützung, Absatzmärkte und Hilfestellung bei der Auftragserteilung von Regierungsstellen zugesichert haben. Darüber berichtete jedenfalls die belgische Tageszeitung *De Standaard* schon vor einem Jahrzehnt. Nach diesen Angaben beteiligte sich der BND an mehreren neu gegründeten in- und ausländischen Unternehmen, um Technik zu bekommen, die man selbst aufgrund knapper Kassen nicht entwickeln konnte. Die Unternehmen hätten Spracherkennungstechnik beispielsweise für Arabisch, Hindu, Urdu, Farsi und Türkisch entwickelt. Der Bundesnachrichtendienst habe beabsichtigt, damit abgehörte Kommunikation schneller als bislang auswerten zu können. Vom BND war dazu keine Stellungnahme zu erhalten.

Einer der Gründer der Start-ups soll ein Direktor der technischen Aufklärung des BND gewesen sein, der offiziell für das in München ansässige Amt für Auslandsfragen (AfA) gearbeitet habe. Der besagte Mann soll in München wegen Urkundenfälschung in Zusammenhang mit einem Unternehmen, das Analysesoftware für große Informationsmengen anbietet, verurteilt worden und vom Dienst suspendiert worden sein. Zu den Firmen, auf die sich das Interesse des BND konzentrierte, sollen die im belgischen Ieper ansässige und inzwischen im Konkursverfahren befindliche *Lernout & Hauspie* (L&H), die im belgischen Arendonk residierende *Radial Belgium*, die Münchner Radial Sprachtechnologie GmbH sowie deren Partnerunternehmen im französischen Nogent-sur-Marne, in Spanien (*Multi Language Consulting* in Cornella), der Tschechischen Republik, Ungarn und Südostasien gehört haben. Zum Kundenkreis von L&H zählte nach Informationen der flämischen Wirtschaftszeitung *De Financial Economische Tijd* auch der technische amerikanische Geheimdienst *National Security Agency* (NSA). So soll die L&H-Tochter *Dragon* Übersetzungsprogramme für die NSA entwickelt haben, die von der amerikanischen Armee etwa bei der Überwachung des Funkverkehrs am Persischen Golf eingesetzt werden. Darüber hinaus wurde L&H-Sprachtechnik auch im Bosnien- und im Kosovo-Krieg eingesetzt. Der in München verurteilte Mann soll auch für L&H als Manager tätig gewesen sein. Er war zunächst weiterhin Koordinator des von der Europäischen Kommission geförderten Projektes *Sensus*, dessen Ziel es ist, Spracherkennungstechnik zu entwickeln, die von europäischen Strafverfolgungsbehörden und Geheimdiensten genutzt werden soll, um die polizeiliche und geheimdienstliche Zusammenarbeit und den Informationsaustausch innerhalb Europas zu fördern. Der Sitz der *Sensus*-Projektleitung in der Münchner Zugspitzstraße 10 war zufällig identisch mit dem der deutschen Radial Sprachtechnologie GmbH. Selbst die auf den entsprechenden Internetseiten genannten Ansprechpartner beider Unternehmen sind identisch.

Neben Tarnfirmen des BND hat nach Recherchen von *De Standaard* auch ein angeblich in Geldwäschegeschäfte verstrickter Libanese die Jungunternehmen finanziert. Er soll diesen 36 Millionen Dollar zur Verfügung gestellt haben.

Zugleich wurde bekannt, dass die amerikanische Bundespolizei FBI mit dem neuen Software-Programm *Carnivore* (*Fleischfresser*), an dessen Entwicklung auch externe Softwareunternehmen beteiligt waren, anders als lange behauptet nicht nur E-Mails, sondern auch Chats (Live-Unterhaltungen im Internet über Tastatureingaben) überwachen. In der Vergangenheit hatte das FBI stets behauptet, mit *Carnivore* könnten nur die E-Mails verdächtigter Zielpersonen (etwa Wirtschaftsführer, Ingenieure und Entwickler) gesucht und aus dem Datenverkehr im Internet gefiltert werden. Nach Angaben der Washingtoner Datenschutzgruppe *Electronic Privacy Information Center* kann das FBI-Programm auch jene Internetadressen auflisten, die eine Zielperson aufgerufen hat. Das Programm *Carnivore* wird auf die Server amerikanischer Internetanbieter gespielt und soll dort alle Datenpakete auf ein- und ausgehende E-Mails von Zielpersonen hin durchsuchen. Die Internetprovider selbst haben keine Kontrolle über das System, das in jeder Sekunde angeblich Millionen von Datenpaketen überwachen kann. *Carnivore* wurde in Quantico entwickelt und bislang nach offiziellen Angaben mehr als 100 Mal eingesetzt, wobei es angeblich galt, Terrorismus, Drogenhandel und die Spuren von Hackern aufzudecken. Aber auch zur Erlangung wirtschaftlicher Informationen soll es schon mehrfach eingesetzt worden sein. Der Text einer verdächtigen E-Mail wird dann automatisch kopiert und gespeichert. Weil »Lauschangriffe« auf die Internetkommunikation künftig an Bedeutung gewinnen werden, fordern amerikanische Bürgerrechtsgruppen Auskunft über die technischen Möglichkeiten des FBI-Systems. Sie kritisieren, dass *Carnivore* die gesamte Kommunikation bei einem Internetprovider abhören müsse, um die E-Mails eines angeblich Verdächtigen zu bekommen. Das sei vergleichbar einem Fall, bei dem alle Telefongespräche belauscht würden, um zu erfahren, ob es ein Telefongespräch gebe, das man abhören müsste. Mit der Vorgängerversion von *Carnivore*, sie ist Fachleuten unter dem Namen *Omnivore* bekannt, arbeitete das FBI. Dieses Programm filterte aus allen E-Mails eine bestimmte heraus und sandte sie dann als Kopie an das FBI. Das Programm erwies sich jedoch als schwerfällig. Bei Ermittlungen soll es eher hinderlich als nützlich gewesen sein. Die Filterprogramme des FBI existieren unabhängig vom sogenannten *Echelon*-System, mit dem der technische amerikanische Geheimdienst *National Security Agency* (NSA) auf der ganzen Welt alle Faxe, Telefongespräche, E-Mails und sonstige Datenübermittlungen zielgerichtet überwachen kann.

Schauen wir uns nun zunächst einmal einige der großen Fälle von Wirtschaftsspionage genauer an.

Ein Tabu wird gebrochen

Wolfgang Hoffmann bringt so leicht nichts aus der Ruhe. Bei der Leverkusener Bayer AG war er für die Abwehr von Wirtschaftsspionen zuständig. Auch in seiner Freizeit befasste er sich – als langjähriger Vorsitzender der Arbeitsgemeinschaft für Sicherheit in der Wirtschaft – mit Spähern. Doch am 20. Januar 1999 kostete es ihn einige Mühe, die Contenance zu bewahren. An jenem Tag machte er nach einem Vortrag in München eine wenig angenehme Erfahrung. Damals referierte er gemeinsam mit dem Präsidenten des Bayerischen Landesamts für Verfassungsschutz vor einem ausgewählten Publikum über jene Gefahren, die von »befreundeten« Staaten ausgehen. Hoffmann, ein zurückhaltender und jedes Wort abwägender Mensch, weiß, wie heikel das Thema »Spionage unter Freunden« ist. Deshalb beschränkte er sich darauf, nur Stichworte und keine Einzelheiten zu nennen. Doch das genügte. Unter den Zuhörern saßen – zunächst inkognito – auch zwei Mitarbeiter des amerikanischen Generalkonsulats in München. Sie protestierten anschließend auf dem Podium gegen die Ausführungen und forderten lautstark die Aushändigung des Redetextes, »um zu prüfen, wie wir dagegen vorgehen können«.

Noch schlimmer erging es der Stuttgarter Industrie- und Handelskammer (IHK). Sie hatte im Februar-Heft 1999 des *IHK-Magazins* einen Beitrag über die Spionage westlicher Staaten veröffentlicht, in dem auch die amerikanische Wühlarbeit in deutschen Unternehmen beschrieben wurde. Auch in diesem Fall reagierten die »Freunde« schnell: Der Generalkonsul persönlich wurde beim damaligen Stuttgarter IHK-Geschäftsführer Andreas Richter vorstellig. Er protestierte gegen den Zeitschriftenartikel und forderte eine Richtigstellung. Der

US-Repräsentant behauptete wutentbrannt, diese Art der Spionage sei den Amerikanern »aufgrund der amerikanischen Verfassung verboten«. Richter war so verdutzt, dass ihm auf Anhieb nicht jene Zitate einfielen, mit denen der frühere amerikanische Präsident Clinton seine Geheimdienste auch zur Wirtschaftsspionage aufgefordert hatte. Doch der Generalkonsul war nicht nur hier schlecht informiert, hatten doch Stuttgarter Mitarbeiter des Verfassungsschutzes den von ihm kritisierten Bericht schon vor der Veröffentlichung lesen dürfen – und Unwahrheiten darin nicht entdecken können. Sie waren vielmehr froh, dass über dieses Tabuthema berichtet wurde. Und so endete der amerikanische Protest ohne den gewünschten »Kniefall« der Stuttgarter.

Kein Zweifel: Wer in Deutschland über die Wirtschaftsspione aus »befreundeten« Staaten berichtet, darf sich deren Protestes sicher wähnen. Das ist ein Grund dafür, warum man auf deutschem Boden lieber nicht öffentlich darüber spricht; trotz alljährlicher Schäden in Milliardenhöhe und des Verlustes von Arbeitsplätzen. Gilt es jedoch, deutsche Unternehmen ähnlicher Delikte zu bezichtigen, dann helfen die Geheimdienste unserer Freunde »ihren« Autoren bereitwillig bei der Recherche. Das hat man in der Bundesregierung schon mehrfach verärgert zur Kenntnis nehmen müssen. In den Vereinigten Staaten gibt es eine Reihe von Büchern, in denen deutsche Firmen der Spionage in Amerika bezichtigt werden. Autoren wie John Fialka – er schrieb *War by other Means* – und Peter Schweizer (von ihm stammt *Diebstahl bei Freunden*) werden von amerikanischen Diensten gern mit Gesprächspartnern versorgt. Letzterer – er schreibt auch für die *New York Times*, *Washington Post* und das *Wall Street Journal* – reihte Deutschland nach Gesprächen mit mehr als 70 amerikanischen Abwehrfachleuten unter Beifall gar in die Reihe der »ökonomischen Parasiten« ein. In Frankreich und Großbritannien ist es ähnlich.

Kritische Darstellungen des eigenen Vorgehens scheint man hingegen in westlichen Hauptstädten nicht dulden zu wollen. Dabei lohnt es sich, mehr als zwei Jahrzehnte nach dem Erlöschen der alliierten Vorrechte in Deutschland einmal näher zu betrachten, wie unsere Verbündeten weiterhin die deutsche Wirtschaft zu ihrem Vorteil ausplündern. Welche Methoden benutzen sie bei der Wirtschaftsspionage? Welchen Schaden richten sie damit an? Wer spioniert gegen wen?

Wer profitiert von dem abgezogenen Know-how? Wo sind die Grenzen zwischen Konkurrenz- und Wirtschaftsspionage? Warum hinterlassen solche Aktivitäten keine verräterischen Spuren? Und wie kann man den Maulwürfen die Arbeit erschweren?

Ausspähen, aushorchen und selbst produzieren

Der Schock sitzt tief – man mochte es kaum glauben: Mitten in der Frankfurter Zentrale der Deutschen Bundesbank saß der Spion. Ein deutscher Beamter soll unter dem Decknamen »Orcada« mehr als zwölf Jahre lang das oberste deutsche Geldinstitut für den britischen Geheimdienst ausspioniert haben. Das jedenfalls berichtet ein – durchaus glaubwürdiger – ehemaliger britischer Geheimdienstagent. In der Bundesbank nahm man die Sache ernst. Während Kommentare nach außen nicht abgegeben wurden, herrschte innen rege Betriebsamkeit. Die Zeitung *Sunday Business* berichtete, der Brite Andrew Mitchell habe den Agenten in der Bundesbank gesteuert. Dessen Informationen seien an viele britische Banken und Broker weitergegeben worden, so etwa an die *Midland Bank*, die *Royal Bank of Scotland* und *Kleinwort Benson* – auch an den britischen Auslandsgeheimdienst MI6. Es hieß: »Die *Midland Bank* ist durch und durch eine MI6-Bank.« Der Spion in der Bundesbank sei von einer zehnköpfigen Geheimtruppe des MI6 mit dem Codenamen »UKB« geführt worden. Die »UKB« befinde sich im Hauptquartier des MI6 (oftmals auch SIS – *Secret Intelligence Service* – genannt) in Vauxhall Cross (85, Albert Embankment) südlich von London. Da die Entscheidungen der Bundesbank Zinsen und Wechselkurse in ganz Europa beeinflussten, seien die Berichte des MI6-Agenten auch im britischen Finanzministerium mit »viel Interesse« gelesen worden. Und als in den Niederlanden über die Einführung des Euro beraten wurde, habe der Top-Agent zahlreiche nützliche Informationen über Verhandlungspositionen Deutschlands und Frankreichs geliefert. In der britischen Botschaft in Bonn soll ein Agent mit Diplomatenpass exklusiv für die Betreuung von »Orcada« zuständig gewesen sein.

Wenige Monate vor dem Bekanntwerden dieses Falles hatten die beiden früheren britischen Außenminister Lord David Owen und Lord Douglas Hurd of Westwell in einem Gespräch mit dem Fernsehsender BBC eingestanden, dass der MI6 – die Kundschafter Ihrer Majestät – in der Vergangenheit europäische Verbündete ausspioniert hatte. Behauptet hatte das zuvor auch schon der ehemalige stellvertretende MI5-Direktor Peter Wright in seinem Buch *Spycatcher*. Und der Wirtschaftsprofessor Patrick Minford ließ sich von der britischen *Sunday Times* mit dem Satz zitieren, er erachte undichte Stellen in der Bundesbank als »extrem wichtig« für das britische Schatzamt. Britische Sicherheitskreise bekundeten, die Vorwürfe gegen den MI6 enthielten »recht viele interessante Details«.

Wie ist es um die Sicherheit der deutschen Wirtschaft bestellt, wenn man offenbar nicht einmal die Festung Bundesbank vor Wirtschaftsspionage schützen kann? Ist nur die Bundesbank das Ziel von Agenten aus befreundeten Staaten, oder werden auch deutsche Unternehmen rigoros ausspioniert? In den Verfassungsschutzberichten finden sich dazu zwar vage Andeutungen – Details fehlen jedoch.

Mit dem Ende des Kalten Krieges hat sich die Wirtschaftsspionage zu einem neuen Tummelfeld für Agenten entwickelt. Sie haben es in Deutschland leicht, da hier kaum Abwehrmaßnahmen ergriffen werden. Und selbst wenn ein westlicher Agent in flagranti ertappt wird, muss er sich um seine Zukunft nicht sorgen. Die Bundesregierung – und da unterscheiden sich die großen Parteien nicht voneinander – zeigt kein Interesse daran, solche Fälle publik zu machen. Schlimmstenfalls müssen westliche Agenten die Abschiebung erwarten. So sieht denn die Situation in puncto Sicherheit deutscher Unternehmen alles andere als rosig aus. Auch ist das Sicherheitsbewusstsein – im Gegensatz zu anderen westlichen Staaten – weder bei Konzernen noch bei kleineren Betrieben besonders ausgeprägt.

Ungeniert schnüffeln unsere westlichen Verbündeten in der deutschen Wirtschaft herum. Der große Aufwand, mit dem sie Telefonleitungen und Computernetze durchforsten, gilt vor allem Neuentwicklungen. Das mussten beispielsweise die deutschen Forscher Steffen Noethe und Matthias Gerspach erfahren. Sie hatten herausgefunden, dass ein handelsüblicher Tesa-Klebestreifen auch als preiswerter Datenträger genutzt werden kann. Zwar müssen noch einige technische Probleme aus dem Weg geräumt werden, doch dann – so sind sich die Wissenschaftler sicher – wird man auf einer Tesa-Rolle so viele Informationen speichern können wie auf 15 CD-ROMs. Da verwundert es nicht, dass sich auch andere Länder für dieses Projekt brennend interessierten. Der *Spiegel* berichtete: »Vor einigen Wochen bemerkten die Forscher, dass Unbefugte in die Computer ihrer Labors an der Mannheimer Uni eingedrungen waren. Mit speziellen Schnüffel-Programmen hatten die elektronischen Spione die Software durchsucht. Noethe und Gerspach konnten die Spur der Spione bis in die USA verfolgen.« Niemand kann derzeit die Frage beantworten, welche Forschungsergebnisse auf diese Weise nach außen gelangt sind. Zwar haben Noethe und Gerspach für ihre Erfindung in München das Patent beantragt, doch wird es mehr als ein Jahr dauern, bis dieses erteilt wird. Nun hofft man in Mannheim, dass in der Zwischenzeit nicht ein amerikanisches Unternehmen »zufällig« das gleiche Patent anmeldet und schneller als die Deutschen den Zuschlag bekommt. Ähnliche Fälle haben sich schon mehrfach ereignet.

Spionageziel Kundendateien

Fehlende Vorsicht beim Umgang mit sensiblen Informationen gefährdet immer öfter die Existenz deutscher Unternehmen. Letztlich werden hierzulande so Jahr für Jahr Zehntausende Arbeitsplätze vernichtet. Beispielsweise hatte ein bekannter deutscher Pharmahersteller Millionen in ein neues Präparat für Diabetiker investiert. Doch ehe man das Produkt am Markt anbieten konnte, trumpfte der größte amerikanische Konkurrent des Unternehmens auf und kam den Deutschen mit einem beinahe identischen Präparat zuvor. Nicht nur das Unternehmen, auch deutsche Behörden sind sich sicher, dass in diesem Fall Wirtschaftsspione am Werk waren. Der deutsche Pharmaproduzent erlitt gleich mehrfachen Schaden: Einerseits hatte er viel Geld in die Entwicklung investiert, das nun verloren war. Andererseits wurde auch noch die ursprüngliche Kalkulation über den Haufen geworfen, weil die Amerikaner mit Dumpingpreisen arbeiten konnten. Globalisierungs- und Konkurrenzdruck heizen den Handel mit vertraulichen Firmendaten noch an.

Dabei gilt es, zwischen Konkurrenz- und Wirtschaftsspionage zu unterscheiden. Letztere liegt vor, wenn ein staatlicher Geheimdienst einem Unternehmen seines Landes gezielt bei der illegalen Beschaffung von Informationen behilflich ist. Konkurrenzspionage betrifft jene Fälle, in denen Unternehmen bei ihren Wettbewerbern im Trüben fischen, sich dabei aber nicht der Hilfe eines Geheimdienstes bedienen. Häufig aber verschwimmen beide Erscheinungsformen, sodass auf den ersten Blick nicht gesagt werden kann, ob es sich um Wirtschafts- oder um Konkurrenzspionage handelt.

In den Verdacht der Konkurrenzspionage geriet etwa die Deutsche Post AG. Sie soll Mitarbeiter zum »Bruch des Postgeheimnisses« animiert haben. Der Verband der privaten Paket- und Kurierdienste erwirkte eine einstweilige Verfügung, weil die Wuppertaler Post ihrem Sortierpersonal geraten haben soll, die Namen und Anschriften der Empfänger bestimmter Briefe aufzuschreiben. Dazu der *Spiegel*: »Wenn der Absender ein privater Paketdienst und damit Konkurrent der Post war – beispielsweise UPS, DPD oder *German Parcel* –, sollten die Postbediensteten die entsprechenden Daten auf einer Liste notieren. Damit wollte das Bundesunternehmen offenkundig gezielt für seinen eigenen Paketdienst Deutsche PostExpress die Kunden der Konkurrenz abwerben. Im Raum Wuppertal lagen in 21 Sortierfilialen solche Listen (Firmenname – Empfänger – Absender) aus.« Erfolgreiche Späher sollten zum Dank ein »Postwertzeichen-Jahrbuch mit druckfrischen Briefmarken« erhalten. Im Schweizer *Clusis-Informationshandbuch* heißt es zu ähnlichen Fällen: »Die Kopie einer Kundendatei erlaubt einem Konkurrenten die Ermäßigungen der wichtigsten Wiederverkäufer zu erfahren. Der Konkurrent hat diesen günstigere Offerten unterbreitet und somit einen Teil des Verkaufsnetzes gewonnen.«

Dass Kundendaten wertvoll sind, musste auch die Deutsche Verlagsanstalt leidvoll erfahren, als ein Angestellter 700 000 Kundenadressen kopierte und bei der Konkurrenz zu Geld machen wollte. Und die Commerzbank in Luxemburg wurde von einem Techniker einer externen EDV-Firma erpresst, der die gesamte Kundendatei von der Festplatte kopiert hatte. In großem Maßstab wurden auch beim deutsch-deutschen Einigungsprozess Unternehmen ausgeforscht. Unter dem Vorwand, eine künftige Zusammenarbeit prüfen zu wollen, ließen sich Hunderte westdeutscher Firmen das Innerste ostdeutscher Betriebe zeigen. Nicht selten nahmen sie Konstruktionsunterlagen und auch Kundenkarteien zur eingehenden »Überprüfung« mit.

Es gibt keine Informationen, die man heute auf dem Weltmarkt nicht kaufen oder stehlen könnte. Diese bittere Erkenntnis widerfuhr auch *Gilette*, dem Weltmarktführer innovativer Rasierklingen. King Camp Gilette, ein Handelsreisender für Eisenwaren, hatte 1901 gefahrlos zu benutzende Rasierer mit Wechselklingen erfunden. Die in Boston ansässige *Gilette Co.* kontrolliert heute zwei Drittel des Weltmarkts für Nassrasierer. Vor wenigen Jahren steckte das Unternehmen 750 Millionen Dollar in die Entwicklung eines neuen Rasiersystems mit drei Klingen, genannt *Mach3*. 100 Mitarbeiter waren an diesem Projekt beteiligt. Sie durften nicht einmal mit ihren Ehepartnern darüber sprechen. So wollte man Spionen die Arbeit erschweren. Die Fertigungsbereiche wurden mit Holzwänden vor neugierigen Blicken geschützt. Trotzdem gelangten die Konstruktionszeichnungen zur Konkurrenz. *Gilette*-Chef Alfred Zeien schaltete das FBI ein, das einen Industriespion mit dem Tarnnamen »Miss Ivy« entlarvte.

Von dem Boom der Spionage blieb auch Neuseeland nicht verschont. Die Regierung beschwerte sich in Peking offiziell über den Versuch chinesischer Wissenschaftler, Triebe von Bäumen einer neuen Apfelsorte außer Landes zu schmuggeln. Äpfel gehören – neben Lammfleisch – zu den wichtigsten neuseeländischen Exportprodukten. Die neu gezüchtete Sorte mit dem Namen *Pacific Rose* gab es bis dahin nur in Neuseeland. Den Markennamen hatte man sich in weiser Voraussicht schützen lassen. Wie im Folgenden noch ersichtlich werden wird, sind nicht alle Unternehmen so vorausschauend. Anderthalb Jahrzehnte hatte man gebraucht, um die neue Apfelsorte zu perfektionieren. Und dann gab es die erste erfolgversprechende Ernte. Eine Gruppe chinesischer Landwirtschaftsfachleute war im Rahmen eines Hilfsprogramms nach Neuseeland eingeladen worden, um sich dort über Anbaumethoden für Obstplantagen informieren zu können. Die Schösslinge wurden nur durch Zufall bei einer Untersuchung des Handgepäcks der Chinesen auf dem Flughafen von Auckland gefunden. Doch die Männer wurden nicht verhaftet, obwohl zahlreiche Obstpflanzer und Abgeordnete protestierten. Stattdessen sagte Zollminister Kirton, selbst Eigentümer einer großen Obstplantage, er wolle den Vorfall nicht zu einem internationalen diplomatischen Zwischenfall mit einem der wichtigsten Handelspartner Neuseelands hochspielen.

Das Einmaleins der Industriespionage beherrschen nicht nur Tausende Chinesen und 300 auf dieses Gewerbe spezialisierte Firmen in Tokio, sondern vor allem auch Geheimdienste aus Großbritannien, den Vereinigten Staaten, Israel und Frankreich. Sie liefern ihren Unternehmen zunehmend geldwerte Informationen, damit diese ausländischen Konkurrenten Aufträge abjagen oder aber Produktentwicklungen billig kopieren können. Das auch für die Abwehr solcher Spionage zuständige amerikanische *National Counterintelligence Center* (NACIC) legt dem Kongress alljährlich einen Bericht über die Spionage gegen amerikanische Unternehmen vor. Aus dem Report wird ersichtlich, wie ernst die Vereinigten Staaten die Schädigung ihrer Volkswirtschaft durch derartige Aktivitäten nehmen. Obwohl die Bundesrepublik als Hochtechnologieland in Europa vor ähnlichen Problemen steht, mangelt es hier erheblich an vergleichbaren Sicherheitsanstrengungen wie in den USA. Einen so sehr ins Detail gehenden Jahresbericht an das Parlament über ausländische Wirtschaftsaufklärung kennt man hierzulande nicht. Den Auftrag, die gewerbliche Wirtschaft vor Schaden zu bewahren, gibt es in dieser Form bei deutschen Sicherheitsbehörden nicht. Ihre Gegenmaßnahmen beschränken sich vielmehr auf die sogenannte »geschützte Industrie«, vor allem die Rüstungsbranche. Nicht dazu gehören bedeutende deutsche Unternehmen wie etwa die Wolfsburger Volkswagen AG. Deren früherer Leiter der Konzernsicherheit, Dieter Zangendörfer, sagte einmal: »Volkswagen ist in der Vergangenheit immer wieder das Ziel von Wirtschaftsspionen geworden. Wir haben mehr als nur Anhaltspunkte dafür, dass diese Spionage der Nachrichtendienste auch von westlichen Diensten offensiv betrieben wird. Wir werden auch in Zukunft alles Menschenmögliche unternehmen, um uns davor zu schützen.«

Standortnachteil BND

Nicht nur die Volkswagen AG wird weiterhin auf die Unterstützung seitens staatlicher Dienste verzichten müssen. Mitarbeiter des in Pullach ansässigen Bundesnachrichtendienstes (BND) dürfen nur Rüstungsunternehmen direkt beraten. Doch der Ruf des BND innerhalb der deutschen Industrie ist ohnehin nicht der beste. Der frühere BDI-Chef Hans-Olaf Henkel ließ sich von der *Wirtschaftswoche* mit dem Satz über den BND vernehmen: »Das sind Flaschen.« Und der Top-Manager eines süddeutschen Elektronikunternehmens schoss in die gleiche Richtung mit der Feststellung: »Deutschland hat einen Standort-Nachteil: Er heißt BND.« Der bei der Bayer AG in Leverkusen früher für die Unternehmenssicherheit zuständige Wolfgang Hoffmann sagte in einem Vortrag vor dem Wirtschaftsbeirat der Union e. V. in München: »… scheint es mir wichtig, dass die Zusammenarbeit und Koordination zwischen den einzelnen Behörden Bundeskriminalamt, Landeskriminalämter, Bundesamt für Verfassungsschutz, Landesämter für Verfassungsschutz etc., aber auch der Behörden und der Wirtschaft deutlich verbessert werden. Sonst werden wir auf lange Sicht der aus der Spionage erwachsenen Gefahr nicht Herr.« Er kritisierte: »Lediglich 1600 Firmen, das ist unter einem Prozent von rund zwei Millionen Firmen, erfahren im Rahmen des staatlichen Geheimschutzverfahrens Unterstützung. Das Gros der deutschen Unternehmen … verfügt über keine Unternehmensschutzabteilung … Was ergibt es für einen Sinn, wenn bestehende Erkenntnisse über Industriespionage den Firmen nicht zur Verfügung gestellt werden, sondern vom Bundesamt für Verfassungsschutz unter Verschluss gehalten werden?« Die Wirtschaft strebe schon seit Längerem auf dem Gebiet des Wirtschaftsschutzes eine engere Zusammenarbeit mit den Sicherheitsbehörden an. Hoffmann: »Die sieht in der Regel jedoch wie eine Einbahnstraße aus.« Anfragen an den Verfassungsschutz mit der Bitte um Prüfung oder Beurteilung von Erkenntnissen würden von diesem entweder gar nicht oder sehr schleppend beantwortet. Hoffmann: »Bei konkreten Anfragen, beispielsweise bei Personaleinstellungen, wird der Datenschutz vorgeschoben oder auf die gesetzlichen Schutzmaßnahmen hingewiesen.« Dabei sind nach Angaben des Kreditversicherers Hermes allein im Bundesland Brandenburg derzeit mindestens 150 Wirt-schaftsspione aktiv.

Da verwundert es schon, wenn die frühere Regierung Kohl auf eine Große Anfrage der SPD zur Wirtschaftsspionage wissen ließ: »Die Bundesregierung geht davon aus, dass kein Mangel an Informationen für die Wirtschaft besteht. Auf entsprechende Publikationen der Sicherheitsbehörden wird verwiesen.« Auf solche nichtssagenden bunten Faltblättchen möchten viele Firmenchefs jedoch lieber verzichten. In einem Gespräch mit dem Autor sagte Hoffmann: »Wir sollten uns in Deutschland endlich daran gewöhnen, über Spionage auch dann zu sprechen, wenn sie von Freunden ausgeht. Ich würde mich darüber freuen, wenn auch die Arbeit der westlichen Dienste in Deutschland in den Verfassungsschutzberichten ähnlich ausführlich beschrieben würde wie die östlichen und vielleicht auch einmal im Bundestag darüber debattiert würde. Wir müssen endlich einsehen, dass die Wirtschaft ein Teil der nationalen Sicherheit ist. Bei den Abhörmöglichkeiten ausländischer Dienste kann es doch wohl auf Dauer nicht wahr sein, dass für deutsche Unternehmer nur noch Gespräche bei Spaziergängen im Wald wirklich sicher sind. Der Staat muss endlich Schutzmechanismen erarbeiten, um die Kommunikation global tätiger deutscher Unternehmen vorm Abhören zu bewahren. Wenn Sie Dual-use-Güter nehmen, dann hat die Bundesregierung nie ein Problem damit, öffentlich mitzuteilen, dass Länder wie Iran oder Libyen möglicherweise irgendetwas entwickeln. Solche Warnmeldungen kriege ich sofort auf den Tisch. Wenn es aber um Spionage gegen deutsche Unternehmen geht, dann schiebt man von den staatlichen Stellen tausend Gründe vor, warum man uns mit dem Ausdruck des tiefsten Bedauerns leider im Dunkeln lassen müsse. Das verstehe, wer will.«

Viel Wind um nichts?

Jörg Heimbrecht staunte nicht schlecht. 14 000 D-Mark (heute wären das rund 7000 Euro) bot man dem Mitarbeiter des WDR-Magazins *Plusminus* im August 1998 – bar in einem Briefumschlag, also steuerfrei. Das Angebot stammte vom Kölner Bundesamt für Verfassungsschutz (BfV). Als Gegenleistung sollte der Journalist Recherche-Unterlagen über amerikanische Spionage in deutschen Unternehmen herausrücken. Nicht etwa, damit das BfV den amerikanischen »Freunden« anschließend auf die Finger klopfen konnte. Nein, die Mitarbeiter des Verfassungsschutzes wollten den Informanten des Journalisten »abschalten«. So nennt man es im Geheimdienstjargon, wenn jemand »zum Schweigen« gebracht werden soll. Die Bundesbehörde wollte offenkundig verhindern, dass die Öffentlichkeit Kenntnis über die Machenschaften westlicher Spione in Deutschland erhielt.

Doch der WDR-Mitarbeiter war bestens vorbereitet: Die Verabredung mit einem Verfassungsschutz-Angehörigen, Deckname Richarz, am 24. August 1998 ließ er mit versteckter Kamera filmen. Richarz hielt ihn für einen verlässlichen Informanten. Heimbrecht fragte den Verfassungsschutz-Mitarbeiter beim Treffen in der Kölner Innenstadt, ob dessen Behörde Erkenntnisse über ausspionierte Unternehmen denn an diese weiterleiten würde. Die Antwort war ernüchternd und erschreckend zugleich:

»Ne, ne, ne. Da haben wir überhaupt kein Interesse dran, das wär' gar keine Frage. Die Firmen würden uns ja fragen oder zu ihrem Anwalt laufen. Dann müssten wir sagen, wir haben da was bekommen. Dann würden die Anwälte auf uns zugehen, dann stünden wir bedeppert da, zum Beispiel bei Enercon. Da haben wir überhaupt kein Interesse.« (Enercon ist ein ostfriesisches Unternehmen, das durch amerikanische Spionage Millionen eingebüßt hat und von dem später noch die Rede sein wird.)

Zum Zeitpunkt der konspirativen Zusammenkunft soll auch der damalige Verfassungsschutz-Präsident Peter Frisch darüber informiert gewesen sein, dass der *Plusminus*-Redakteur als Spitzel angeworben werden sollte. Das jedenfalls berichtete der WDR. Wie gesagt, nach Auffassung von *Plusminus* nicht, um Hilfestellung für die Aufklärung von Straftaten zu erhalten, sondern – so stellte es sich jedenfalls in der Öffentlichkeit dar –, um diese zu vertuschen. Doch damit nicht genug. Verfassungsschutz-Mitarbeiter Richarz behauptete gegenüber dem WDR-Mann, was die Bundesregierung immer bestritten hatte: Der frühere Bundeskanzler Kohl habe persönlich die Weitergabe von Informationen über die Tätigkeit westlicher Wirtschaftsspione auf deutschem Boden an die Wirtschaft untersagt – mit Rücksicht auf die deutsch-amerikanische Freundschaft.

Ist der geschilderte Fall etwa ein »Ausreißer«, ein Einzelfall? Nein, Gespräche des Autors mit zahlreichen Führern der deutschen Industrie belegen, dass man Behörden wie dem Verfassungsschutz nicht traut – mehr noch, sich von ihnen im Stich gelassen fühlt. Weil man glaubt, dass von dieser Seite keine Hilfe zu erwarten ist, bringen nur wenige Unternehmen Fälle von Wirtschaftsspionage zur Anzeige. Manche Behörden, wie etwa die Bundesanwaltschaft, wären gern bereit, gegen ausländische Wirtschaftsspione strafrechtlich vorzugehen. Der frühere Generalbundesanwalt Kay Nehm hob einmal hervor: »Wirtschaftsspionage wird zum beherrschenden Thema der Zukunft werden.« Doch auch ihm sind offenbar die Hände gebunden. So ließ sich der Vorsitzende der *American Society of Industrial Security*, David Howard, mit der freimütigen Prognose zitieren: »Die letzte Schlacht der Geheimdienste wird auf dem Feld der Wirtschaft geschlagen.« Doch die deutschen Ermittler sind in dieser Schlacht zahnlose Tiger.

Bei einem Treffen mit dem WDR berichtete ein Mitarbeiter des Verfassungsschutzes: »Mir sind über 50 solcher Fälle von Wirtschaftsspionage bekannt. Wenn wir auf solche Aktivitäten stoßen, werden wir zurückgepfiffen. Wir dürfen unsere Erkenntnisse meist weder an den Staatsanwalt noch an die betroffenen Firmen weitergeben – aus Rücksicht auf unsere Verbündeten.« Das Bundesamt für Verfassungsschutz hat diesen Wortlaut des *Plusminus*-Beitrags vom August 1998 nie dementiert.

Schon seit Langem besteht der Verdacht, dass Bundesregierungen beim Thema Wirtschaftsspionage die Unwahrheit sagen. So wandten sich einige SPD-Abgeordnete mit einer Großen Anfrage an die Bundesregierung (Drucksache 13/8368), wie viele Ermittlungsverfahren in diesem Zusammenhang durchgeführt worden seien. Die Antwort lautete, der Regierung lägen statistische Angaben nicht vor. Erfolg hat viele Väter, Misserfolg keine. Daher dürfte das Versagen aller bisherigen Bundesregierungen, die deutsche Wirtschaft vor Schädigungen durch »befreundete« Dienste zu bewahren, auch weiterhin ein Waisenkind bleiben, für das sich in der Bundesregierung niemand verantwortlich fühlt.

War öffentliche Rücksichtnahme auf westliche Dienste vielleicht nur ein Kennzeichen der Regierung Kohl? Oder wähnte sich auch der SPD-Kanzler Gerhard Schröder unter Druck, beim Ausverkauf deutscher Wirtschaftsinteressen wegschauen zu müssen? Dafür gibt es in der Tat Hinweise – zumindest aus jener Zeit, als Schröder noch niedersächsischer Ministerpräsident war. Dem schon erwähnten niedersächsischen Unternehmen Enercon – zweitgrößter Gewerbesteuerzahler in Ostfriesland – half Schröder nach Angaben von Enercon-Gründer Aloys Wobben jedenfalls trotz eindringlicher Appelle nicht, als es darum ging, sich gegen amerikanische Spionage-Unverschämtheiten zur Wehr zu setzen.

Behördensport »wegschauen«

Es lohnt sich, den »Fall Enercon« einmal näher zu betrachten. Firmengründer Aloys Wobben ist Erfinder, ein umtriebiger Mann, geschnitzt aus dem Holz eines Daniel Düsentrieb. Der schmächtige Emsländer scheint besessen von der Idee, Zukunftstechnologien zu entwickeln. Kaum eine Minute seines Lebens verging, in der er nicht Skizzen anfertigte, Planungen erstellte und nächtelang über ungelösten technischen Fragen brütete. Sogar die Rückseiten der Kinderzeichnungen seiner sieben Jahre alten Tochter wurden schon als Skizzenpapier zweckentfremdet, wenn im Haushalt gerade Mangel an unbeschriebenem Papier herrschte. Visionäre vom Schlag eines Aloys Wobben zählten früher einmal zu jenen Männern, die in der Nachkriegsära den Ruf der Bundesrepublik als Fertigungsstätte von Qualitätsprodukten begründeten. In jener Zeit wurden solche Pioniere auch noch von den Politikern unterstützt. Heute aber sehen sie sich von Neidern umgeben, werden ausspioniert und dürfen auf politische Rückendeckung nicht hoffen. Im Gegenteil: Werden sie widerrechtlich von ausländischen Konkurrenten in ihrer Existenz bedroht, so verschließen deutsche Behörden und Politiker nicht nur ihre Augen, sondern suchen zudem offenkundig auch mit allen Mitteln zu verhindern, dass solche Fälle in der Öffentlichkeit bekannt werden. Am Beispiel der Auricher Firma Enercon lässt sich nicht nur die unverschämte und rücksichtslose Ausspähung in Deutschland entwickelter Zukunftstechnologien veranschaulichen. Der Fall zeigt auch die Neigung von Beamten und Politikern, lieber deutsche Unternehmen dem Ruin preiszugeben, als bei den Drahtziehern der westlichen Wirtschaftsspionage einmal mit der Faust auf den Tisch zu schlagen – solange es sich nicht um die traditionellen »Feinde« aus dem Osten handelt. Enercon jedenfalls durfte die mit Millionenaufwand selbst entwickelten Produkte nicht mehr in den Vereinigten Staaten vertreiben und muss fürchten, auch vom europäischen Markt verdrängt zu werden.

Die große Intrige

Auf den ersten Blick scheint der »Fall Enercon« aus einer Fülle von verwirrenden Einzelheiten zu bestehen. Leuchtet man die Hintergründe aber näher aus, so fügen sie sich zu jenem erschreckenden Bild einer spannenden Spionagegeschichte, die Thriller-Autoren vom Schlag eines John Grisham oder Tom Clancy nicht besser erfinden könnten:

1952 im Emsland geboren, wählte Wobben den Beruf des Elektroingenieurs. Weil er besser war als seine Kommilitonen, durfte er fünf Jahre lang an der Technischen Universität Braunschweig am Institut für elektrische Maschinen, Bahnen und Antriebe arbeiten. Dort war er Anfang der 1980er-Jahre an der Entwicklung jener Zukunftstechnologien beteiligt, die der Öffentlichkeit wie die Vorboten eines neuen Zeitalters erscheinen mussten. Dazu zählte etwa der *Transrapid*, dessen originalgetreues Modell in einer Halle errichtet worden war. Doch in dem Institut befasste man sich nicht nur mit Transportfragen der Zukunft. Auch alternative Energiequellen – wie die Windkraft – wurden erforscht. In jenen Jahren genossen die Braunschweiger Elektrotechniker auf diesem Gebiet Weltruf. Nie hätte Aloys Wobben damals auch nur im Traum daran gedacht, dass sein Erfindergeist schon bald das Ziel neiderfüllter ausländischer Spione werden würde.

Irgendwann im Jahre 1984 reifte in dem umtriebigen Emsländer die Idee, sich selbstständig zu machen. Zukunftsängste plagten ihn damals. Würde er jene Entscheidungssicherheit, mit der er in Braunschweig Unternehmen in Fragen der Umsetzbarkeit von neu entwickelten Produkten beraten hatte, auch in der Selbstständigkeit noch aufweisen? Wobben sagt heute: »Damals konnte ich nicht ruhig schlafen, hatte zwei Schreibtische und war ganz auf mich allein gestellt.« Doch er sollte es schaffen: den Aufstieg von einer Mechanikerbude in Garagengröße zu einem der Weltmarktführer seiner Branche. In seinem Auricher Kleinstbetrieb entwickelte er zunächst nur Leistungselektronik, Frequenzumrichter: Solche elektronischen Bauteile werden in der Antriebstechnik benötigt. Das Funktionsprinzip ist einfach: Elektrische Schaltungen ermöglichen die Änderung der Stromfrequenz. Dadurch lassen sich die Laufgeschwindigkeiten von Elektromotoren regeln. Ventilatoren etwa haben zumeist eine konstante Drehzahl. Um sie stufenlos regulieren zu können, braucht man Bauteile, die Wechselrichter genannt werden.

Die Nachfrage nach den von Wobben entwickelten Wechselrichtern war unerwartet groß, vor allem, wenn es um die Bewegung von Roboterarmen ging. Auch das Mercedes-Werk in Spanien beglückte Wobben mit seinen Wechselrichtern. Sie ermöglichten dem Fahrzeughersteller, die neuesten Roboterarme an den spanischen Fließbändern sanft und ohne ruckartige Bewegungen zu steuern.

Keine Frage, Wobben verdiente Geld, viel Geld – mehr, als er je gedacht hatte. Doch Wobben zählt nicht zu jenen Menschen, die im Anhäufen von irdischen Reichtümern ihr Lebensziel sehen. Statt sich ein großes und teures Auto zu kaufen, fuhr er weiterhin lieber mit dem Fahrrad. Und anstelle von Champagner bevorzugte der zurückhaltende Forscher auch weiterhin Apfelsaft mit Mineralwasser. In Aurich, jener Stadt, in der sich schon 1974 die Verantwortlichen mit der Errichtung einer der ersten deutschen Fußgängerzonen den Ruf erwarben, weitblickend zu sein, investierte er jede Mark, die er erübrigen konnte, in seine Vision: den Eigenbau des Prototyps einer Windenergieanlage. Der Visionär Wobben war fest davon überzeugt, dass solche Anlagen im kommenden Jahrtausend den Siegeszug um die von Energienöten geplagte Welt antreten würden. Erneuerbare Energien würden ein unerschöpfliches Potenzial bieten. Bescheiden setzte er sich zum Ziel, später einmal vier Windenergieanlagen im Jahr zu bauen. Noch konnte er nicht ahnen, dass schon in wenigen Jahren die Nachfrage nach seinen Windrädern die Produktionskapazitäten übersteigen würde. Ahnen konnte er auch nicht, wie schnell die Windräder sich durchsetzen würden.

Nachdem er 1985 neben seinem Wohnhaus in Aurich-Walle den Prototyp, eine 55-Kilowatt-Anlage, die 18 Meter hoch war und im Jahresdurchschnitt 120 000 Kilowattstunden Strom produzieren konnte, installiert hatte, lud er den Stadtrat von Aurich zur Besichtigung ein. Wobben: »Die wussten zwar nicht, was der neumodische Kram sollte, fanden es aber trotzdem in Ordnung und ließen mich weiterforschen.« Bald bestellten die ersten Landwirte bei ihm Windenergieanlagen. Sie bekamen für jede eingespeiste Kilowattstunde von den Versorgungsunternehmen damals fünf Pfennig; ein Zubrot, das sich die vom Agrarpreisverfall geplagten Bauern nicht entgehen lassen wollten. Wobben bot der Auftragseingang die Möglichkeit, Mitarbeiter einzustellen. Doch er produzierte weiterhin auch Wechselrichter, mit denen er seine Windrad-Entwicklung finanzierte. Förderprogramme der Landes- und der Bundesregierung verhalfen der Windenergie von 1987 an zu einem bescheidenen Aufschwung. 1988 baute er eine erste Halle für die Produktion, dachte aber noch nicht an den Export. Michael Franken schreibt in seinem Beitrag »Ein Windpionier auf dem Sprung zum Global Player« (abgedruckt in dem 1998 erschienenen Buch *Rauher Wind*) über die revolutionäre Technik des Auricher Erfinders: »Aloys Wobben wusste aber schon damals, dass nach dem Gesetz der Aerodynamik Rotoren ihre maximale Leistung nur dann erreichen, wenn sich die Rotorblätter siebenmal so schnell fortbewegen wie der Wind. Eine effektive Nutzung der Windenergie hängt also vom richtigen Dreh oder Konverter ab. Schon bei der ersten von Wobben entwickelten Anlage nutzte der Elektrotechniker seine Erfahrungen mit dem Bau von Frequenzumrichtern. Das Ergebnis war die mittlerweile legendäre E-16 mit variabler Drehzahl. Automatisch passen sich die Umdrehungen des Rotors den Windgeschwindigkeiten an, sodass sich die acht Meter langen Windmühlenflügel immer im optimalen Betriebsbereich bewegen.«

Über die Zwischenschaltung eines von dem damals 32 Jahre alten Newcomer Wobben gebauten Frequenzumrichters sei man bei der E-16 in der Lage gewesen, die Frequenzschwankungen so auszugleichen, dass der Strom ohne Schwierigkeiten ins Netz eingespeist werden konnte. Michael Franken fährt fort: »Ein Novum bei der Entwicklung moderner Windkraftanlagen. Durch die variable Drehzahl wurde es möglich, auch die in stärkeren Böen enthaltene kinetische Energie flexibel zu ernten ... Und außerdem vergrößert sich durch dieses flexible Betriebssystem die Lebensdauer der Maschinen.«

Neugierig wurden damals nicht etwa Spione, sondern zunächst einmal die Nordener Stadtwerke. Sie bestellten bei Wobben fünf Windenergieanlagen und gründeten den ersten niedersächsischen Windpark. Franken schreibt: »Mit diesem kleinen Park konnte bereits der jährliche Strombedarf von 150 bis 170 Haushalten gedeckt werden.« Von nun an überschlugen sich die Ereignisse: Die Entwicklung einer größeren, E-17 genannten Anlage, die 80 Kilowatt Strom produzierte, mündete in eine neue Anlagengeneration, die E-32 mit 300 Kilowatt. Sie wurde von der Energieversorgung Weser-Ems 1989 vom Reißbrett weg gekauft. Es war die erste Anlage, die über eine sogenannte »Pitch-Regelung« (benannt nach dem Verstellmechanismus der Rotorblätter) verfügte. Doch der Erfinder rastete nicht. Franken berichtet: »Trotz der im Jahre 1990 in Deutschland erreichten Marktführerschaft gab sich die junge Mühlenfabrik mit dem Stand der Technik nicht zufrieden. Enercon gilt als das entwicklungsintensivste Unternehmen der Branche. Der enorme Ölbedarf der Getriebemaschinen sowie der aus den schnell drehenden Getriebeteilen resultierende Verschleiß ließ die Entwicklungsingenieure unter der Regie von Aloys Wobben nach einem neuen Konzept suchen.«

Spätestens jetzt, im Jahre 1990, unterlief Wobben ein entscheidender Fehler: Wie viele andere deutsche Forscher verschwendete er keinen Gedanken daran, seine Erfindungen patentieren zu lassen. Damals, so erinnert er sich, habe er geglaubt, »Neuerungen schneller als die Konkurrenz am Markt platzieren zu können und dieser immer eine Nasenlänge voraus zu sein«. Auf die Idee, dass jemand seine bisherigen Entwicklungen als vermeintliche Eigenleistung patentieren und ihm Marktzugänge sperren lassen könnte, kam er nicht. Jeder in der Branche wusste doch um seine Verdienste. Wieso also hätte er Tage damit vergeuden sollen, Patentanträge auszufüllen und sich der Mühe zu unterziehen, einem unwissenden Heer von Beamten die Funktionsweisen seiner Windenergieanlagen zu erklären? Der Tüftler hatte nicht berücksichtigt, dass kein anderer Markt (außer Kommunikationstechnologien wie Mobilfunk und Internet) in den kommenden Jahren weltweit ähnliche Zuwachsraten verzeichnen würde wie die Windenergie. Von Asien über Europa bis in die Vereinigten Staaten würde man sich dafür interessieren. Kein Zweifel, es würde der Milliardenmarkt der Zukunft werden. Und Milliardenmärkte ziehen Spione magisch an. Doch davon bemerkte Wobben zunächst einmal nichts.

Wobben erhielt regelmäßig Besuch von ungebetenen Gästen. Doch diese hinterließen keine Spuren, wählten sie doch statt der Türen die Telefonleitungen für ihre Einbrüche. Es waren Fachleute des technischen amerikanischen Geheimdienstes *National Security Agency* (NSA), die ein Auge auf die Aktivitäten des deutschen Forschers geworfen hatten. Die NSA ist jener amerikanische Nachrichtendienst, der sich von der Außenwelt am meisten abschottet. In monatlichem Abstand werden den Mitarbeitern die Strafen für Hochverrat vorgelesen. Wohl deshalb spotten manche von ihnen, eigentlich müsse man NSA mit »never say anything« übersetzen.

Über die NSA heißt es in einer Studie des Frankfurter Sicherheitsbüros KDM Sicherheits-Management: »Die NSA nutzt ihre Rolle als größter Spionagedienst der Welt und lässt ihre entsprechenden internationalen Nachrichtendienstpartner nach ihrer Pfeife tanzen.« Mit dem Fall der Mauer waren die Zielsetzungen der NSA geändert worden: Nicht der wirtschaftlich zusammengebrochene Ostblock, sondern die Unternehmen der engsten Verbündeten sollten fortan verstärkt ausspioniert werden. Es galt – von den betroffenen Firmen unbemerkt –, Know-how zum Vorteil der amerikanischen Wirtschaft abzuziehen. Und so geriet auch der fortschrittliche Emsländer in das Visier jener technischen amerikanischen Spionagenetze, von denen man damals in der deutschen Öffentlichkeit nicht einmal ansatzweise Kenntnis hatte. Erst 1998 wurde durch einen WDR-Bericht bekannt, wie die NSA Konferenzen der Firma Enercon heimlich über die Telefonleitungen abhörte, Forschungsunterlagen kopierte und sie amerikanischen Enercon-Konkurrenten zur Verfügung stellte. Doch Enercon und Wobben ahnten nicht, dass sie belauscht wurden. Und wie hätten sie erfahren sollen, dass ihr amerikanischer Konkurrent *Kenetech Windpower* am 1. Februar 1991 in aller Ruhe unter der

Nummer 5.083.039 jene Windräder in den Vereinigten Staaten zum Patent anmelden ließ, die man im fernen Aurich baute? Am 27. November 1991 erweiterten die Amerikaner unter der Nummer 5.225.712 »ihr« Patent. Und so entwickelte, arbeitete und investierte Aloys Wobben vorerst weiter – als ob nichts geschehen wäre. Acht Jahre Arbeit und zehn Millionen Mark (rund fünf Millionen Euro) Entwicklungskosten kostete es Aloys Wobben, bis 1992 der Prototyp einer Anlage fertiggestellt war, die die Welt in dieser Form noch nicht gesehen hatte. Die nach ihrem Rotordurchmesser (40 Meter) E-40 genannte Anlage verfügte über ein Rotorblattverstellsystem, das jedes Rotorblatt einzeln im optimalen Winkel zum Wind hin ausrichtete. Doch nicht nur das: Die E-40 würde zudem in ihrer auf 20 Jahre geschätzten Lebenszeit nicht einen Tropfen Öl verbrauchen, da sie ohne Getriebe arbeitete. Es war ein Paukenschlag nicht nur für die deutsche Windenergiebranche. Bald sollten noch weitere Neuerungen bekannt werden: Enercon produzierte mit Glasfaserepoxydharz Rotorblätter, die nur noch die Hälfte des Gewichts herkömmlicher Rotorblätter aufwiesen, reduzierte damit die Belastungen im Bereich des Anschlussflansches und verlängerte zugleich die Lebensdauer.

In der Branche wurde man hellhörig – zeichnete sich doch ab, dass die stetigen Neuentwicklungen bei Enercon bald den Verlust eigener Marktanteile nach sich ziehen würden. Zu jener Zeit bauten dänische Unternehmen wie *Vestars*, *Bonus* und *Micon* Windenergieanlagen, aber auch amerikanische Firmen wie die in Livermire/Kalifornien ansässige *Kenetech Windpower Inc.* Letztere produzierte 1994 noch nach herkömmlichen – aus der Sicht von Enercon »völlig veralteten« – Methoden. Während Enercon dank der Frequenzumrichter den Kunden eine variable Drehzahl der Rotorblätter anbieten konnte, gab es bei *Kenetech* nur eine konstante Drehzahl, unabhängig davon, ob der Wind gerade stark oder schwach wehte. Und während Enercon damals immerhin schon 300-Kilowatt-Anlagen produzierte, lieferte *Kenetech* lediglich Aggregate mit einer maximalen Leistung von 100 Kilowatt.

Bei Enercon ist man heute davon überzeugt, dass der amerikanische Konkurrent *Kenetech* sich spätestens seit Ende der 1980er-Jahre für die in Aurich entwickelten Anlagen interessierte. Als Enercon 1993 die Serienfertigung der E-40 aufnahm, beschloss *Kenetech*, das neueste Produkt der Auricher insgeheim einmal näher zu betrachten. An der Aktion beteiligt waren der nach Enercon-Angaben »in der Branche einschlägig bekannte norddeutsche Techniker Ubbo de Witt«, ein ehemaliger Mitarbeiter des Wilhelmshavener Deutschen Windenergie-Instituts (DEWI), die amerikanische *Kenetech*-Angestellte Ruth Heffernan und der niederländische *Kenetech*-Repräsentant Robert (»Bob«) Jans aus Groningen. Über Ubbo de Witt, der im Großraum Oldenburg heute an mehreren Ingenieurgesellschaften beteiligt sein soll, sagt Aloys Wobben: »Herr de Witt ist auch heute noch jemand, der uns extrem ärgert, weil er nach außen hin als unabhängiger Gutachter auftritt, aber unserer Kenntnis nach immer wieder eine damit nicht zu vereinbarende Nähe zu verschiedenen Herstellern sucht.« Hausdurchsuchungen durch die Staatsanwaltschaft, so Wobben, sollen ergeben haben, dass de Witt von mehreren Unternehmen Zuwendungen dafür erhielt, offensichtlich auch dafür, dass er Informationen über Konkurrenten lieferte. De Witt war bei der Spionageaktion das Bindeglied zwischen den Amerikanern und dem nichts ahnenden Vorsitzenden des Bundesverbands Windenergie e. V., Peter Ahmels, der auf seinem Grundstück die neue E-40 von Enercon installiert hatte. Ahmels gestattete den *Kenetech*-Mitarbeitern im März 1993 nur deshalb den Zugang, weil er de Witt kannte. Er glaubte, dieser wolle zwei potenziellen Kunden von Enercon kurz die neue Anlage zeigen. Dass sie bis zu den Rotorblättern hinaufsteigen, in die Nabe kriechen und alle Einzelheiten vermessen und fotografieren würden, war nicht abgesprochen. Ahmels bekam davon auch nichts mit, weil er für zwei Stunden außer Haus weilte und dem Trio die Schlüssel überlassen hatte. Einem Zufall ist es zu verdanken, dass Enercon heute über jenen Ausspähungsbericht verfügt, den die *Kenetech*-Mitarbeiterin Ruth Heffernan eine Woche nach der Aktion vom 21. März 1994 anfertigte. Er ist ein einzigartiges Dokument der Dreistigkeit amerikanischer Schnüffelei auf deutschem Boden und wird daher nachfolgend in vollem Wortlaut wiedergegeben.

Agenten-Tagebuch

Am 21. März 1994, einem Montag, schien die Welt in Aurich in Ordnung. Die im Jahre 1864 gegründeten *Ostfriesischen Nachrichten* berichteten über die »erste landkreisweite Strauchsammelaktion«, die Finanznot des Ostfriesischen Schützenbundes, das »Aus für die Antik-Märkte in der Auricher Stadthalle« und gratulierten Ute Groenewold, geborener Papenfuß, und Ewald Groenewold zur Hochzeit. Zwischen den mächtigen, weit herunterreichenden roten Ziegeldächern, grünen Scheunentoren aus Holz und weißen Fenstern der »Gulfhöfe« genannten Gebäude, die in charakteristischer Weise das Aussehen der ostfriesischen Dörfer prägen, wanderten an diesem kühlen Tag erste Urlauber umher. Nichts deutete darauf hin, dass die Redaktion der *Ostfriesischen Nachrichten* eigentlich hätte komplett ausrücken müssen, um über eine Spionageaktion zu berichten, die Auswirkungen bis in die Gegenwart hat.

Ruth Heffernan schrieb zur gleichen Zeit für ihren Auftraggeber *Kenetech Windpower Inc.* einen Bericht:

»Habe Groningen am Montag, dem 21. März 1994, frühmorgens mit Bob Jans verlassen. Wir sind nach Oldenburg gefahren, um Ubbo, einen Physiker/Meteorologen, der freiberuflich für uns (und andere) arbeitet, abzuholen. Er hat Kontakte zu Herrn Ahmels, dem Landwirt, dem die Enercon-40, die wir besichtigen, gehört und der sie betreibt. Der Bauernhof von Herrn Ahmels befindet sich in der Nähe von Wilhelmshaven. Seine E-40 wurde im letzten Frühsommer installiert und läuft seit acht Monaten.

Wir sind gegen 9.30 Uhr am Gelände der E-40 angekommen. Temperatur 32 Grad (Fahrenheit), teilweise bewölkt, sehr matschiger Boden, Windgeschwindigkeit ca. 3,5 Meter/Sekunde. Die Enercon-40 war die einzige Turbine, die lief. Der Landwirt war nicht da, hatte uns aber die Schlüssel hinterlegt, um uns Eintritt in die Turbine zu gewähren.

Es stehen mehrere andere Maschinen in der Nähe der E-40. Der Landwirt besitzt auch eine Enercon-33, die ein paar Hundert Meter von der E-40 entfernt steht. Zwei Tacke-500-kW-Maschinen stehen ungefähr einen halben Kilometer entfernt. Zwei oder drei andere

Maschinen, alle irgendwo um die 500 kW, stehen in einer Entfernung von einem halben Kilometer. Sie haben alle drei Rotorblätter. So gut wie jede einzelne Maschine gehört einem anderen Landwirt.

Auf unserem Weg zum Bauernhof fuhren wir durch Wilhelmshaven, wo ein kleiner Windpark, bestehend aus drei bis vier Maschinen, jeweils mit einem Rotorblatt, steht und die Aeolius II, eine zwei MW, 80 Meter Durchmesser, zwei Rotorblätter, pitch-regulierte Maschine, deren Errichtung 18 Millionen Dollar kostet. Nicht eine der Wilhelmshavener Maschinen lief, als wir zu der zehn bis 15 Kilometer entfernt stehenden E-40 fuhren.

Die E-40 wird für ca. eine Million [Mark] (ca. 500 000 Euro; rund 588 000 Dollar) verkauft, und Enercon gibt an, Bestellungen über 200 Stück vorliegen zu haben. Jene, die wir besichtigt haben, war Nr. 3. Enercon hat insgesamt 400 Turbinen verkauft. Die Produktion der E-33 wurde eingestellt, da der Preis zu hoch war (750 000 Mark). Enercon entwickelt gerade eine 1-MW-Version ihrer direkt angetriebenen Maschine, die wahrscheinlich mit einer zyklischen Blattverstellung arbeiten wird.

Als Erstes öffnete Ubbo das Häuschen unten am Turm, wo sich der untere Schaltschrank, einige Steiggeschirre und Werkzeuge befanden. Ich habe Fotos von den leistungselektronischen Umrichterplatinen gemacht. Nachdem Ubbo die Maschine abgestellt hatte, bestieg ich den 42 Meter hohen Turm zuerst. Es ist ein Außenaufstieg, ein Rohrturm mit einer kleinen Leiter. Eine zweite Leiter führt von der oberen Plattform hinauf in den hinteren Teil der Gondel. Ubbo stieß oben auf dem Turm zu mir, und wir verbrachten dort ca. 60 Minuten, in denen wir über die Maschine sprachen und Fotos machten. Hinunterzuklettern war einfacher als hinauf. Nachdem wir wieder unten angekommen waren, die Maschine wieder gestartet und alles wieder verschlossen hatten, erschien der Landwirt. Wir vier saßen ca. 45 Minuten auf seiner Terrasse und stellten ihm Fragen über seine Maschine, vor allem über den Betrieb.

Als wir das Gelände verließen, war die Windgeschwindigkeit auf mehr als fünf Meter/Sekunde angestiegen (Schätzung), und fast alle Maschinen in dieser Gegend liefen. Als wir auf unserem Rückweg durch Wilhelmshaven fuhren, lief Aeolius II. Keine der Einblättrigen lief, während wir da waren. Sie sollen angeblich sehr laut sein, die Türme schwingen wie verrückt, und niemand kann sie leiden.

Ubbo hat Kontakte zu Enercon. Er kann alle weiteren Fragen, die wir bezüglich der E-40 haben, beantworten oder die Antworten beschaffen.

Generator

Der Generator ist ein feldsynchronisiert gewickelter Generator, bei dem sich der Rotor innerhalb des Stators befindet. Der Außendurchmesser des Stators beträgt ungefähr 5,0 Meter. Der Stator scheint eine Dicke von ca. acht bis zehn Zentimetern zu haben. Der Landwirt sagte, dass der Luftabstand nominal drei Millimeter sei und während des Betriebes zwischen zwei und drei Millimetern variiert. Die Rotorwicklung schien ebenfalls ca. zehn Zentimeter dick zu sein. Alle Wicklungen waren aus Kupfer, umhüllt mit roter Plastikisolation. Der Kern ist aus Eisen. Anfangs hatte man Probleme mit der Wicklung, die mit dem Kern kurzschloss. Verantwortlich hierfür waren Verformungen, die durch Lasten innerhalb der Generatorwicklungen entstanden. Dort, wo die Isolation dünn war oder sie die Drähte nicht ausreichend beschichtete, entstanden Kurzschlüsse. Man hat dieses Problem gelöst, indem der Rotor entfernt, eine Isolationsschicht zwischen der Wicklung und dem Kern eingefügt und dann der Rotor neu gewickelt wurde.

Der Generator ist luftgekühlt, und zwar durch den natürlichen Luftzug in den Wicklungen. Eine Überhitzung des Generators wurde nicht als Problem erwähnt.

Man hatte außerdem Probleme mit Kurzschlüssen aufgrund von Wasser in der Gondel. Die Form der Gondel war nicht (ist nicht?) dazu geeignet, Wasser vom Eindringen abzuhalten; folglich kann es zu einem Kurzschluss des Generators kommen (wie genau, bin ich mir nicht sicher). Angeblich arbeitet Enercon an etwas (ich glaube nicht, dass es schon installiert ist), um die Gondel zu verbessern.

Enercon plant, alle Generatoren für die E-40-Maschinen im kommenden September zu ersetzen. Der Generator hat Berichten zufolge einen Wirkungsgrad von 96 Prozent. Der Generator läuft mit 690 Volt, 420 Ampere (errechnet wie folgt: I = P/V√3).

Leistungselektronik

Es soll zwei (angeblich) identische Paare Leistungselektronikplatinen geben. IGBTs werden auf der Netzseite des Umrichters benutzt, auf der Generatorseite werden hingegen Dioden (keine IGBTs) benutzt. Die Diodenkenndaten betragen 700 Volt, 690 Ampere. Hersteller ist Ferraz.

Der Landwirt berichtet, dass die Maschine während der ersten sechs Monate viele Probleme mit der Leistungselektronik hatte. Enercon-Teams kamen häufig, um Teile zu ersetzen. Sie kamen sofort, nachdem er sie anrief – und arbeiteten sogar bis spät in die Nacht. Angeblich sollen die Probleme an der mangelhaften Qualitätssicherung einiger elektrischer Teile gelegen haben, sie sind aber jetzt behoben. Die Turbine lief ziemlich regelmäßig während der letzten drei Monate.

Es scheint, dass diese Maschine ziemlich eigenständig läuft. Stoppt sie wegen irgendeines Fehlers, startet sie wieder alleine – und zwar bis zu dreimal. Bleibt der Fehler bestehen, so stoppt sie den Betrieb selbstständig. Die Versorgungsunternehmen beobachten einige Aspekte des Betriebes der Maschine, aber wenn das Gerät außer Betrieb ist, muss der Landwirt Enercon anrufen, um ihnen mitzuteilen, dass sie kommen müssen, um die Maschine zu reparieren.

Blindleistungskompensation siehe Fotos

Rotorblätter

Enercon hatte anfangs Probleme mit den Rotorblättern. Angeblich wurden Maschinen mit Rotorblättern, die von Aero Tech (Airtech?) hergestellt wurden, ausgeliefert. Sie hatten ›Probleme mit den Rotorblättern‹ – ich glaube, ein paar haben versagt (aber ohne katastrophale Folgen), und sie waren laut. Das Geräuschproblem wurde durch eine neue Blattform und eine verlangsamte Blattspitzengeschwindigkeit (maximal 18 bis 40 Umdrehungen/Minute) gelöst. Die Rotorblätter an der Maschine, die wir sahen, schienen eine scharfe Hinterkante zu haben sowie eine interessante Form der Blattspitzen. Die projektierte Form der Blattspitze ist rechtwinklig, aber von der Seite aus betrachtet, krümmt sich die Blattspitze (zur Windrichtung hin) wie ein ›Winglet‹

(ca. 20 Prozent Gurthöhe). Bei geringer Windgeschwindigkeit (was wir nur beobachten konnten) entwickelten die Rotorblätter nur geringe Geräusche. Die Blätter von Aero Tech werden im September ersetzt.

Die Wurzel jedes einzelnen Blattes ist über eine geerdete Metallstange, die vom Boden aus sichtbar ist (oder Kabel), mit dem Rotor (durch die Gondel) verbunden. Dieses dient dem Blitzschutz.

Das Gewicht eines Blattes beträgt ca. 800 Kilogramm (1765 Pfund). Die Blattlänge beträgt 20 Meter.

Azimutantrieb

Zwei Elektromotoren / Getriebeeinheiten, je einer an einer der beiden Seiten des Azimutlagers, fahren die Maschinen in den Wind. Auf einem der beiden Motoren ist ein Azimutpositionssender befestigt. Der Azimutantrieb ist immer in Betrieb, egal ob die Maschine läuft oder nicht (ich habe mich oben auf dem Turm zu Tode erschreckt, als sie anfing zu drehen). Außerdem ist die Azimutbremse immer eingeschaltet. Die Antriebsmotoren müssen das Drehmoment der Azimutbremse überwinden, um die Maschine in den Wind zu drehen. Aufgrund des Kippmoments wird die Drehbewegung durch die Reibung des Azimutlagers gedämpft. Ich habe die Azimutnachführung oben auf dem Turm miterlebt, es war sehr sanft (und leise).

Der Landwirt berichtet, dass es keine Probleme mit dem Azimutantrieb gebe.

Blattverstellung

Jedes einzelne Blatt besitzt einen eigenen Elektromotor / Getriebeeinheit (sieht mehr oder weniger wie der des Azimutmotors aus, war aber sehr schlecht zu sehen), der ein Blattverstellgetriebe antreibt. Der Motor ist parallel zu der Rotorblattachse angebracht und befindet sich auf der Aufwindseite der Blätter.

Der Landwirt sagte, dass das Blattverstellsystem (im Gegensatz zu den Schleifringen; siehe späteren Teil) sehr gut läuft. Er berichtete, dass die Leistungsschwankungen bei Nennleistung sehr gering sind (plus / minus zehn kW), und glaubt, dass dies an der relativ hohen Blattverstellrate liegt (was er allerdings nicht aus dem Stand wusste). Er sagte, dass sich während eines Notstopps die Flügel sehr schnell auf

90 Grad verstellten und den Rotor innerhalb einer Zeit von einer oder zwei Umdrehungen stoppten.

Blattverstellsystem (Pitch Control System und Elektronik)
Jede Blattverstellung hat ihr eigenes, voneinander vollkommen unabhängiges Elektroniksystem und Batterien. Es gibt zwei wetterfeste (NEMA-artige) Kästen für jede Verstelleinheit. Einer der Kästen enthält die batteriebetriebene Notstromeinheit, während der andere Kasten die Steuerelektronik beinhaltet. Die Kästen sind Rücken an Rücken montiert, sind ca. 1,5 Fuß mal 1,5 Fuß mal 0,5 Fuß groß und befinden sich windabwärts an den Flügeln (montiert im Generatorrotor). Wir bremsten den Rotor und entfernten den Deckel eines der Kästen in unserer Nähe. Er beinhaltete die Elektronik; siehe Fotos. Die Werte aller Blattwinkel waren angezeigt (auf LCDs).

Die Werte in dem Kasten, den wir inspizierten, lauteten: 88,06, 88,24, 88,33 Grad. Laut Blattverstellsensor waren die Flügel also innerhalb einer Toleranz von 0,3 Grad zueinander eingestellt.

Es befindet sich ein siebter, wetterfester Elektrokasten in der Nabe, und zwar windaufwärts von den Flügeln. Dieser Kasten beinhaltet Signale von allen drei Blattverstellsystemen und übermittelt diese an die feststehenden Komponenten über Schleifringe.

Dieses Blattverstellsystem ist dreifach redundant ausgelegt, da jedes System über einen eigenen Satz Batterien unterstützt verfügt.

Die Einstellung der Blattverstellung erfolgt durch die genaue Überwachung des Rotordrehmoments und der Drehzahl. Ich habe keinen Tachometer auf der Rückseite des Generators gesehen, aber es könnte einen gegeben haben, nur nicht sichtbar angebracht.

Schleifringe
Die Schleifringe werden benutzt, um (1.) den Strom zu den Generator-Rotorwicklungen zu bekommen (ca. sechs kW) und (2.) mit dem Blattverstellsystem zu kommunizieren. Ich bin mir nicht sicher, wie viele Kanäle der Schleifring hat und wo er sich genau befindet.

Die ursprüngliche Form des Schleifringes (von dem ich keine Einzelheiten habe) war sehr schmutzempfindlich (Staub, Dreck etc.). Viele der ersten Anrufe beim Service ergaben sich tatsächlich aufgrund der fehlerhaften Form des Schleifringes. Die Schleifringeinheit wurde mehrfach ausgetauscht. Enercon tauschte das alte Design gegen ein verbessertes Modell aus (verbesserte Dichtungen etc.), und der Landwirt berichtete nichts über jüngere Schleifringprobleme (das heißt in den letzten zwei bis drei Monaten).

Akustik

Die Leistungselektronik scheint lauter als die 33M-VS-Leistungselektronik zu sein. Außerdem hat sie eine andere Frequenz (niedriger). Die Blattgeräusche waren sehr gering, allerdings galt das auch für die Windgeschwindigkeit (drei bis fünf Meter/Sekunde). Als Anhaltspunkt: Als die nahe gelegene E-33 startete, war das Geräusch der E-33-Rotorblätter hörbar lauter als das der E-40. Die Rotorgeschwindigkeit schien ca. 18 bis 19 Umdrehungen/Minute zu sein (gemessen mit einer Armbanduhr).

Azimut- und Blattverstellantrieb waren sehr leise. Beides sind elektromechanische Systeme. In der Tat, als wir die Maschine starteten, konnte ich sie drehen hören (Azimut), aber ich habe es nicht einmal bemerkt, als der Rotor startete, bis ich hinaufschaute und ihn sich drehen sah. Er scheint leiser als unser Blattverstellsystem zu sein.

Das Generatorgeräusch war nicht so laut wie das Geräusch der Leistungselektronik. Allerdings hat der Generator einen Tonhaltigkeitszuschlag von einem dbA (ich weiß nicht genau, was das heißt). Das Innere der Gondel ist mit Dämmschaum verkleidet. Der Schaum ist maximal ca. zwei Zoll dick, einem Eierkartonmuster ähnlich (ca. ein Zoll zwischen den Spitzen).

Turbinenwindmessung

Bei dem ursprünglichen Modell war das Anemometer an der Vorderseite der Nabe angebracht. Jetzt befindet es sich hinter der Gondelhaube.

Die Sensoren scheinen kaum höher (nicht mehr als sechs Zoll) als der äußere Durchmesser der Gondel(-haube) zu sein. Dies soll allerdings besser funktionieren als zuvor. Es scheint hingegen, dass man niedrigere Messwerte der Windgeschwindigkeit bekommt, wenn die Maschine sich windaufwärts befindet. Das Anemometer wird wie folgt benutzt: (1.) Start; (2.) Stopp; (3.) Windnachführung. Bemerkung: Ubbo sagte, dass die Maschine nicht über 17 Meter/Sekunde läuft (bzw. war dies zumindest der Fall – dieses Problem mag durch die neue Leistungselektronik beseitigt worden sein). Wir sahen, dass das Anemometer 3,9 Meter/Sekunde anzeigte und die Maschine 40 kW produzierte. (Ich habe vergessen nachzuschauen, um welche Marke von Anemometern es sich handelt.)

Turm

Der Turm ist 42 Meter hoch und aus Stahlbeton hergestellt. Er besteht aus zwei Teilen; sie sind auf etwa halbem Wege zusammengeschraubt. Wir sahen, dass der Beton an der Nahtstelle einige Schäden aufwies. Der Landwirt sagte, dass Wobben nicht zufrieden sei mit den Betontürmen und dass sie jetzt Stahlrohrtürme entwickelten. Bob hob hervor, dass Enercon jahrelang einen Gitterturm benutzte, und zwar für die 65-kW-Maschine.

Fundament

Das Fundament dieser Maschine ist riesig. Ein Betonblock, ca. zehn Fuß über dem Boden, zwölf Fuß breit und zwölf Fuß lang, sitzt auf zwölf 20-Fuß-Pfeilern, die in den Grund gerammt sind.

Tragende Struktur

Die obere Turmkonstruktion, inklusive Flügel, wiegt ca. 25 Tonnen (25 000 Kilogramm) oder 55 159 Pfund; siehe Fotos.

Gondel

Es gab Probleme durch Regenwasser, das in die Gondel eindrang und Kurzschlüsse im Generator verursachte. Die Gondel wurde angeblich neu konstruiert, um dieses Problem zu beheben. Ich bin mir nicht sicher, ob diese Korrektur schon umgesetzt wurde.

Die Leistungskurve

Wir haben von Ubbo die folgenden Leistungskurven erhalten:
Enercon-E-40-Leistungskurve
Messung nach IEA-Standard

Turmhöhe: 50,0 Meter
Aufnahmedatum: 09.02.1994

Windgeschwindigkeit Meter/Sekunde	Leistung kW
2,31	0,50
3,07	3,70
3,82	8,30
4,03	19,70
4,52	23,50
5,03	33,00
5,48	45,70
6,01	61,20
6,41	76,70
7,00	107,60
7,40	130,50
8,01	164,20
8,50	197,80
9,01	240,00
9,49	274,00
10,01	316,00
10,47	358,00
10,97	395,40
11,41	435,30
11,85	464,50
12,42	487,70
13,06	493,60
13,51	502,70
13,95	505,40
14,42	507,00
15,16	507,80

Der Standort und Kommentare vom Eigentümer
Die inoffizielle Windgeschwindigkeit an diesem Standort beträgt
5,0 Meter/Sekunde (grobe Schätzung des Landwirts). Der Landwirt
berichtete, dass in den ersten sechs Monaten sehr viele Servicebesuche
nötig waren, sehr wenige hingegen in den letzten drei Monaten. In der

Tat scheint es so, dass die Maschine seit Kurzem sehr gut läuft. Wir haben gehört, dass die E-40 über 17 Meter / Sekunde nicht mehr zuverlässig arbeitet. Ich glaube, es ist ein Problem des Generators und der Leistungselektronik.

Die E-33 lief auch gut. Letztes Jahr produzierte sie an diesem Standort 730 kWh (5,0 Meter / Sekunde jährliche Durchschnittsgeschwindigkeit), gemessen durch das Versorgungsunternehmen. Der vorausberechnete Ertrag war 680 kWh. Die E-40 wird wahrscheinlich eine Million kWh / Jahr an diesem Standort produzieren.

Der tatsächliche Leistungsfaktor (gemessen) zwischen der E-40 (1275 Quadratmeter) und der E-33 (855 Quadratmeter) liegt zwischen 1,45 und 1,7. Der Landwirt wusste nicht, wie hoch der Eigenverlust sowie andere Verluste in diesem System waren. Die E-40 kostet DM 2000/kW, während die E-33 DM 2500/kW kostet.

Landwirte sind an den größeren Maschinen interessiert, weil sie normalerweise nur eine Baugenehmigung zur Errichtung einer Turbine bekommen. Deshalb sind sie an größeren Maschinen interessiert. Außerdem unterstützt die deutsche Regierung finanziell neue Technologien; also wird alles, was neu ist, auch verkauft. Da große Anlagen jetzt neu sind, verkaufen sich die großen Maschinen gut.

Enercon entwickelt jetzt eine 1-MW-Version ihrer direkt angetriebenen Anlage. Es wird der gleiche Generatortyp wie in der E-40 verwendet werden, und man arbeitet daran, eine zyklische Blattverstellregelung für die Windnachführung zu benutzen.«

Weder Aloys Wobben noch ein anderer Mitarbeiter von Enercon hatten zu jener Zeit Kenntnis davon, dass sie Opfer amerikanischer Späher wurden. Am 5. April 1994 hatte man den Bericht der Ruth Heffernan in allen *Kenetech*-Abteilungen gründlich studiert. *Kenetech*-Mitarbeiter David Heberle verfasste an jenem Tag einen Kommentar zum Spionagebericht seiner Kollegin, in dem er den Enercon-Anlagentyp »beachtenswert« nennt und schreibt:

»Die folgende Beschreibung des Generators sowie der Leistungselektronik-Komponenten der direkt angetriebenen Windenergieanlage Enercon-40 basiert auf Gesprächen mit Ruth, Fotos, die während ihres kürzlichen Besuches in Europa aufgenommen wurden, und Fotos dieser Turbine ... Die Fotos zeigen eindeutig, dass der genutzte Generator eine gewickelte feldsynchronisierte Maschine ist. Dieser Maschinentyp ist Standard und wird typischerweise genutzt als Generator in der hydroelektrischen Anwendung, in der eine langsame Maschine notwendig ist. Die gewickelte feldsynchronisierte Maschine findet gelegentlich ebenfalls Verwendung als Motor in der industriellen Nutzung, wo konstante Drehzahl und hohe Leistung benötigt werden ... Insgesamt ist dieser Anlagentyp beachtenswert und zeigt, dass ein Generator dieser Art in dieser Anwendung genutzt werden kann. Dies ist insbesondere deshalb so interessant, da Enercon anscheinend einen Generator in diese Anlage eingebaut hat, der doppelt so groß wie notwendig ist, um sowohl Probleme der Steuerung als auch der Kühlung in den Griff zu bekommen.«

Die Patentverletzungsklage

Neun Monate später hatte Aloys Wobben – Sternzeichen Wassermann – gerade seinen 43. Geburtstag gefeiert, als ihm am 30. Januar 1995 ein Schreiben des *US District Court San Jose* zugestellt wurde. Dieser Tag sollte sein Leben verändern, handelte es sich doch um eine Patentverletzungsklage (*complaint*) des – in Europa damals weitgehend unbekannten – amerikanischen Konkurrenten *Kenetech Windpower Inc.* Noch konnte Wobben sich die Zusammenhänge nicht erklären, hatte keinen Schimmer vom Eindringen der NSA in seine Telefonnetze, kannte die Spionageaktion vom März 1994 nicht und wähnte sich rückblickend »in einem schlechten Film«. Während er zunächst noch hoffte, dass sich die Angelegenheit schnell als »Missverständnis« klären würde, weil er nachweisen konnte, dass er schon lange vor der *Kenetech Windpower Inc.* wesentlich fortschrittlichere Windenergieanlagen gebaut hatte, musste er bei den Gerichtsterminen in den Vereinigten Staaten erkennen, dass es dort in Wahrheit nicht um das Patent ging, sondern einzig darum, den amerikanischen Markt gegenüber einem unliebsamen Konkurrenzprodukt abzuschotten und das deutsche Unternehmen »fertigzumachen«. Wobben: »Zweimal war ich zu Gerichtsterminen in den Vereinigten Staaten. Die Verhöre waren mehr als unangenehm. Ich habe meine Anwältin damals gefragt, wie viele Menschen ich eigentlich umgebracht habe. Denen war offenkundig nur daran gelegen, mir einen Meineid nachzuweisen. Um die Sache, um meine Rechte, ging es nie. So wurde ich dreimal gefragt, wie der Schalterschrank unserer Anlage aussehe. Nachdem ich immer das Gleiche geantwortet hatte, zeigten die Anwälte ein Foto, das die Gegenseite eingereicht hatte. Dort waren die Details unseres Schalterschranks fotografiert. Man hatte einiges wegschrauben müssen, um das Foto aufnehmen zu können. Es ging nie darum, ob man mich ausspioniert hatte, sondern im ganzen Prozess nur darum, ob ich nicht vielleicht irgendwann einmal ein falsches Datum oder sonst aufgrund einer Erinnerungslücke eine unrichtige Angabe machen würde, damit man mich wegen eines Meineids verurteilen konnte.«

Nie sei bei den Prozessen in den Vereinigten Staaten darüber gesprochen worden, dass weite Teile der Patentanmeldung von *Kenetech Windpower* genau das beinhalteten, was Enercon schon Jahre zuvor gebaut hatte: Windräder. Nie kam auch jener Artikel der Fachzeitschrift *Windpower Monthly* bei Gericht zur Sprache, in dem es hieß, *Kenetech* habe sich »den schon längst bekannten Stand der Technik patentieren« lassen – so, als ob man ein schon Millionen Mal gebautes Auto nochmals patentieren lassen würde. Doch das amerikanische Patentamt glaubte *Kenetech* und dessen Aussagen. Nicht nur in den Vereinigten Staaten, auch beim Europäischen Patentamt hätten sich die Amerikaner später jene Windenergieanlagen patentieren lassen, die Enercon in Aurich gebaut habe, berichtet Wobben.

Als besonders schwerwiegender Nachteil erwies sich für Enercon, dass sich mit der Angelegenheit nicht nur ein amerikanisches Patentgericht befasste, sondern auch die *International Trade Commission* (ITC). Diese verfügt über gerichtsähnliche Kompetenzen, ist dem Washingtoner Handelsministerium unterstellt und damit beauftragt, mittels protektionistischer Maßnahmen den heimischen Markt gegen unerwünschte ausländische Konkurrenz abzuschotten. Deutsche Anwälte, die mehrfach vor der ITC Verfahren ausgefochten haben, nennen sie spöttisch »Trade Marines«, in Anlehnung an jene nationalistischen Haudegen, die zwecks Wahrung amerikanischer Interessen an vorderster Front kämpfen. Wobben: »Die ITC gibt amerikanischen

Firmen ein Forum, mit dem sie unerwünschte ausländische Konkurrenz vom Markt fegen können.« In einer Sonderinformation für die Mitglieder der Arbeitsgemeinschaft für Sicherheit und Wirtschaft (ASW) heißt es zum Streit zwischen ITC und Enercon: »Die amerikanische Konkurrenz will offenbar mit allen Mitteln verhindern, dass sich Enercon in den USA etablieren kann ... Die ITC ist ... eine Art Verwaltungsgericht, das Importe von ausländischen Firmen kontrolliert, um den landeseigenen Firmen den Rücken zu stärken ... Die ITC [ist] eine Einrichtung, die den landeseigenen Unternehmen sogar die Spionage erleichtert. Im Verfahren seien die Beteiligten verpflichtet, alle erforderlichen Unterlagen vorzulegen. Auch Betriebsgeheimnisse kämen so auf den Tisch. Für die Auricher Firma erwies sich die Auseinandersetzung mit dem amerikanischen Konkurrenten *Kenetech* als äußerst aufschlussreich, denn dem Mitbewerber aus den Staaten unterlief ein Fehler. Irgendwann landeten auf dem Tisch der ITC auch Papiere und Fotos, die eindeutig bewiesen, dass die Amerikaner Enercon ausspioniert hatten ... Der Rechtsrahmen solcher Länder unterstützt dabei vielfach die eigenen nationalen Unternehmen und verschafft ihnen Wettbewerbsvorteile.«

Zwei Millionen Dollar Prozesskosten

Doch das sollte Wobben erst noch zu spüren bekommen. Am 31. Januar 1996 begannen die Anhörungen vor der ITC in Washington. Wobben und Enercon sollten diese Verfahren für die nächsten zwei Jahre monatlich zwischen 50 000 und 100 000 Dollar an Anwaltskosten bescheren. Mehr als zwei Millionen Dollar musste das deutsche Unternehmen bezahlen, um am Ende des Prozesses in einer »Notice of Issuance of Limited Exclusion Order« der ITC zu erfahren, dass der Export von Windenergieanlagen mit variabler Drehzahl oder Teilen davon in die Vereinigten Staaten bis zum 1. Februar 2010 untersagt sei. Sowohl die früher erstellten als auch alle künftig neu entwickelten Windenergieanlagen durfte Enercon nach diesem Urteil bis zum Jahr 2010 nicht in die Vereinigten Staaten exportieren – ein himmelschreiendes Unrecht. Etwa 300 Arbeitsplätze, schätzt Wobben, habe er nicht schaffen können, weil ihm der Zugang zum amerikanischen Markt verwehrt werde.

Enercon ersuchte deshalb den damaligen niedersächsischen Ministerpräsidenten Gerhard Schröder um Hilfe. Über den einstigen Landesfürsten, der regelmäßig zu Gesprächen in die amerikanische Autostadt Detroit reiste, sagt Wobben heute: »Ich habe Schröder damals ganz lieb gesagt, nun vergessen Sie mal Ihre blöden Autos. Hier bei mir geht es um Zukunftstechnologie. Helfen Sie einem deutschen Unternehmen, dass es nicht an die Wand gedrückt wird. Aber ich bin mir sicher, dass Schröder kein Wort davon verstanden hat und bei seinen Gesprächen mit Clinton kein Wort darüber verlor.« Die Gespräche mit Gerhard Schröder waren nicht die einzigen, die nicht fruchteten. Nur einer setzte sich für Wobben ein – der damalige Bundeswirtschaftsminister Günter Rexrodt (FDP) –, allerdings ohne Erfolg. Rexrodt rügte die GATT-Widrigkeit des Verfahrens.

Am 12. August 1998 wies der *United States Court of Appeals for the Federal Circuit* die Berufung der Enercon gegen die Entscheidung der Washingtoner *International Trade Commission* zurück. *Kenetech Windpower Inc.*, die gegen Enercon geklagt hatte, war schon mehr als zwei Jahre zuvor – am 29. Mai 1996 – in Konkurs gegangen. Doch die Patente wurden von der *Zond Energy Systems Inc.*, die zwischenzeitlich ein Tochterunternehmen des größten amerikanischen Energiekonzerns mit Namen *Enron* wurde, übernommen. Energiegigant *Enron* wurde 1996, 1997 und 1998 vom *Fortune Magazine* zum innovativsten amerikanischen Unternehmen erkoren.

Wobben ließ es sich dann einiges kosten, um künftige Online-Spionageaktivitäten über die Enercon-Telefonleitung zu unterbinden. Damit die NSA die Datenleitung nicht anzapfen kann, wurden für viel Geld firmeneigene Kommunikationsleitungen installiert. Forschungslabor und Produktionsstätte verfügen inzwischen über ein vom öffentlichen Netz unabhängiges Kommunikationssystem. Doch der Aufwand hat einen Schönheitsfehler: Beim Besuch des Autors räumten die drei Sekretärinnen im Vorzimmer von Firmenchef Wobben ein, dass ihre Computer, auf denen nicht nur Angebote, sondern auch weitere Firmeninterna gespeichert sind, mit einem Online-Internetzugang ausgestattet sind. Das aber ist sträflicher Leichtsinn, könnte die NSA doch im nationalen amerikanischen Interesse unbemerkt jede Tastatureingabe der Enercon-Mitarbeiterinnen von den Computern abziehen und sie amerikanischen Unternehmen übermitteln. Wobben, darauf angesprochen, sagte: »Ich weiß, dass das möglich ist. Aber irgendwie verdränge ich es immer wieder und kann es mir nicht so richtig vorstellen, dass Menschen, die sich Freunde nennen, so etwas machen.«

Maulwürfe auf Datenjagd

In seinem Roman *Oliver Twist* führt Charles Dickens seinen jugendlichen Helden in ein Londoner Stadtviertel mit dunklen, spärlich von Gaslaternen erhellten Gassen. Die Gegend ist eine Brutstätte des Verbrechens. »In ihren schmutzigen Läden werden dicke Bündel von gebrauchten Seidentaschentüchern aller Größen und Muster zum Verkauf angeboten, denn hier wohnen die Händler, die sie von Taschendieben ankaufen … Es ist eine Handelsniederlassung für sich, der Marktplatz für die kleinen Diebe, der am frühen Morgen und bei Einbruch der Dämmerung von schweigenden Kaufleuten aufgesucht wird, die in düsteren Hinterstuben ihren Handel treiben und die auf ebenso seltsame Weise wieder verschwinden, wie sie gekommen sind. Hier legen die Kleidertrödler, die Flickschuster und die Lumpenhändler ihre Waren als Aushängeschilder für die kleinen Diebe aus, hier verrotten Berge von Alteisen und Knochen und zu Haufen modernde Reste von Wolle und Leinenzeug in den von Schmutz starrenden Kellern.« Szenarios wie diese sind uns wohlbekannt. Die beschriebene Umgebung – der Marktplatz für die kleinen Diebe – jagt manch einem Leser einen wohligen Schauer über den Rücken. Gut anderthalb Jahrhunderte später hat sich die Welt nicht geändert. Überall treiben Diebe ihr Unwesen, doch je größer ihre Beute ist, desto weniger erfahren wir darüber.

Der Schaden, der alljährlich der deutschen Wirtschaft durch Spionage entsteht, kann nur geschätzt werden. Im Gegensatz zu den Vereinigten Staaten von Amerika liegen in Deutschland keine verlässlichen Zahlen vor.

In den Vereinigten Staaten sollen die durch Industriespionage verursachten Einbußen jährlich rund 300 Milliarden Dollar betragen. Mindestens 23 Regierungen, so die *Los Angeles Times*, hätten ihre Geheimdienste damit beauftragt, amerikanische Unternehmen abzuschöpfen. Das FBI bestätigte diese Angaben und gestand zugleich ein, dass man auch selbst – »gelegentlich« – Industriespionage betreibe.

Eine Umfrage der KPMG Deutsche Treuhand Gesellschaft unter den 1000 größten deutschen Unternehmen ergab zwar, dass mehr als zwei Drittel der Manager theoretisch das Problem kennen. »Doch die meisten übertragen dieses Bewusstsein nicht auf die eigene Firma«, sagt Jan Heidinger von der Hermes-Kreditversicherung. »Sie können sich nicht vorstellen, dass es ausgerechnet sie treffen könnte.« Mit welchen enormen finanziellen Auswirkungen schon die verräterischen Aktivitäten einer Einzelperson verbunden sein können, zeigt das Beispiel eines früheren IBM-Angestellten, der der DDR-Computerindustrie durch die Weitergabe modernster Produktionstechniken seines Arbeitgebers Forschungskosten von mindestens 100 Millionen Mark (50 Millionen Euro) ersparte. Noch größeren Schaden richtete ein 1992 enttarnter MfS-Agent bei der Firma SEL an. Er verriet deren digitales Telefonvermittlungssystem, in dessen Entwicklung das Unternehmen etwa eine Milliarde Dollar investiert hatte. In einer Broschüre des rheinland-pfälzischen Innenministeriums zum Thema Wirtschaftsspionage heißt es, diese sei »weder ein Kavaliersdelikt, noch umgibt sie ein Flair von Abenteurertum, wie uns manche Zeitgenossen glauben machen wollen. Vielmehr verursacht sie Jahr für Jahr erhebliche Vermögensschäden … zulasten unserer Volkswirtschaft und der sie tragenden Unternehmen. Auch führt sie zu vielfältigen Beeinträchtigungen des Technologielandes Bundesrepublik Deutschland als Wirtschaftsstandort.«

Das Böse lauert immer und überall

Das Böse ist heute stets allgegenwärtig. Da verraten Mitarbeiter Prototypen und Forschungsergebnisse und spionieren bei Konkurrenten Geschäftsgeheimnisse aus. Die Unternehmen stellen sich aber bestenfalls halbherzig auf die zunehmende Bedrohung ein. So erging es nicht nur dem britischen Stardesigner Antonio Berardi, dessen komplette Herbst- und Winterkollektion ihm aus seinem Atelier in Covent Garden gestohlen wurde. In Deutschland traf es zur gleichen Zeit einen Cottbuser Erfinder, der eine neue Methode zum Lesen sogenannter Strichcodes entwickelt hatte. Es war ein klarer Fall von Industriespionage, da kurze Zeit später eine ihm unbekannte südkoreanische Firma »seinen« Scanner auf den Markt brachte. »Die Geschäftswelt ist noch nie so unsicher gewesen«, glaubt Axel Sitt, diplomierter Absolvent der *Ecole Européenne des Affaires* in Paris und Autor des Buches *Erfolgsfaktor Sicherheit*. Sitt hat mehrere Hundert Unternehmer und Sicherheitsmanager in Frankreich, Großbritannien, Spanien und Deutschland befragt und verhehlt nicht sein Erstaunen darüber, dass viele Manager sich offenbar nicht vorstellen können, dass das Know-how ihrer Unternehmen diebstahlgefährdet ist. Sie leben in einer Gesellschaft, in der Informationen billig an jeder Straßenecke zu haben sind, Wissen jedoch teuer verkauft werden kann. Sitt sagt dazu: »Es geht im wahrsten Sinne um das Überleben ganzer Industriezweige.«

Gerade die Forschungs- und Entwicklungsabteilungen deutscher Firmen sind zunehmend das Ziel von Wirtschaftsspionen. Die Forschung wächst innerhalb der Industriestaaten immer enger zusammen. Unternehmen beschränken ihre Entwicklungsarbeit längst nicht mehr auf nur einen Kontinent. Die Welt der Forscher schrumpft; ihre Maßeinheiten sind nicht mehr Kilometer und Meilen, sondern Minuten und Bandbreiten. Eine E-Mail von Japan nach Frankfurt benötigt allenfalls wenige Minuten. Beinahe zu jeder Tages- und Nachtzeit finden Videokonferenzen statt. Über kaum ein technisches Problem wird heute nur noch innerhalb der Landesgrenzen beraten. Kaum ein Wissenschaftler kommt heute noch ohne internationale Kontakte aus. Doch diese Globalisierung der Forschung birgt auch enorme Risiken, da die solcherart ausgetauschten Daten regelmäßig abgefangen werden. Die Verantwortlichen kleiner und mittlerer Betriebe sind aber in den meisten Fällen schon froh, wenn die firmeninterne Datenverarbeitung überhaupt funktioniert. Über die Absicherung dieser Daten gegen Wirtschaftsspionage oder Sabotage machen sie sich in der Regel keine Gedanken.

Der vor wenigen Jahren noch zu beobachtende Rückgang der Forschungsaufwendungen in Deutschland scheint aufgehalten. Deutschland hat zudem bei den Weltmarktpatenten wieder stark zugelegt. Das jedenfalls geht aus der Studie *Zur technologischen Leistungsfähigkeit Deutschlands* hervor. Dieser zufolge kommen auf eine Million Beschäftigte hierzulande 190 Patente, in Japan sind es 180 und in den Vereinigten Staaten 140.

Die Rangfolge deutscher Unternehmen bei den Patentanmeldungen ist auch ein Indiz dafür, welche deutschen Unternehmen am stärksten ins Visier ausländischer Spione geraten sind. BMW ist dafür im wahrsten Sinne ein »leuchtendes Beispiel«, hatte man in Bayern doch einen neuen Prototyp – *Sculpture* – entwickelt, dessen Scheinwerfer um die Kurve leuchten und dessen Bremslichter anzeigen, wie stark das Vorderfahrzeug seine Geschwindigkeit verringert. Was die BMW-Fahrzeugforschung als Lichtsystem der Zukunft entwickelte und auf der Hannoveraner Messe CeBIT erstmals vorstellte, erregte schnell die Aufmerksamkeit der Fahrzeugbauer anderer westlicher Staaten. Ähnliches Interesse weckte auch eine neuartige Postkarte, die es aufgrund eines eingebauten Mikrochips ermöglicht, neben den schriftlichen Grüßen künftig auch musikalische und fotografische Urlaubsgrüße (überspielt etwa von der eigenen Digitalkamera) zu versenden.

Viele Unternehmen, die die Globalisierung nicht verschlafen wollen, begehen schwerwiegende Fehler in Sachen Sicherheit. Immer mehr sehen sie sich angesichts des anhaltenden konjunkturellen Rückgangs verstärktem Wettbewerbsdruck ausgesetzt. Sie versuchen deshalb, ihre finanziellen Belastungen zu reduzieren. Doch die größte Kosteneinsparung bringt es, wenn man das Know-how für neue Produkte nicht selbst entwickeln muss, sondern sich bei der Konkurrenz zum Nulltarif bedienen kann. Es ist eine verführerisch einfache Möglichkeit, sich mittels Spionage Wettbewerbsvorteile zu verschaffen. In Zeiten, in denen ganze Volkswirtschaften unter den Folgen einer ungünstigen konjunkturellen Entwicklung ächzen, ist auch der Anreiz für die Regierungen der betroffenen Länder groß, diese Art der Spionage staatlich zu fördern und die eigenen Geheimdienste mit der Ausspähung ausländischer Unternehmen zu beauftragen. Die Auswirkungen solcher Aktivitäten werden in Deutschland erst allmählich registriert: Ganz langsam scheint es auch deutschen Unternehmen zu dämmern, dass Wirtschaftsspionage Jahr für Jahr Zehntausende deutscher Arbeitsplätze dauerhaft vernichtet (Schätzungen sprechen von jährlich rund 50 000) und im Ausland dafür dauerhaft neue Arbeitsplätze entstehen lässt.

Wer glaubt, Spionage gehe allein auf das Konto ausländischer Geheimdienste, der irrt gewaltig: Zunehmender Wettbewerb und das Streben nach Macht und Imagegewinn veranlassen auch immer mehr Unternehmen, selbst zum Mittel der Konkurrenzspionage zu greifen. Doch die betroffenen Firmen sind zurückhaltend, wenn es darum geht, die Drahtzieher gerichtlich zu belangen. Man fürchtet Imageverluste. Stattdessen boomen die Aufträge für jene Detekteien, die sich auf Spionage spezialisiert haben. In Österreich beispielsweise sind rund 60 Detekteien mit der Aufklärung von 300 Spionagefällen betraut. Welch großen Schaden auch ein in der Öffentlichkeit kaum zur Kenntnis genommener Spionagefall anrichten kann, zeigt das Beispiel des österreichischen Unternehmens Voest-Alpine Bergtechnik. Dieses erlitt durch das Auftauchen eines dem eigenen Bohrgerät *Alpine Miner AM 85* zum Verwechseln ähnliches System Einbußen in Millionenhöhe. Dass die Konkurrenz beim Ringen um Großaufträge auch vor üblen Anschuldigungen nicht zurückschreckt, musste ein zum selben Konzern gehörendes Unternehmen, die österreichische Voest-Alpine Industrieanlagenbau, erfahren: Diese Firma erhielt aus Saudi-Arabien den Auftrag zur Errichtung eines Stahlwerks im Wert von mehr als einer halben Milliarde Euro, aber der abgewiesene britische Mitbewerber *Davy* mochte das nicht hinnehmen und bezichtigte Voest, sich das lukrative Projekt nur mit dem Einsatz nachrichtendienstlicher Mittel erschwindelt zu haben. Doch die Österreicher wurden nicht nur auf diesem Gebiet zum Opfer: Da berichtete die österreichische Zeitung *Die Presse* über das Eindringen von Hackern in das Rechnernetz der Technischen Universität Wien zum Zwecke der Industriespionage. Mehrfach wurden dort am Institut für Theoretische Physik Software und Dateien online gestohlen. Man mutmaßte, dass dies das Werk von Amerikanern war. Sicher ist jedoch nur, dass die Hacker einzig perfekt Englisch sprachen, denn beim Wechsel in eine andere Sprache konnten sie nicht mithalten.

Auf einem Forum der Studiengesellschaft der Deutschen Gesellschaft für Wehrtechnik mbH (DWT) in der Stadthalle Bonn-Bad Godesberg sagte der für den Bundesnachrichtendienst tätige Diplom-Ingenieur Kurt Schrick in einem Vortrag zu solchen Hackerangriffen: »Täglich erscheinen alarmierende Zahlen über versuchte oder erfolgreiche Hackerangriffe auf US-amerikanische IT-Systeme in den Medien. Man muss kein Prophet sein, um ähnliche Szenarien auch für die Bundesrepublik Deutschland in den nächsten fünf bis zehn Jahren vorherzusehen. Unser bester Schutz in einigen Bereichen ist derzeit – sarkastisch ausgedrückt – eine gewisse informationstechnische Rückständigkeit.«

MI6 – im Auftrage Ihrer Majestät

Wie erhält man Milliardenaufträge? Die Briten bewerkstelligen es diskret mit Sex-Partys. Bekannt wurde das erst 2007. Ein Beispiel: 45 Millionen britische Pfund entsprechen etwa 66 Millionen Euro. Diesen Betrag hat das britische Ölunternehmen *British Petroleum* (BP) in den Jahren 1993/94 für Bestechung, Sex-Partys und Spionage ausgegeben, um in Aserbaidschan Ölbohrkonzessionen zu erhalten. In nur vier Monaten hat der inzwischen entlassene frühere BP-Executive-Chef Les Abrahams diese Summe in Aserbaidschan ausgegeben. Und 2007 berichtete er darüber, wie er am Kaspischen Meer mithilfe riesiger Geldsummen für BP Konzessionen erwarb. BP stellte ihm eine Kreditkarte ohne Limit zur Verfügung. Abrahams ließ zunächst ein Privatflugzeug mit Champagner beladen und nach Baku/Aserbaidschan fliegen. Der wurde dann auf den ersten Partys mit Geschäftskollegen in Baku getrunken. Danach flog man die Aserbaidschaner nach London und stellte ihnen Prostituierte zur Verfügung. Alle Informationen, die man den Aserbaidschanern bei diesen Partys entlocken konnte, wurden zugleich an den britischen Auslandsgeheimdienst MI6 weitergereicht.

Abrahams arbeitete für *Exploring Frontiers International*, ein Tochterunternehmen von BP, das neue Ölfelder erschließen soll. Manchmal charterte Abrahams eine komplette *Boeing-757*, nur um Geldkoffer nach Baku zu fliegen. Abrahams gesteht heute ein, auch selbst zahlreiche Prostituierte von dem Geld in Aserbaidschan besucht zu haben. Er wusste, dass diese alle zugleich auch für russische Nachrichtendienste tätig sind. Wo auch immer die Mitarbeiter von BP in Aserbaidschan auftauchten, wurden sie abgehört. Das wurde diesen erst klar, nachdem einer von ihnen in privater Runde den Präsidenten beleidigt hatte. Beim nächsten offiziellen Treffen wurde den BP-Mitarbeitern dann das Band mit den entsprechenden Aussagen vorgespielt ...

Die Briten verstehen ihr Geschäft. Als beispielhaft auf dem Gebiet der Wirtschaftsspionage erweist sich vor allem der britische Auslandsgeheimdienst MI6. Die Briten, das ist bekannt, haben von Intelligenz eine sehr eigene Vorstellung. Das Wort »Intelligence« bedeutet zwar auch »Verstand«, doch zugleich spricht man von »Intelligence«, wenn man denselben zum Zwecke des Informationserwerbs einsetzt. Und so ist »British Intelligence« nicht die Überlegenheit der britischen Geisteskultur, sondern schlicht der »britische Nachrichtendienst«. Seit vielen Jahren schon hat diese intelligente Gemeinde ein Problem. Man findet nicht genügend Nachwuchs. Und ebenso wie die Kollegen von CIA und BND, die ebenfalls eine Homepage im Internet betreiben, geht man verstärkt an die Öffentlichkeit, um selbigen zu finden. Letztlich kann man Zeitungsannoncen und sonstige Werbemaßnahmen auf den »Suche Spion«-Inhalt reduzieren. Nun scheinen jedoch viele Bewerber zwar viele James-Bond-Flausen im Kopf, nicht jedoch genügend »Intelligence « zu haben. Und so verfiel MI6 auf die geniale Idee, ein großes Preisrätsel für angehende Agenten anzubieten. Im Internet durften an einer Karriere Interessierte fünf codierte und verstreut platzierte Wörter entschlüsseln, die zusammen dann ein sechstes Lösungswort ergaben. Doch selbst der, der dieses Simsalabim der Spionagekarriere nicht beherrschte, also das Lösungswort nicht fand, musste nicht verzweifeln: »Sie können sich auch bewerben, wenn Sie die Lösung nicht finden«, hieß es auf der Seite. In Wahrheit müssen MI6-Mitarbeiter weder über besonderen Charme verfügen noch Martini mögen, nur eines dürfen sie nicht missen, »Intelligence« oder vielmehr »British Intelligence«, denn Nicht-Briten werden angeblich nicht akzeptiert.

Vor einigen Jahren wurde bekannt, wer von MI6 ausgebildeten Briten Tarnung verschaffte: Nach Angaben der Zeitung *Guardian* zählte dazu zumindest in der Vergangenheit der Herausgeber des *Sunday Telegraph*, Dominic Lawson, Sohn des früheren Abgeordneten Nigel Lawson. So kamen in den baltischen Staaten MI6-Agenten – getarnt als Journalisten – zum Einsatz. Eine ähnliche Tarnung soll britischen Agenten das *Spectator Magazine* verschafft haben. Das behauptet jedenfalls der frühere MI6-Agent Tomlinson.

Und dann enthüllte die Zeitung *Sunday Business*, dass die Agenten Ihrer Majestät sich keinesfalls nur mit politischen und militärischen Zielen zum Wohle der Krone befassen. »MI6 hat die Industrie in weitaus höherem Maße mit Spitzeln durchsetzt, als bislang bekannt war.« MI6 rekrutiere heute mehr Wirtschafts- als klassische militärische oder politische Spione. Beim *Joint Intelligence Committee* gebe es eine umfangreiche Liste mit den Namen der Wirtschaftsspione. Einer, der sie einsehen konnte, berichtete der Zeitung: »Ich war erstaunt. Viele der aufgeführten Länder gelten als Verbündete, vor allem europäische Partner. Die Namensliste ist alphabetisch geordnet und enthält auch die Spitzel in Frankreich, Deutschland, Italien, Spanien und der Schweiz.« Dagegen seien in den Vereinigten Staaten, Kanada, Australien und Neuseeland keine britischen Wirtschaftsspione tätig. In der Schweiz werde etwa der Schweizerische Bankverein ausgespäht. Dort erhielten Angestellte Geld dafür, dass sie den Briten über größere Finanztransaktionen berichteten. Alle wirtschaftlichen Aufklärungsergebnisse von MI6 würden ausgewählten britischen Unternehmen zur Verfügung gestellt – unter ihnen Banken und Handelshäuser, Rüstungsbetriebe wie *British Aerospace*, Ölkonzerne wie BP, *Shell*, aber auch *British Airways*.

Pensionierte MI6-Mitarbeiter würden in britische Unternehmen eingeschleust mit deren Wissen. Der Informant sagte *Sunday Business*: »Es ist ein Teil ihrer Altersversorgung. Sie sind dort in Wirklichkeit MI6-Verbindungsoffiziere, ebenso wie die Verbindungsoffiziere in den Abteilungen von *Whitehall*.« Einige britische Banken würden dem MI6 helfen. Sie richteten nicht nur Arbeitsplätze für pensionierte Agenten ein, sondern lieferten auch Kreditkarten mit falschen Namen und leiteten Geld für Operationen außerhalb der Insel verdeckt weiter.

Die meisten Kreditkarten stelle die *Royal Bank of Scotland* dem MI6 zur Verfügung. Das könne man am Ende eines jeden Monats beobachten: In einer Filiale der *Royal Bank of Scotland* nahe des Londoner Bahnhofs *Victoria Station* stünden dann aufgereiht jene MI6-Agenten, die die ihnen belasteten Kreditkartenbeträge bar einzahlen müssten.

Mehr noch als Banken profitiere die britische Rüstungsindustrie von der Schnüffelarbeit der MI6-Agenten. So habe *British Aerospace* einen Auftrag über die Lieferung von 24 *Hawk*-Jets an Indonesien nur deshalb erhalten, weil MI6 die Vertragsangebote des französischen Konkurrenten *Dassault* unter die Lupe genommen habe. Ebenso habe MI6 bei der Auftragsvergabe in Malaysia *British Aerospace* geholfen. *Sunday Business* zitierte einen ehemaligen leitenden Mitarbeiter von *British Aerospace* mit den Worten: »*British Aerospace* und andere Rüstungsunternehmen erhalten Informationen unserer Geheimdienste …« *British Airways* werde beim MI6 unter dem Codenamen »Bucks Fizz« geführt. Jeder MI6-Resident versuche schon am ersten Tag seiner Ankunft an einem neuen Stationierungsort, den Kontakt zum örtlichen »Bucks-Fizz«-Manager herzustellen und ihn anzuwerben. Die Fluggesellschaft ermuntere ihre Mitarbeiter dazu, sich anwerben zu lassen. MI6 habe eine Tarnorganisation, die *Hakluyt Foundation*, über die ausgespähte Wirtschaftsgeheimnisse an britische Unternehmen weitergegeben würden. Als Leiter der *Hakluyt Foundation* fungiere der 1994 pensionierte ehemalige MI6-Chef Christopher James. Weitere Angestellte seien ein ehemaliger *Shell*-Manager, ein früheres Vorstandsmitglied von BP und ein Minister im Ruhestand.

Deutsche Sicherheitskreise warnen hinter vorgehaltener Hand ohnehin schon seit Jahren davor, ausländischen – europäischen wie amerikanischen – Banken zu trauen. Von der Niederlassung einer großen amerikanischen Bank in Frankfurt am Main weiß man, dass diese Kreditpapiere deutscher Unternehmer, denen als »Sicherheit« möglicherweise sogar Konstruktionsunterlagen beigefügt sind, direkt in die Vereinigten Staaten weiterleite. Bekannt wurde diese Vorgehensweise den Sicherheitskreisen nur, weil vier Mitarbeiter dabei nicht weiter mitmachen wollten. Der Fall – der kein Einzelfall sein dürfte – zeigt, wie erfindungsreich ausländische Dienste agieren, wenn es darum geht, die Konkurrenz auszuschalten.

Gezielte Desinformation

Erfindungsreich sind auch japanische Firmen, wenn sie sich mit Konkurrenten auseinandersetzen müssen. Sie greifen dabei gern bewusst zum Mittel der Desinformation. Damit japanische Mütter nicht etwa auf die Idee verfallen, ihren Kindern amerikanische Cornflakes oder Schokoladenriegel zu servieren, ließ eine Gruppe Tokioter Geschäftsleute, die dem Landwirtschaftsministerium nahestehen, einen Film produzieren, in dem Jugendliche aus den USA gezeigt wurden, die aufgrund des Verzehrs verseuchter Lebensmittel Missbildungen erlitten hätten. Solche Desinformationskampagnen sind staatlich gesteuert. Regelmäßig wird in Japan etwa der US-Flugzeughersteller *Boeing* wegen angeblicher Konstruktionsfehler bei jenen Flugzeuge angegriffen, die an die japanische Fluggesellschaft ausgeliefert wurden. Es heißt, die von *Boeing* vorgenommene Wartung sei »schlecht«, und man behauptet im gleichen Atemzug auch, *Boeing* sei für den Absturz eines japanischen Flugzeugs im Jahre 1985 verantwortlich. Solche Desinformationskampagnen entstehen aus einem sorgfältig abgestimmten Zusammenspiel von Regierung, Geheimdiensten und Wirtschaft.

Von Luftfahrttechnik bis zu Virtual Reality

Gefragt ist bei Amerikanern – aber auch bei Briten, Franzosen und Japanern – vor allem das Know-how von Unternehmen, die in folgenden Bereichen produzieren:
- Luftfahrt-, Rüstungstechnik, Navigation, zivile und militärische Nutzung der Kernspaltung, Telekommunikation und Pharmazie
- Biotechnologie/Medizin: angewandte Molekularbiologie, Medizintechnik
- Energie-/Umwelttechnik: Filtertechnik, Emissionskontrolle, Müllbeseitigung
- Information/Kommunikation: Software, Mikro- und Optoelektronik, Hochleistungsrechner und -netzwerke
- Hochdefinitions-Bildtechnik: Sensor- und Signaltechnik, Datenspeicherung und Peripheriegeräte, Computersimulation

- Materialtechnik: Materialsynthese, elektronische und photonische Materialien, Keramik, Verbundwerkstoffe, Hochleistungsmetalle und -legierungen
- Produktion: flexible computergesteuerte Fertigung (Roboter), Mikro- und Nanofabrikation; Systemmanagement-Technologien.

Manche Staaten unterstützen Wirtschaftsspionage nur auf einem oder einigen der zuvor aufgezählten Gebiete. So ist bekannt, dass Italien bei der Bekämpfung jeglicher Wirtschaftsspionage mit anderen Staaten zusammenarbeitet – mit einer Ausnahme: Die Ausspähung biotechnologischer und pharmazeutischer Betriebe wird im nationalen Interesse als legitim erachtet.

Häufig merken Unternehmen nicht einmal, dass sie sich im Visier von Geheimdiensten und Spionen befinden: Als die deutschen Stromenergiekonzerne von den Atomausstiegsplänen der damaligen rotgrünen Bundesregierung überrascht wurden, dachte wohl keiner der deutschen Atommanager auch nur im Traum daran, dass möglicherweise ihre Telefone im Privat- und Bürobereich fortan angezapft würden. Doch im französischen wie auch im britischen nationalen Interesse lag es, möglichst umgehend zu erfahren, auf welche Strategie sich die deutschen Stromerzeuger in ihren Gesprächen mit der Bundesregierung verständigten. Denn sowohl in Großbritannien als auch in Frankreich waren durch den von der deutschen Regierung in Erwägung gezogenen Nuklearverzicht Arbeitsplätze bedroht. Und so war es wichtig, sich umgehend darüber zu informieren, wie sowohl die Bundesregierung als auch die ihr gegenüberstehenden Stromkonzerne agieren würden. Dennoch war man damals in den Räumen des Veba-Konzerns verwundert, als man Ende Januar 1999 zum ersten Mal davon erfuhr, dass der französische Auslandsgeheimdienst die Leitungen der Veba-Manager angezapft hatte. Man darf vermuten, dass nicht nur die Veba, sondern auch die anderen deutschen Stromerzeuger Opfer solcher illegalen Lauschangriffe geworden sind. Und die Briten werden ebenfalls mitgehört haben, wenngleich – bislang – diesbezüglich noch nichts bekannt geworden ist.

Angriffsziele der Späher sind vor allem auch jene deutschen Unternehmen, die Millionenbeträge in die Entwicklung von Simulationsanlagen gesteckt haben. Deutschland ist in der Umsetzung von »Virtual-Reality-Technologien« weltweit führend. Neben den großen Unternehmen in den Bereichen Automobil-, Anlagen- und Flugzeugbau setzen auch immer mehr Zulieferer verstärkt diese Technologien ein. Der frühere Leiter der Virtual-Reality-Forschungsabteilung bei Volkswagen, Peter Zimmermann, sagt dazu: »Wir haben durch den Einsatz der virtuellen Realität die Entwicklungszeiten im Konzern gesenkt, Werkzeugfehler vermieden und die Qualität gesteigert.« Verwendung finden im VW-Konzern heute beispielsweise vier Stereoprojektionswände, auf denen Modelle künftiger Fahrzeuge dreidimensional in den unterschiedlichsten Perspektiven dargestellt werden können.

Aber der Aufwand, einen Raum, in dem mit den Methoden der virtuellen Realität geforscht wird, absolut abhörsicher zu machen, ist enorm. Deshalb dürfte sie ein einträglicher »Erwerbszweig« für Wirtschaftsspione sein, zumal der Abzug dieses Know-hows meistens erst dann bemerkt wird, wenn es zu spät ist.

Ein bislang nicht bekannt gewordener Fall betrifft einen westfälischen Maschinenbauer. Er investierte in seinem Geschäftsbereich Landtechnik Millionenbeträge in die Entwicklung eines Melkroboters. Bei einem amerikanischen Konkurrenten sollen nach Angaben aus deutschen Geheimdienstkreisen die Konstruktionsunterlagen sehr schnell vorgelegen haben; das Unternehmen aber hatte davon nichts mitbekommen. Als sich die Gerüchte um die Spionageaktivitäten verdichteten, reagierte die deutsche Firma auf eine außergewöhnliche Art: Sie kaufte den amerikanischen Konkurrenten auf.

Ebenso soll es dem Daimler-Chrysler-Konzern ergangen sein, der das weltweit erste mit einer Brennstoffzelle betriebene Fahrzeug präsentierte. Mit dem Einbau der Brennstoffzelle wollte Deutschland seine Führungsrolle in der Automobiltechnik bestätigen. Doch der französische Auslandsgeheimdienst soll bei Daimler-Chrysler schon lange vor der offiziellen Präsentation des ersten Versuchsfahrzeugs unbemerkt Teile der Entwicklungsunterlagen kopiert haben. Das in Stuttgart-Untertürkheim entwickelte Brennstoffzellenfahrzeug wird mit Methanol betankt und wandelt diesen flüssigen Kraftstoff in Wasserstoff um. In der Brennstoffzelle bildet sich dann aus Wasserstoff und einem Luftgemisch jene elektrische Energie, die zum Antrieb des

Fahrzeugs dient. Das Testfahrzeug erwies sich nicht nur als außergewöhnlich leise. Auch der Kohlendioxid-Ausstoß wird gegenüber konventionellen Motoren um etwa 50 Prozent verringert, und Schadstoffe wie Kohlenmonoxid und Stickoxide können sogar bis auf ein Hundertstel reduziert werden. Für die Entwicklung der neuen Technologie hatte Mercedes-Benz Millionen Euro bereitgestellt. Das damals für die Forschung zuständige Daimler-Chrysler-Vorstandsmitglied Klaus Dieter Vöhringer sagte 1998, bis zur Serienreife werde eine weitere halbe Milliarde zur Entwicklung der Brennstoffzellentechnik veranschlagt. Am Beispiel der Brennstoffzelle wird deutlich, welch großer Schaden der deutschen Wirtschaft durch den Diebstahl von Entwicklungsinterna drohen kann. Die deutschen Forschungsunterlagen seien – so heißt es aus Geheimdienstkreisen – vom französischen Auslandsgeheimdienst teilweise der Industrie unserer Nachbarn übermittelt worden.

Interessen – aber keine Moral

Josef Karkowsky, der inzwischen verstorbene frühere langjährige Leiter der Bonner Arbeitsgemeinschaft für Sicherheit in der Wirtschaft (ASW) – sie wird überwiegend vom Deutschen Industrie- und Handelstag (DIHT) finanziert –, berichtete: »Bei allen damit befassten Behörden ist die Auswertung solcher Fälle seit der Wiedervereinigung schwach.« Die mittels elektronischer Methoden erfolgte Ausspionierung deutscher Unternehmen hinterlasse keine Spuren. Karkowsky: »Und was ein deutscher Unternehmer nicht sieht, das stört ihn offenbar auch nicht.« Auch bei der sogenannten Gesprächsaufklärung verhielten sich deutsche Firmen »naiv«. Bei Messen und Firmenbesuchen setzten sowohl die Vereinigten Staaten als auch Frankreich, Großbritannien und Israel – jedoch ebenfalls Geheimdienste aus dem Osten – »nachrichtendienstlich geschulte Leute ein, die gezielt Themen abklären«. Auch das entziehe sich der staatlichen Aufklärung, denn »diese Leute arbeiten wie Journalisten«. Solche Fälle lägen beispielsweise vor, wenn in amerikanischen Kongressberichten von »offener Beschaffung« gesprochen werde. Neben den Vereinigten Staaten sind auch die schon erwähnten Japaner führend auf diesem Gebiet der Informationsbeschaffung. Nur der dritten Ebene der Wirtschaftsspionage, der »menschlichen Quelle«, verdanken deutsche Ermittlungsbehörden derzeit die Möglichkeit, sich von den nachrichtendienstlichen Aktivitäten ein Bild zu machen. Doch auch hier gibt es nur wenige Fälle, die bekannt werden, weil man sich nach Angaben von Karkowsky »zwischenstaatlich darauf geeinigt hat, Agenten, die bei der Spionage enttarnt werden, abzuschieben«. Karkowsky, der bis Dezember 1994 im Kölner Bundesamt für Verfassungsschutz als Leiter der Abteilung Geheim- und Sabotageschutz arbeitete, erklärte: »Einen solchen Fall haben wir beispielsweise beim britischen Spion in der Deutschen Bundesbank. Ein paar Mal wurde darüber öffentlich berichtet, dann wurde es still.«

Karkowsky resümierte: »Staaten haben auf dem Gebiet der Wirtschaftsspionage Interessen, aber keine Moral.«

Operation *Jetstream*

Ohne Moral und Skrupel geht auch der britische Auslandsgeheimdienst MI6 vor, wenn er französische Staatsunternehmen ausspioniert. So entwendete der MI6 im Sommer 1996 aus dem französischen Marinehafen Brest eines der bestgehüteten Geheimnisse der Nuklearmacht Frankreich: Französische Fachleute hatten damals eine Methode erarbeitet, die es erlaubte, mittels Satelliten den Unterwasserkurs von Atom-U-Booten zu verfolgen. Britische Agenten bestachen einen an der Entwicklung Beteiligten, um sich der Unterlagen zu bemächtigen. Während des Ost-West-Konfliktes waren alle Atommächte immer genau darüber informiert, wo sich die landgestützten Abschussrampen der potenziellen Gegner befanden. Aus der Sicht des britischen Verteidigungsministeriums wäre es daher einer Katastrophe gleichgekommen, wenn einzig Frankreich über eine technische Möglichkeit zur Aufspürung auch von Atom-U-Booten verfügt hätte. Deshalb rief MI6 die Geheimoperation *Jetstream* ins Leben. Journalisten und Rüstungsfachleute wurden angeheuert und eingeweiht. Es waren vornehmlich Mitarbeiter, die schon seit Jahrzehnten »unauffällig« und freundschaftlich Kontakt zu französischen Rüstungsexperten sowie Entwicklungsspezialisten unterhalten hatten und die man jetzt für die nationale Aufgabe nutzen wollte.

Atom-U-Boote verändern die Wasseroberfläche auch dann, wenn sie in großer Tiefe fahren. Dies ist jedoch mit bloßem Auge nicht zu erkennen. Nur ein Satellit, der diese Bewegungen auswertet, kann sie berechnen und daraus ableiten, welchen Kurs ein Atom-U-Boot eingeschlagen hat. Französische Fachleute waren also in der Lage, den Kurs britischer Atom-U-Boote zu berechnen, doch die Briten konnten ihrerseits die französischen Atom-U-Boote nicht orten. Bezeichnend ist in diesem Zusammenhang die Aussage eines von der *Sunday Times* zitierten britischen Geheimdienstoffiziers: »Unsere Admiralität war schockiert. Da Frankreich sich weigerte, das militärische Geheimnis mit den Briten zu teilen, war ein Auftrag an den MI6 unvermeidlich.«

Doch die Briten hatten sich vielleicht zu früh über die gelungene Spionageoperation gefreut – ein französischer Agent berichtete dem Autor, dass man sich »revanchiert« habe. Im Gegenzug habe man der britischen Marine die Projektunterlagen über die sogenannten »Trimarane« geraubt. Das ist die nächste Generation britischer Kriegsschiffe, die zum Teil mit drei Rümpfen ausgestattet sind. Den Prototyp baut der Hauptausrüster der *Royal Navy*, *Vosper Thorneycraft*: einen 300 Meter langen »Stealth Trimaran Aircraft Carrier« (STAC) mit einer Deckbreite von 100 Metern – dreimal so breit wie die derzeitigen britischen Flugzeugträger. So sollen künftig bis zu 30 Flugzeuge zugleich abgefertigt werden können. Die notwendigen Studien hatte die Forschungsagentur für Verteidigung, DERA, erstellt. Dort wollen die Franzosen auch die neue Technik abgezogen haben. Die neuen Kriegsschiffe werden über entscheidende Vorteile verfügen: So ist der Wasserwiderstand gegenüber herkömmlichen Schiffen um 20 Prozent geringer. Sie haben nicht nur eine höhere Stabilität bei starkem Wellengang und machen die Landung auf dem Deck einfacher, sondern benötigen auch weniger Antriebsenergie. Zudem wird die Radarerfassung erschwert.

Nur durch Zufall wurde der hier geschilderte britisch-französische Spionagefall bekannt. Doch Karkowsky war sich sicher: »Wer weiß, dass unsere Nachbarstaaten ihre Geheimdienste im nationalen Interesse zwar ausbauen, aber nicht glaubt, dass sie diese nicht auch gezielt gegen deutsche Firmen einsetzen, der ist naiv. Denn Wirtschaftsspionage ist aus der Sicht dieser Staaten auch ein Gebiet des nationalen Interesses.« Karkowsky berichtete über »eine Reihe von Fällen«, in denen das Bundesamt für Verfassungsschutz nachrichtendienstliche Aktivitäten der Vereinigten Staaten und anderer befreundeter Staaten erfasst habe: »Die haben ihre Leute dann auch immer sofort abgezogen. Trotzdem ist Deutschland aus der Perspektive der Spionageabwehr eine Wüste. Ich habe von unseren Sicherheitsbehörden den Eindruck gewonnen, dass sie sich noch immer nicht vom Kalten Krieg lösen können und ihr Augenmerk vorwiegend nur auf Nachrichtendienste der GUS-Staaten und sogenannter Risikoländer wie Irak und Iran richten.«

Während Karkowskys Zeit im Bundesamt für Verfassungsschutz seien – so berichtet ein anderer ehemaliger Mitarbeiter – die US-Amerikaner in den Abteilungen aktiv gewesen »wie die Fliegen«. »Ich musste immer darauf achten, dass sie nicht die Sachbearbeiter angingen. Sachbearbeiter haben normalerweise keine Außenkontakte und fühlen sich besonders geehrt, wenn sie eingeladen werden. Doch das Ziel solcher Einladungen ist klar – Abschöpfung.«

Fort Knox – die Siemens-Bunker

In Karkowskys Ära beim Kölner Bundesamt ereignete sich auch der neben der »Lopez-Affäre« wohl bekannteste deutsche Fall von Wirtschaftsspionage: die Geschichte um den Milliardenauftrag an den Siemens-Konzern, Hochgeschwindigkeitszüge für Südkorea zu bauen. Im Spätsommer 1993 war man sich gewiss, den Auftrag zu bekommen. Die Züge sollten auf der 422 Kilometer langen Strecke zwischen Seoul und Pusan verkehren. Doch im September erhielt das britischfranzösische Konsortium *GEC Alsthom* den Zuschlag. Siemens glaubte damals belegen zu können, dass der Konkurrent die internationale Siemens-Kommunikation abgehört hatte – ein Fall von Wirtschaftsspionage. Der damalige Leiter des Bereichsvorstands Verkehrstechnik bei Siemens, Wolfram Martinsen, forderte die Offenlegung des Entscheidungsverfahrens in Südkorea. Doch wenige Tage später nahm

Siemens den Vorwurf der Wirtschaftsspionage zurück. Treffen Presseberichte zu, so haben sich die beiden konkurrierenden Konzerne auf Vorstandsebene geeinigt – wie es später auch im ähnlichen Fall zwischen Volkswagen und *General Motors* geschah. (Das Landgericht Darmstadt stellte im Sommer 1998 den Fall Lopez gegen eine Zahlung von 400 000 Mark – rund 200 000 Euro – ein. Lopez gilt offiziell nicht als schuldig.) Für Siemens erwies sich diese Episode als besonders schmerzhaft, weil der Konzern zwar Chiffrier- und Dechiffriergeräte entwickelt, diese aber im eigenen Unternehmen offenkundig nicht eingesetzt hatte.

Die Zeitung *Münchner Merkur* berichtete am 26. November 1993 über die aufwendigen neuen Sicherheitsvorkehrungen bei Siemens und verglich diese mit Fort Knox. Unter dem Parkplatz des Bereichs Anlagentechnik sollte ein unterirdisches Bunkersystem entstehen, in dem man fortan die EDV-Anlagen unterbringen und sie somit vor fremdem Zugriff und merkwürdigen Systemausfällen schützen wollte. Die einzelnen Bunker wurden durch 20 Meter lange Röhren mit 3,50 Meter Durchmesser verbunden. In dem Artikel »Siemens baut Fort Knox unterm Parkplatz« hieß es, es handle sich um das weltweit erste System-Sicherheitszentrum: »Mit modernster Sicherheitstechnik werden Datenverarbeitungsanlagen unter anderem nahezu hundertprozentig vor Sabotage, Brand, Abhören und Funkstörungen geschützt.« Das Eindringen in Siemens-Daten wurde Spionen von nun an erschwert.

Wer mutmaßt, ehemalige leitende Mitarbeiter deutscher Sicherheitsbehörden wie Karkowsky seien von offizieller Seite angewiesen worden, in solchen Fällen wie dem vorgenannten nicht zu ermitteln, der irrt. Karkowsky: »Eine solche Vorgabe hat es nie gegeben.« Doch er erinnerte sich an den Ausspruch des früheren Bundeskanzlers Kohl: »Spione glauben, sie seien wichtig. Sie sind es aber nicht.« Diese Auffassung sei kennzeichnend für die Einstellung der deutschen Politik gegenüber der Spionageabwehr. Kohl brachte weder bei seinen zahlreichen Besuchen in Moskau noch in Tel Aviv, Washington, Paris oder London Spionagefälle zur Sprache. Diese Tradition scheint auch die von Bundeskanzlerin Angela Merkel geleitete Regierung fortsetzen zu wollen, denn auch von ihr ist bislang ebenfalls nicht bekannt geworden, dass sie sich im Ausland energisch die Wühltätigkeit der Nachrichtendienste verbeten hätte.

Auf dem Weg zum Wirtschaftskrieg

Der Sicherheitsbeauftragte eines süddeutschen Konzerns mit 43 000 Beschäftigten, der eng mit französischen und britischen Firmen zusammenarbeitet und beinahe wöchentlich Fälle von Industriespionage zu bearbeiten hat – er möchte namentlich nicht erwähnt werden –, erklärt das Schweigen der Unternehmen zur Wirtschaftsspionage befreundeter Staaten folgendermaßen: »Sprechen Sie in der Öffentlichkeit darüber, wenn Sie mit Ihrer Frau gewisse Probleme haben? Was bringt das denn der Öffentlichkeit außer der Befriedigung einer Sensationsgier? Wenn wir unsere französischen, britischen, amerikanischen, aber auch israelischen ›Freunde‹ bei solchen Tätigkeiten erwischen, dann regeln wir es wie in einer Ehe: Man spricht offen darüber und bleibt entweder weiter zusammen, oder man trennt sich. Doch die Öffentlichkeit geht das nichts an. Und weil wir auf diesem Gebiet üble Erfahrungen gemacht haben, trauen wir auch den besten Verschlüsselungsmethoden nicht. Wenn wir wirklich vertrauliche Mitteilungen an unsere weltweiten Filialen weitergeben müssen, dann reist eben ein Mann mit einer Aktentasche dorthin. Wir würden niemals mehr in der Endphase einer Ausschreibung Faxgeräte oder Telefone benutzen. Daraus können Sie Ihre Schlüsse ziehen. Wenn ich einem Vorstandsvorsitzenden vor einem Jahrzehnt erklärt habe, dass wir regelmäßig Opfer von Wirtschaftsspionage werden, dann schaute man mich mit großen, erstaunten Augen an, und ich spürte – der versteht nichts davon. Heute hat sich das zumindest ein wenig geändert. Die Presse berichtet darüber, und deshalb haben auch die Vorstände allmählich ein offenes Ohr für das, was auf diesem Gebiet passiert. Es ist Krieg – Wirtschaftskrieg. Und die Strategien, in diesem zu überleben, die muss man jedem einzelnen Mitarbeiter auf dem Gebiet der Sicherheit immer wieder einschärfen.«

Russische Wühlarbeit

Es ist keineswegs so, dass ausländische Spionageoffiziere ihre Aktivitäten in Deutschland verleugnen. Der frühere russische KGB-Offizier Oleg Kalugin jedenfalls sagte in einem Gespräch mit der Zeitung *Europe Today*: »Deutschland ist eines der wichtigsten westeuropäischen Länder und ein Mitglied des westlichen Bündnisses, an dem die Russen interessiert sind. Ich bin mit den gegenwärtigen Geheimdienstaktionen nicht so vertraut. Früher hatten wir jedoch dank der Hilfe der Stasi hervorragenden Zugang zu militärischen, geheimdienstlichen, behördlichen und politischen Kreisen in der Bundesrepublik. Sie [SWR, SWB, GRU] werden eine Gegenleistung verlangen. Ich fürchte, dass die Deutschen nie viele Spione in Moskau belassen haben. Das geht aus westdeutschen Geheimdienstdokumenten eindeutig hervor. In dieser Hinsicht können sie den Russen nicht das Wasser reichen, die zahlenmäßig immer gut bestückt waren.«

Beinahe zeitgleich mit dieser Äußerung fiel die Festnahme zweier Agenten des russischen Aufklärungsdienstes SWR. In der Tageszeitung *Die Welt* hieß es: »Die beiden Männer werden beschuldigt, (...) Informationen aus deutschen Flugzeugwerken an das DDR-Ministerium für Staatssicherheit (MfS) übermittelt zu haben. Ohne ihr Wissen sei das Material – von 1984 an – dem KGB und später SWR in Moskau zugeleitet worden.« Einer der Beschuldigten war seit 1980 bei der Dasa beschäftigt. Laut Klageschrift der Bundesanwaltschaft hatte er sich 1983 zur Mitarbeit beim MfS verpflichtet und Informationen über die Fertigung eines Verkehrsflugzeugs, an der er beteiligt war, geliefert. Der Bericht der *Welt* fährt fort: »Im Dasa-Werk Hamburg-Finkenwerder werden Schalenteile für *Airbus*-Rümpfe gefertigt, in Stade Seitenleitwerke im Kohlefaserverbund. In Bremen montiert die Dasa *Airbus*-Flügel. Fachleute aus Industriekreisen vermuten, für die Sowjetunion und später das heutige Russland müssten Elektronikkenntnisse beim *Airbus*-Bau von besonderem Interesse sein, vor allem das System ›Fly by wire‹, bei dem Computersteuerbefehle über Laserlichtleitungen gehen.«

Frühere Spitzel des MfS – heute in Diensten der CIA

Am 13. Oktober 1997 berichtete der *Spiegel* über die Enttarnung dreier ehemaliger Agenten der Hauptverwaltung Aufklärung (HVA) des MfS. Eher beiläufig wurde in dem Artikel erwähnt, dass amerikanische Geheimdienste nach der Wende Teile der Aktenbestände der HVA an sich bringen konnten: »Was im Jubel der US-Presse über den vermeintlich großen Fang untergeht, ist, dass Amerikas eigenwilliger Umgang mit den gestohlenen Akten hierzulande die Aufarbeitung der Stasi-Vergangenheit blockiert. Denn die Ermittlungsakte des FBI gegen das Agententrio scheint zu belegen, was Spezialisten der Gauck-Behörde seit Langem vermuten: Die Amerikaner besitzen größere Aktenbestände, vielleicht sogar die Datensätze des sogenannten Inlandsnetzes der HVA. Ähnlich wie die anderen Diensteinheiten des MfS unterhielt auch die Spionagetruppe ein Netz von IM in der DDR. Die Zehntausende von Spitzeln umfassende Truppe ist bis heute nicht enttarnt.« Diese Berichte nahm die Arbeitsgemeinschaft für Sicherheit in der Wirtschaft zum Anlass, um in ihrer *Sicherheitsinfo* zu warnen: »Die Wahrscheinlichkeit, dass diese Information zutrifft, ist groß. Den Nachrichtendiensten der USA eröffnet sich damit seit Jahren die operative Möglichkeit, solche Netze für sich umzufunktionieren. Die deutsche gewerbliche Wirtschaft gerät damit zwangsläufig in das Visier der amerikanischen Aufklärung. Die Möglichkeiten amerikanischer Dienste sind aus ihrem gewaltigen finanziellen Budget ablesbar.«

Fachtagungen – Einladungen für Spione

Doch für solche Informationsverluste ist die deutsche Wirtschaft an allen Ecken und Enden offen: Ein Highlight für die gegen deutsche Unternehmen gerichtete Wirtschaftsspionage sind etwa »Weiterbildungstreffen«. Was aus Sicht der Unternehmen dem Ziel dient, deutsche Wissenschaftler über den Tellerrand hinausblicken zu lassen, ist aus der Sicht der Wirtschaftsspione ein gefüllter Gabentisch. Rund 2000 Fachleute aus Wissenschaft, Wirtschaft und Behörden treffen sich etwa jährlich in Wiesbaden, um an drei Tagen unter 500 Vorträgen zu Themenbereichen aus der Chemie auswählen zu können. Eine der Hauptaufgaben solcher Tagungen besteht darin, Neuentwicklungen aufzuspüren, zu fördern und voranzutreiben. Wie praktisch ist es doch, dass die Aussteller stets Lagepläne bereithalten, auf denen man erkunden kann, wo die Themen »Forschung und Innovation, Mess-, Regel- und Prozessleittechnik, Bitechnik« oder aber »Werkstofftechnik und Materialprüfung« präsentiert werden. In den Vereinigten Staaten etwa wäre es bei ähnlichen Veranstaltungen selbstverständlich, dass in deren Planungen von vornherein staatliche Sicherheitsbehörden einbezogen würden, um ausländischen Spionen die Arbeit zu erschweren. Doch in Deutschland – Fehlanzeige.

Nun kann natürlich niemand ernsthaft empfehlen, solche Tagungseinladungen als »Verschlusssache« zu behandeln. Der Blick über die Grenzen unseres Landes lehrt allerdings, dass Vorsicht auch auf diesem Gebiet stets angebracht ist. Im Jahresbericht des amerikanischen *National Counterintelligence Center* (NACIC) an den US-Kongress über ausländische Wirtschaftsaufklärung und Industriespionage heißt es jedenfalls unter Punkt 15 unmissverständlich: »Internationale Ausstellungen, Tagungen und Seminare bieten ausländischen Beschaffern reiche Abschöpfungsmöglichkeiten. Diese Veranstaltungen bieten eine direkte Kombination von Programmen, Technologien und dem dazugehörigen Fachpersonal. Bei diesen Zusammenkünften zapfen ausländische Beschaffer US-Wissenschaftler und Geschäftsleute an, um Einblick in US-Produkte und -Leistungen zu erhalten. Aus Berichten der amerikanischen Rüstungsindustrie geht hervor, dass Beschaffungsabsichten bei diesen Veranstaltungen für gewöhnlich erwartet werden, an der Tagesordnung sind und häufig die Abschöpfung offener Quellen einschließen. Die Spionageabwehrorgane bemühen sich zunehmend darum, der Privatwirtschaft die Augen über die ausländische Aufklärungsbedrohung zu öffnen, und führen vor derartigen internationalen Symposien eine Reihe von Einweisungen zur Wahrnehmung solcher Bedrohungen durch. Als Beispiel sollen hier Vorträge zu Spionageabwehr und Sicherheitsbewusstsein vor US-Vertretern, die den Besuch oder die Unterstützung der internationalen Flugschauen in Paris und Farnborough planten, genannt sein.« Auf derartige Einweisungen durch staatliche Behörden hierzulande müssen deutsche Wissenschaftler ebenso wie Firmeninhaber leider verzichten.

»Geheimdienstliche Agententätigkeit«

Wer für den Geheimdienst einer fremden Macht eine geheimdienstliche Tätigkeit gegen die Bundesrepublik Deutschland ausübt, die auf die Mitteilung oder Lieferung von Tatsachen, Gegenständen oder Erkenntnissen gerichtet ist, oder gegenüber dem Geheimdienst einer fremden Macht oder einem seiner Mittelsmänner sich zu einer solchen Tätigkeit bereit erklärt, wird mit Freiheitsstrafe bis zu fünf Jahren oder mit Geldstrafe bestraft … In besonders schweren Fällen ist die Strafe Freiheitsstrafe von einem Jahr bis zu zehn Jahren. Ein besonders schwerer Fall liegt in der Regel vor, wenn der Täter Tatsachen, Gegenstände oder Erkenntnisse, die von einer amtlichen Stelle oder auf deren Veranlassung geheim gehalten werden, mitteilt oder liefert und wenn er eine verantwortliche Stellung missbraucht, die ihn zur Wahrung solcher Geheimnisse besonders verpflichtet, oder durch die Tat die Gefahr eines schweren Nachteils für die Bundesrepublik Deutschland herbeiführt.

Unzweifelhaft werden durch Wirtschaftsspionage in Deutschland Jahr für Jahr Zehntausende Arbeitsplätze dauerhaft vernichtet und in andere westliche Staaten verlagert. Ist das etwa kein schwerer Nachteil für die Bundesrepublik Deutschland? Im Celler Spionageprozess gegen einen ehemaligen technischen Angestellten der Dasa-Flugwerke in Stade forderte die Bundesanwaltschaft im Januar 1999 eine Freiheitsstrafe von zwei Jahren und neun Monaten. Der 47 Jahre alte Mann soll Technologie für glasfaserverstärkten Kunststoff für Flugzeug-Leitwerke an einen mitangeklagten Stasi-Mitarbeiter verraten haben, der das Material an den früheren sowjetischen Geheimdienst KGB und nach der Wende an dessen Nachfolgeorganisation weitergab. Für diesen zweiten Beschuldigten, einen 46 Jahre alten Brandenburger, beantragte die Anklagebehörde eine Strafe von einem Jahr und neun Monaten auf Bewährung. Die Verteidigung plädierte in beiden Fällen für eine Bewährungsstrafe. Wird der Verlust deutscher Arbeitsplätze, den der

Verrat von Know-how nach sich zieht, für dermaßen gering erachtet, dass man so wie in diesem die Dasa betreffenden Fall nur fast schon lächerlich wirkende und nicht etwa abschreckende Strafen beantragt?

Blauäugig und naiv

Wie vorsichtig selbst mit der Materie befasste deutsche Politiker der amerikanischen Wirtschaftsspionage in Deutschland begegnen, zeigt ein älteres Interview der Zeitschrift *Focus* vom Mai 1998 mit dem damaligen Vorsitzenden der Parlamentarischen Kontrollkommission, dem CSU-Politiker Wolfgang Zeitlmann. Zeitlmann fand staatsmännische und auf Versöhnung bedachte Worte, wo im Interesse des Schutzes deutscher Arbeitsplätze ein deutlicherer Ton angebracht wäre: »Es ist eine deutsche Hemmung, bei den Amerikanern den Finger auf die Wunde zu legen. Aber ein guter Freund muss auch das offene Wort ertragen können.« Und auf die Frage des Reporters, was die Bundesregierung denn den Amerikanern sagen solle, antwortete der bayerische Geheimdienstexperte: »Dass der Freund bei mir jederzeit willkommen ist, solange er normale Regeln der Gastfreundschaft achtet und nicht hinter meinem Rücken in meiner Speisekammer und Küche eruiert, wie viele Vorräte ich noch habe … Wenn ich draufkäme, dass die bei mir in der Speisekammer sitzen, würde ich ärgerlich werden. Das möchte ich den Amerikanern ersparen, dass wir Deutsche ärgerlich werden.« Man spürt förmlich, wie die amerikanischen Wirtschaftsspione nun vor den deutschen Drohgebärden erzittern; vor allem, wenn der unerschrockene Bayer Washington dann höflich erinnert: »Den Amerikanern sollte klar sein, dass sie Freunde innerhalb der NATO und schon längst keine Sieger und Besatzer mehr sind.« Schöne Worte, doch die Dinge werden nicht beim Namen genannt.

Vor diesem Hintergrund mutete auch die Forderung des CDU-Politikers Friedhelm Ost, Wirtschaftsspionage doch einfach international zu verbieten, geradezu rührselig an. Ost plädierte allen Ernstes für eine Selbstverpflichtung befreundeter westlicher Staaten, sich nicht gegenseitig auszuspähen. Ost wurde von der *Frankfurter Allgemeinen Sonntagszeitung* mit dem Satz zitiert: »Freunde und Partner spionieren sich nicht aus, das schafft nur Misstrauen.« Manche Kritiker nennen solche Aussagen nicht nur blauäugig, sondern auch schlicht naiv. Doch auf dieses Verhalten stößt man beim Thema Wirtschaftsspionage bei fast allen deutschen Politikern.

Big Brother: Ungeahnte technische Möglichkeiten

Das Interesse am Beutemachen mittels Wirtschaftsspionage wächst beständig. Ein inoffizieller Bericht eines Ausschusses des Europaparlaments enthüllte im Frühjahr 1998 zum ersten Mal, welche Methoden westliche Geheimdienste wie jene der Vereinigten Staaten einsetzen, um bei ihren europäischen Bündnispartnern an diese Beute heranzukommen: Abhörtechniken der Orwellschen Art. Ziel des von Präsident Bill Clinton befohlenen Lauschangriffs gegen deutsche, französische, italienische und spanische Unternehmen waren nicht nur Hochtechnologiefirmen. Auch jede Privatperson konnte in diese Abhörnetze geraten. Während in Deutschland noch über den Großen Lauschangriff auf Wohnungen suspekter Personen debattiert wurde, war der wahre Lauschangriff längst Wirklichkeit. In einem Bericht des Arbeitsausschusses für Grundfreiheiten und Innere Angelegenheiten des Europaparlaments hieß es: »Der amerikanische Geheimdienst NSA fängt in Europa systematisch alle E-Mails, Telefonate und Faxe ab.« Die so gesammelte Datenflut werde »vom europäischen Festland über strategische Sammelstellen in London und Menwith Hill per Satellit nach Fort Meade in Maryland übertragen«.

Menwith Hill? Nur die wenigsten dürften je davon gehört haben. Deshalb sollen nachfolgend die unglaublichen – und bis vor Kurzem nur gerüchteweise bekannten – Möglichkeiten dort geschildert werden. Menwith Hill? Kennen Sie nicht? Ihre Daten waren garantiert schon dort. Menwith Hill ist unter Fachleuten ein Synonym für die großen elektronischen Ohren der USA.

Und deren Fähigkeiten gehen weit über jene von Computerhackern hinaus. Wie gut aber selbst amerikanische Hacker sind, veranschaulicht ein Experiment des amerikanischen Abhördienstes *National Security Agency* (NSA): Da wurden 50 NSA-Computerexperten bei einem Planspiel eingesetzt. Sie sollten nordkoreanische Agenten simulieren, die im Krisenfall die Aufgabe hätten, die Vereinigten Staaten zwei Wochen lang zu blockieren und von einem militärischen Schlag gegen ihr Land abzuhalten. Allein die Nutzung des Internets und handelsüblicher Software bescherte den NSA-Fachleuten Resultate, die man im Weißen Haus zuvor wohl nicht für möglich gehalten hätte: Den Fachleuten gelang es, sich in die Schaltzentralen amerikanischer Elektrizitätswerke einzuhacken, und sie hätten im ganzen Land die Stromversorgung beliebig unterbrechen können. Auch knackten sie die Rechner des Pazifik-Einsatzkommandos, das im Falle eines Krieges gegen Nordkorea zuständig gewesen wäre.

Diese Hacker der NSA haben heute den Auftrag, auch in die Rechner europäischer Unternehmen einzudringen und dort alles zu kopieren, was amerikanischen Interessen auch nur von geringstem Nutzen sein könnte. Die NSA wurde 1952 unter Präsident Truman gegründet. Erst 1957 gestand man ihre Existenz ein, enthielt der Öffentlichkeit jedoch Einzelheiten ihres Wirkens weiterhin vor. Heute arbeiten in der NSA-Zentrale, die zwischen Washington D. C. und Baltimore im US-Bundesstaat Maryland liegt, die besten Mathematiker der Welt. Nirgendwo anders auf dem Globus sind mehr Mathematiker unter einem Dach beschäftigt als bei der NSA. Und nirgendwo sonst werden unter einem Dach mehr Sprachen gesprochen und ausgewertet. Die amerikanischen Wirtschaftsspione, denen die NSA technische Unterstützung leistet, haben derzeit auch Deutschland im Visier. Und es sind längst nicht nur die Konzerne mit großen Namen, die heute flächendeckend ausspioniert werden.

Die NSA ist der größte und finanziell am besten ausgestattete Nachrichtendienst der Vereinigten Staaten. Kein anderer amerikanischer Dienst ist von so vielen Geheimnissen umgeben wie die NSA. Sie hört mithilfe des satellitengestützten *Echelon*-Programms etwa die weltweite Kommunikation ab – und bislang hieß es immer, dass es viele Schwierigkeiten bei der Auswertung der abgefangenen Kommunikation gebe. Das allerdings scheint nur eine Verschleierungstaktik zu sein.

Das *United States Patent and Trademark Office* (USPTO) ist das amerikanische Patentamt. Wer ein Patent anmelden möchte, der muss den Inhalt des Patents veröffentlichen. Daran führt auch für Geheimdienste kein Weg vorbei. Will man also wissen, was amerikanische Geheimdienste in jüngster Zeit entwickelt haben, dann genügt ein regelmäßiger Besuch der Internetseiten des USPTO – und man erfährt Geheimnisse, die die Öffentlichkeit wohl erst mit großer zeitlicher Verzögerung zur Kenntnis nehmen soll.

Am 24. August 2004 hatte die NSA ein Patent beantragt, das am 29. Juli 2008 bewilligt wurde. Diesem zufolge war die NSA schon vor immerhin vier Jahren in der Lage, jedes Phon (jeden einzelnen Schall-laut) vollautomatisch aus allen Sprachen und Dialekten der Welt zu übersetzen. Das Patent trägt die Nummer 7.460.408. Nachfolgend eine Zusammenfassung in englischer Sprache (mit »phone« ist ein Schalllaut gemeint):

»Method of recognizing phones in speech of any language. Acquire phones for all languages and a set of languages. Acquire a pronunciation dictionary, a transcript of speech for the set of languages, and speech for the transcript. Receive speech containing unknown phones. If the speech's language is unknown, compare it to the phones for all languages to determine the phones. If the language is known but no phones were acquired in that language, compare the speech to the phones for all languages to determine the phones. If phones were acquired in the speech's language but no corresponding pronunciation dictionary was acquired, compare the speech to the phones for all languages to determine the phones. If a pronunciation dictionary was acquired for the phones in the speech's language but no transcript was acquired then compare the speech to the phones for all languages to determine the phones.«

Zusammengefasst bedeutet das: Man kann inzwischen jeden abge-fangenen Schalllaut einer Sprache zuordnen und übersetzen – und das vollautomatisch. Mehr als 60 Milliarden Dollar stehen den amerikani-schen Geheimdiensten im Jahr zur Verfügung. Viele ausgelagerte Ent-wicklungsabteilungen arbeiten daran, Überwachungsmethoden zu ver-feinern. Das hier dargestellte Patent der NSA ist also nur eines von vielen Tausend.

Ein Patent ist ein gewerbliches Schutzrecht auf eine Erfindung. Der Inhaber des Patents kann anderen die Nutzung seiner Erfindung un-tersagen. Die amerikanische Atomenergiebehörde hat sich vor Jahren schon ein Verfahren patentieren lassen, um Trinkwasserreservoirs eines potenziellen Gegners zu vergiften. Wie man das macht, das steht seit 2009 auch im Internet. Jeder kann das Verfahren einsehen – auch Böswillige. Das *United States Patent and Trademark Office* hat das Patent schon vor vielen Jahren erteilt. Man findet es etwa bei der *Google*-Patentsuche. Patentinhaber ist die amerikanische Atomenergiebehörde, die *Atomic Energy Commission*. In jenen Jahren gab es noch keine globale Vernetzung, es existierte noch kein Internet. Niemand konnte sich vorstellen, dass eines Tages alle Patente in Sekundenbruchteilen online um die Welt eingesehen werden könnten. Doch heute ist dies anders, die Anleitung steht im Internet – beim amerikanischen Patentamt. Das Patent trägt die Nummer 2.637.536. Die Tatsache, dass sich eine Behörde eine Methode zum Vergiften von Menschen – im vorliegenden Falle sowohl mithilfe von Radioaktivität als auch mithilfe von Botulismus-Erregern – patentieren lässt, ist ethisch-moralisch betrachtet sicherlich schon unfassbar genug. Das Ganze aber noch in Zeiten angekündigter Trinkwasservergiftung durch Terroristen im Internet zu präsentieren, das dürfte sicherlich auch die amerikanische Patentbehörde nachdenklich machen. Wir sind also gespannt, wann die US-Behörde dieses Patent offline stellen wird. Inzwischen gibt es zwei Folgepatente – aus den Jahren 1989 und 2005. Auch die dürften das Interesse von Terroristen, Militärs und Verrückten wecken. Doch beschäftigen wir uns lieber mit angenehmeren Patenten.

Forschungsschmieden der amerikanischen Geheimdienste wie DARPA haben auch Programme entwickelt, die Internetseiten aus beinahe allen Sprachen der Welt in Echtzeit in westliche Sprachen übersetzen können. Eines der Programme heißt *Autosys* und wird über das Umfeld deutscher Geheimdienste seit einem Jahr sogar zum Verkauf für privatwirtschaftlich geführte Unternehmen angeboten. Es handelt sich demnach um eine Version, die im Vergleich zu den aktuellen Versionen der amerikanischen Dienste veraltet ist. Surft man mit dem Programm *Autosys* (das auch der BND verwendet) etwa auf arabischen Websites, dann teilt sich der Bildschirm und man sieht links die Original- und rechts die übersetzte Version. Man erhält also in Echtzeit eine Übersetzung, die kein Übersetzer besser anfertigen könnte. Klickt man auf einen Link, erhält man sofort die nächste Seite im Original und auch die Übersetzung der kompletten neuen Seite. So kann man ohne geringste Sprachkenntnisse chinesische, indische, japanische oder arabische Websites verstehen. Das Programm wird nicht im Fachhandel, sondern nur über Sicherheitskreise angeboten und kostet in der Einzelplatzversion ab 30 000 Euro – für eine Sprache. Für Privatanwender ist es damit unerschwinglich. Gekauft wird es von großen Verlagen und Weltkonzernen, hört man aus der Branche.

Ein aufschlussreicher EU-Bericht

Im Frühjahr 1998 informierte der schon erwähnte Ausschuss des Europäischen Parlaments eine erstaunte Öffentlichkeit darüber, was bislang nur vermutet worden war: Amerikanische Geheimdienste hören systematisch die gesamte europäische Kommunikation ab. Der EU-Report bestätigte nicht nur erstmals die Existenz des *Echelon*-Systems, sondern vor allem auch den Einsatz des künstlichen Analysesystems MEMEX, das jegliche Kommunikation auf Schlüsselbegriffe hin durchscannt und im Bedarfsfall aufzeichnet. Dazu greift das Spionagesystem auf nationale Wörterbücher zurück, die jeweils mit länderrelevanten Informationen versehen sind. Nicht enthalten ist in dem EU-Bericht der Hinweis, dass auch viele führende amerikanische Unternehmen ihren Geheimdiensten Stichwörter liefern, auf welche die europäische Kommunikation hin durchforstet werden soll. Der EU-Bericht mit der Nummer PE 166499 wurde am 6. Januar 1998 als inoffizielles Arbeitsdokument angefertigt und soll der EU-Kommission als Diskussionsgrundlage dienen.

Der Autor der 100 Seiten umfassenden Abhandlung mit dem Titel *Beurteilung der Technologien zur politischen Kontrolle* ist Steve Wright von der *Manchester Omega Foundation*. Er gab in seiner Arbeit einen Überblick über die Entwicklungen von technischen und elektronischen Mitteln zur politischen Kontrolle, insbesondere Überwachungs- und Identifizierungstechnologien und Technologien zum Sammeln und Speichern von Daten. Zweck des umfassenden Dokuments war es, die Mitglieder des Europäischen Parlaments über die damals aktuellen und künftigen Entwicklungen in Kenntnis zu setzen und Empfehlungen zu geben, wie der Einsatz von Technologie und die Forschung politisch reguliert werden könnten. Wright verwies dabei insbesondere auch auf die bestehenden Möglichkeiten und künftigen Entwicklungen zur Überwachung der gesamten globalen Kommunikation. Als Bestandteil eines bedenklichen Trends untersuchte er eingehend das *Echelon*-System (*Echelon* bedeutet übersetzt »Staffel« oder »Stufe«), das zur globalen Überwachung jeglicher Kommunikation von Regierungen, Organisationen und Firmen dient, die über Satelliten stattfindet. In seinem Bericht heißt es:

»Die Regierungen haben Zugang zu subtileren und anderen umfangreicheren Möglichkeiten, in die Privatsphäre einzudringen, erhalten. Entdeckungen und Erfindungen haben es der Regierung durch weit effektivere Mittel, als jemanden auf die Folter zu spannen, erlaubt, das im Gericht zu enthüllen, was auf der Toilette geflüstert wurde. Dies sagte der US-Anwalt des Obersten Gerichtshofes, Louis Bradeis, im Jahre 1928. Darauf folgende Entwicklungen gehen sehr viel weiter, als Bradeis es sich jemals vorgestellt hätte … In den 1980er-Jahren tauchten neue Formen elektronischer Überwachung auf. Viele sollten das Abhören der Kommunikationswege automatisieren lassen. Dieser Trend wurde in den neunziger Jahren in den USA am Ende des Kalten Krieges durch schneller erfolgende Regierungsgelder verstärkt, wobei die Verteidigungs- und Geheimdienstbehörden auf neue Aufgaben ausgerichtet wurden …«

Inzwischen ist ein großes Spektrum an Überwachungstechnologie entstanden. Dazu gehören Nachtsichtgeräte, Parabolmikrofone, um Gespräche, die in einer Entfernung von bis zu einem Kilometer geführt werden, zu verstehen; Laserversionen können jedes Gespräch an einem geschlossenen Fenster in Sichtweite erfassen; die dänische Jai-Stroboskopkamera, die in wenigen Sekunden Hunderte von Bildern machen und jeden Teilnehmer einer Demonstration oder eines Marsches gesondert fotografieren kann; und das automatische Fahrzeug-Erkennungssystem, das ein Nummernschild erkennen und dann dieses Auto über ein computergesteuertes geografisches Informationssystem in der Stadt verfolgen kann. Die visuelle Überwachung hat sich in den letzten Jahren dramatisch verbessert. In den letzten Jahren war der weitverbreitete Gebrauch des illegalen und legalen Abhörens von Gesprächen und das Einbauen von Wanzen ein Problem in vielen europäischen Staaten, wie zum Beispiel Italien, Frankreich, Schweden, Belgien, Deutschland, Norwegen, den Niederlanden und England. Die Qualität und die Quantität einiger derartiger illegaler Aktivitäten war überraschend. Das Einsetzen von illegalen Wanzen ist jedoch bereits eine Technologie von gestern. Moderne Schnüffler können speziell adaptierte Laptops kaufen und sich so einfach in alle Mobiltelefone der Gegend, durch eine Cursorbewegung auf ihre Nummer, einschalten. Die Maschine kann sogar nach bestimmten Nummern suchen, um zu sehen, ob sie aktiv sind. Diese Wanzen und Aufzeichnungen werden jedoch angesichts der national und international betriebenen Überwachungsnetze bedeutungslos. Moderne Kommunikationssysteme sind im Gegensatz zu den fortgeschrittenen Abhörgeräten, die zum Mithören genutzt werden können, nahezu transparent.

In Europa werden alle E-Mails, Telefon- und Faxverbindungen routinemäßig vom Geheimdienst der USA abgehört. Alle Zielinformationen werden von Europa über das strategische Zentrum in London und weiter über Satelliten nach Fort Meade in Maryland über das wichtige Zentrum in Menwith Hill in den North York Moors in England weitergeleitet. Das System wurde das erste Mal in den 1970er-Jahren von einer Forschungsgruppe in England enttarnt.

Nach Erkenntnissen der EU können nicht nur weltweit alle Telefongespräche abgehört werden, sondern auch Mobiltelefone, ISDN-Firmen- und Privatanlagen sowie des Weiteren herkömmliche Telefone mit einer Gabel jederzeit zum Abhören freigeschaltet werden. Das sollte deutschen Unternehmern zu denken geben. Glaubte man sich bislang sicher, wenn der Telefonhörer auf der Gabel lag, so dürfte jetzt klar sein, dass die Möglichkeiten wesentlich weiter reichen, als wir alle es geahnt haben.

In einer Schweizer Veröffentlichung mit dem Titel *Sensibilisierung zum Thema Industriespionage* heißt es hinsichtlich der modernen Schnüffelmethoden: »Aufgrund ihrer einfachen Wirkungsweise sind Lauschangriffe auf das Telefonnetz und einzelne Gesprächsinhalte sehr leicht möglich. Bei der analogen Technik ist in erster Linie die Hardware (Leitungen und Telefonapparate) das Ziel von Angriffen. Bei digitalen Systemen ist insbesondere die mögliche Manipulation der Software, die der Steuerung der digitalen Anlagen und der Leistungsmerkmale der als ›Voice Terminals‹ bezeichneten Endapparate dient, zu berücksichtigen. Moderne digitale Telekommunikationsanlagen verfügen über mehrere Hundert Leistungsmerkmale, um bei einer weltweiten Vermarktung die Erfordernisse in den einzelnen Staaten erfüllen zu können ... [So] ist es beispielsweise möglich, sogenannte integrierte Wechselsprechanlagen (direktes Ansprechen) zu aktivieren und von jedem (internen oder externen) ISDN-Anschluss jeden Raum abzuhören, in dem ein entsprechend ausgerüsteter Apparat steht. So kann durch Manipulation der Anlagenkonfiguration prinzipiell jegliche Kommunikation (Telefon-, Raumgespräche, Fax, Datenübertragungen) abgehört werden.«

Echelon – Horchposten zum Ausspähen der Wirtschaft

Der britische *Labour*-Europa-Abgeordnete Glyn Ford aus Manchester befürchtet, dass die beschriebenen elektronischen Lauschsysteme der Vereinigten Staaten in Europa zusammen mit den technischen Vorrichtungen der vertriebenen Hardware (Telefone, Faxe, Anrufbeantworter) die demokratischen Rechte der Staatsbürger allmählich untergraben: »Es gibt Zeiten, in denen die Technologie die Demokratie unterstützt, und Zeiten, in denen sie die Zentralisierung der Macht fördert. Gegenwärtig befinden wir uns in einer Zeit der Zentralisierung.« Simon Davies, ein Mitarbeiter der *London School of Economics*, geht weiter. Er bezichtigt Großbritannien, mit den Stützpunkten, die London den Amerikanern für das Ausspähen zur Verfügung stellt, dem Inhalt des Maastricht-Vertrags zuwidergehandelt zu haben. Ausspioniert wurden mithilfe des *Echelon*-Sytems in der Vergangenheit nicht nur deutsche, spanische, französische, belgische und italienische Unternehmen, sondern auch Briten wie Robert Maxwell. Ausspioniert wurden außerdem amerikanische Abgeordnete. Seit dem Watergate-Skandal haben alle amerikanischen Präsidenten das weltweite Abhörsystem auch dazu genutzt, um missliebige Politiker überwachen zu lassen. Beispielsweise berichtete eine ehemalige Angestellte der NSA, die in Menwith Hill ihren Dienst versah, in einem Gespräch mit der Zeitung *Cleveland Plain Dealer*, der aus dem Bundesstaat South Carolina stammende Senator Strom Thurmond sei »in Echtzeit« abgehört worden. Die NSA-Angestellte – sie arbeitete gleichzeitig für *Lockheed* – hieß Margaret Newsham und musste sich nach der Enthüllung, die später bestätigt wurde, ein neues Betätigungsfeld suchen. Und ein früherer Kongressabgeordneter aus dem Bundesstaat Maryland, Michael Barnes, behauptete gegenüber der Zeitung *Baltimore Sun*, unter der Reagan-Administration seien seine gesamten Telefonate aufgezeichnet worden. Als Beweis legte er Mitschnitte seiner Gespräche vor, die ihm Journalisten zugespielt hatten. Barnes hatte mehrfach mit Mitgliedern der nicaraguanischen Regierung telefoniert. Allein das genügte, um in die Abhörnetze zu gelangen.

Die Zeitschrift *Risks Forum* berichtet: »Amerikanische CIA-Agenten haben Computersysteme des Europäischen Parlaments und der EU-Kommission geknackt, um wirtschaftliche und politische Geheimnisse zu stehlen. Das Netzwerk des Europäischen Parlaments verbindet mehr als 5000 Rechner und enthält medizinische, finanzielle und offizielle Regierungsdokumente. Die EU-Kommission will nun Maßnahmen zur Verhinderung derartiger Spionageaktivitäten ergreifen. Sicherheitsleute bestätigen, dass amerikanische Agenten in verschiedene Systeme der EU eingedrungen sind. (...) Die CIA wurde bereits von den Japanern und den Franzosen beschuldigt, mithilfe von Hackern Wirtschaftsspionage zu betreiben.«

Doch derlei Enthüllungen betreffen nicht nur die Vereinigten Staaten. Auch London, wohin die USA traditionell engere Verbindungen als zu den restlichen europäischen Staaten unterhalten, profitiert von dieser Schnüffelarbeit.

Der wichtigste Baustein in dieser zentralisierten weltweiten Überwachung, die auch der Wirtschafts- und Industriespionage dient, ist das erwähnte UKUSA-*Echelon*-System. In ihm sind die besten Soft- und Hardwarekomponenten der Welt vereinigt; Produkte, von denen man oftmals annehmen würde, dass sie eher in Science-Fiction-Filmen als in der Realität eingesetzt werden. Für das *Echelon*-System ist nichts tabu: Ein spezielles Spracherkennungssystem fängt weltweit alle mündlichen Äußerungen ab, sobald ein bestimmtes Stichwort auftaucht. Dabei ist es gleichgültig, in welcher Sprache oder in welchem Dialekt eine Äußerung fällt. Davon lässt sich die neue Software nicht mehr irritieren.

Von Anfang an waren das Ziel des *Echelon*-Systems nicht vorrangig Militärs. Vielmehr sollten Regierungen, Verbände, Gewerkschaften, Wirtschaftsführer und ihre Unternehmen, Organisationen und Zivilisten belauscht werden. Heute wird mit diesem System untereinander verbundener Abhöreinrichtungen ein Großteil der weltweiten Kommunikation automatisch abgehört, mitgeschnitten und ausgewertet. Modernste Software ermöglicht eine Auswertung fast schon in Echtzeit: Wenige Sekunden nach einem Telefongespräch oder einer Datenübertragung liegen die vom Computersystem mithilfe der Wortdatenbank aufgefangenen Gespräche bereits zur Auswertung auf dem Tisch der *National Security Agency* (NSA) in Maryland. Computer, die mittels Wortdatenbanken den Telefonverkehr auf bestimmte Stichworte hin abhören, gibt es schon seit den 1960er-Jahren. So weiß man heute, dass zum Zeitpunkt der Ermordung John F. Kennedys vom FBI in den Vereinigten Staaten täglich rund 1000 Telefongespräche automatisch aufgezeichnet wurden, in denen das Wort Kennedy vorkam. Kaum ein Bündnispartner der Vereinigten Staaten hat sich in der Vergangenheit über diese Art des schonungslosen Schnüffelns beschwert. Bonner Regierungsvertreter schweigen dazu ebenso wie deutsche Wirtschaftsführer, die im weltweiten Wirtschaftskrieg immer öfter das Nachsehen haben.

Im Gegensatz zu Deutschland hat das Bekanntwerden des *Echelon*-Spionagenetzwerks in Frankreich immer wieder für Schlagzeilen gesorgt. Dort spricht man offen von einem Wirtschaftskrieg, den die Vereinigten Staaten auch gegen ihre Verbündeten führen. In der linksliberalen französischen Zeitung *Liberation* hieß es dazu: »Der übersteigerte Größenwahn des weltumspannenden Abhörsystems *Echelon* stellt zweifellos einen noch nie von irgendeiner Macht erklommenen Gipfel dar. Im Bereich der Spionage entspricht es einem Atomwaffenarsenal.«

In Deutschland schwelgten derweilen die zuständigen Politiker weitestgehend in Unwissenheit.

Die Profiteure: *Lockheed, Boeing* und *Raytheon*

Doch wem stellt die NSA die mithilfe des *Echelon*-Systems gewonnenen Erkenntnisse zur Verfügung? Die Antwort darauf liefert eine Studie mit dem Titel *ECHELON: America's secret global surveillance network*, die von der amerikanischen *Free Congress Research and Education Foundation* in Washington erarbeitet wurde. In ihr heißt es: »Im Handelsministerium wurde ein Büro, das *Office of Intelligence Liaison*, eingerichtet, das abgefangene Nachrichten an die großen amerikanischen Konzerne weitergeben soll. In vielen Fällen sind die Empfänger dieser Art der Wirtschaftsspionage ebenjene Unternehmen, die der NSA schon bei der Entwicklung des *Echelon*-Systems geholfen haben. Diese Beziehung ist derart eng, dass die so erlangten Geheiminformationen in manchen Fällen auch dazu genutzt worden sind, um amerikanische Mitbewerber aus dem Geschäft zu drängen. Die großen amerikanischen Konzerne, die beste Beziehungen zu der Rüstungsindustrie und den Geheimdiensten unterhalten, machen dann das Rennen. Es sind jene Unternehmen, die auch bei den Parteispenden für beide amerikanische Parteien die vorderen Plätze einnehmen.«

Neben jenem *Office of Intelligence Liaison* dient auch das 1993 geschaffene *National Economic Council* vorrangig dem Ziel, Daten ausländischer Konkurrenten an die führenden amerikanischen Wirtschaftsunternehmen weiterzuleiten. Die *Free Congress Research and Education Foundation* behauptet, *Lockheed, Boeing, Loral,* TRW und *Raytheon* seien die Hauptnutznießer der wirtschaftlichen *Echelon*-Ausspähung ausländischer Konkurrenten und zugleich die Hauptvertragspartner der NSA bei der technischen Neuausrüstung der Superbehörde. Die Bevorzugung dieser Konzerne auf dem Gebiet der Wirtschaftsspionage durch die NSA sei ein »gewaltiger Missbrauch von Steuergeldern und den Möglichkeiten der Geheimdienste«.

In Frankreich ist man sich in Industriekreisen sicher, dass mithilfe des *Echelon*-Systems amerikanischen Unternehmen Wettbewerbsvorteile verschafft werden. So glaubte man vor Jahren in Paris, einen Auftrag im Wert von immerhin 30 Milliarden Francs über die Lieferung von Rüstungsgütern und *Airbus*-Flugzeugen an Saudi-Arabien schon sicher zu haben, und mochte es kaum glauben, als dann der amerikanische Konzern *McDonnell-Douglas* das Geschäft machte. Als der frühere französische Premierminister Balladur nach Riad reiste, war der Vertrag unterschriftsreif. Im Triumph wollte Balladur nach Paris zurückkehren. Doch in letzter Minute entschied sich König Fahd für Washington als Vertragspartner, und die Franzosen hatten das Nachsehen. Die Zeitung *San Francisco Chronicle* berichtete dann über die Hintergründe des saudischen Stimmungswechsels: »Washington hatte sein gewaltiges Netzwerk der Geheimdienste eingespannt – inklusive der CIA-Agenten und nach Angaben einer weiteren Quelle auch des internationalen Aufklärungssystems der *National Security Agency* –, um den französischen Konkurrenten und seine großzügigen Finanzierungsofferten aus dem Geschäft zu drängen.« Während andere amerikanische Zeitungen vorwiegend darüber berichteten, wie sich der amerikanische Präsident Clinton persönlich in einem Telefongespräch mit dem saudischen König Fahd für den Großauftrag einsetzte, bestätigte der *San Francisco Chronicle*, was französische und deutsche Luftfahrtmanager schon immer geahnt hatten: Die Amerikaner verfolgten jedes Stadium der Vertragsverhandlungen mit den Franzosen mithilfe des *Echelon*-Systems und versetzten so amerikanische Unternehmen in die Lage, zum Schluss ein noch besseres Angebot abzugeben. Wichtige Vertragsgespräche werden seither zumindest vom *Airbus*-Konsortium, aber auch in weiten Teilen der französischen Großindustrie nicht mehr per Telefon, Fax oder E-Mail geführt. Stattdessen ist man dazu übergegangen, jedes Stadium von Verhandlungen mit einem persönlichen Ansprechpartner direkt zu erörtern.

Auch Laien können Faxe abfangen

Heute sind selbst Laien – die entsprechende Ausrüstung vorausgesetzt – in der Lage, Faxverbindungen anzuzapfen. Bei drahtgebundenen Mitteilungen ist das einfacher als bei via Satellit übertragenen. In die Leitung muss dann nur ein sogenannter »Spy Fax Switcher« zwischengeschaltet werden, der in jedem Fall unentdeckt bleibt, weil er das ausgehende Fax zum Empfänger nicht unterbricht, sondern die Informationen insgesamt in einem Block aufzeichnet. Auf der

Empfängerseite gibt es daher auch keine (möglicherweise auffällige) Verzögerung. Doch im drahtlosen Faxverkehr – und der dürfte mittlerweile den weitaus größten Teil der Geschäftsfaxe betreffen – ist dieses System nicht anwendbar. In den Vereinigten Staaten werden heute aber schon auf dem zivilen Markt Geräte angeboten, mit denen Laien auch den drahtlosen Faxverkehr mitlesen können. Im Handel werden sie als »Testgeräte für den Service von Faxverbindungen oder Autotelefonen« (Fax-Interceptor) geführt.

Der niederländische Satellitenfachmann Christian Mass hat in seinem Buch *Satellitensignale anzapfen und auswerten – Satellitenspionage für Einsteiger* das Abfangen von Faxen Schritt für Schritt beschrieben und kommt zu dem Ergebnis: »Der ganze Spaß kostet je nach Ausführung zwischen 1895 und 4950 US-Dollar. Viel für den Privatmann, doch Peanuts für Industriespione und kleinere Länder, vor allen Dingen leicht erwerbbar durch Länder, an die solche Geräte nicht geliefert werden dürfen. Die durch uns genutzte Testversion war nahezu voll funktionsfähig ... Na gut, nun hat ein Land ein solches Gerät und würde gerne teilweise den Faxverkehr des bösen Nachbarn kontrollieren. Einfach mal auf *Intelsat 605* zu gehen, hat die Erfolgschancen eines Lottospiels. Kenner der Szene wissen jedoch, dass beispielsweise die Kommunikation zwischen den USA, Europa und Afrika in Bündeln erfolgt, die schnell aufzuspüren sind. Auch den richtigen Satelliten zu finden, dürfte mithilfe der Satelliten-Handbücher (*Earth Station Service Capabilities* bei *Intelsat*) kein Problem mehr sein. Spätestens hier ist dann auch *FaxProbe* kein Kinderspielzeug mehr. An einem einzigen Wochenende – ohne festen Suchplan – gelang es uns, etwa 70 Faxe zu dekodieren. Neun davon waren wirklich vertraulicher Natur.«

Die (Un-)Sicherheit von Verschlüsselungsprogrammen

Nun glauben findige Zeitgenossen, mit sogenannten Verschlüsselungstechniken ihre Daten vor jeglichem fremden Zugriff sichern und so etwa auch den Schnüfflern der großen Geheimdienste dieser Welt ein

Schnippchen schlagen zu können. Wohl kaum ein Gebiet der Mathematik ist von einem ähnlich mystischen Mantel umgeben wie die Lehre von der Verschlüsselung, der Kryptologie. Früher konnten sich nur finanzstarke Institutionen die wirksame Verschlüsselung von Daten und Nachrichten leisten: Regierungen, Wirtschaftskonzerne und auch Banken. Doch mit dem Preisverfall auf dem Computermarkt und ständig neuen Software-Entwicklungen ist es auch dem »Durchschnittsbürger« und kleineren Firmen möglich geworden, »per Mausklick« beliebige Daten zu verschlüsseln. Verschlüsselungstechniken finden sich heute von EC- und Kreditkarten über PC-Banking, Firmentelekommunikation bis hin zu Kaufverträgen im Internet. Doch sind Verschlüsselungstechniken wirklich sicher? Die aus Schülertagen geläufige Buchstaben- oder Zahlentauscherei ist jedenfalls leicht zu knacken und taugt deshalb nicht, um Nachrichten längere Zeit vor neugierigen Augen zu schützen. Wirtschaftsunternehmen wie Privatleute wähnen sich auf der sicheren Seite, wenn sie die neuesten Kryptografieprogramme einsetzen. Doch die Sicherheit ist nur unter bestimmten Voraussetzungen gewährleistet, die beinahe nie beachtet werden.

Ein von RSA, einem amerikanischen Hersteller von Verschlüsselungs-Software, ausgeschriebener Wettbewerb hatte vor wenigen Jahren das Ziel, die von der amerikanischen Regierung als ausreichend sicher bezeichneten Codes zu knacken. Der Wettbewerb ging in die zweite Runde. Nachdem der 40-Bit-Code mithilfe von 1200 Rechnern innerhalb von vier Stunden geknackt worden war, dauerte das Knacken eines 48-Bit-Schlüssels immerhin 13 Tage. Doch selbst eine 56-Bit-Verschlüsselung, die man in den Vereinigten Staaten lange für absolut sicher erachtete, ist auf den zweiten Blick gar nicht mehr so sicher. Nach einer Umfrage der Zeitschrift *Computerworld USA* unter Verschlüsselungsfachleuten würde ein privater Hacker mit einem Budget von umgerechnet 400 Dollar theoretisch 38 Jahre benötigen, um einen solchen Code zu knacken. Einem Unternehmen, das 225 000 Euro einsetzen würde, gelänge dies schon in drei Stunden. Und Geheimdiensten mit einer Ausrüstung im Wert von 225 Millionen Euro genügten ganze zwölf Sekunden. Es ist müßig zu erwähnen, dass diese Summen weder für amerikanische noch für französische oder britische Geheimdienste der Rede wert sind. Sie sind es schließlich, die in

Deutschland Wirtschaftsspionage betreiben und jede Möglichkeit nutzen, um unbemerkt Know-how abzuziehen und zum Vorteil der heimischen Wirtschaft einzusetzen.

Sowohl amerikanische als auch französische Präsidenten haben ihre Geheimdienste dazu ermuntert, die Computerspionage für ihre Ziele einzusetzen.

Wer sich in Anbetracht vermeintlich »sicherer« Verschlüsselungstechniken in Sicherheit wiegt, irrt. Das musste vor einigen Jahren auch jener österreichische Briefbombenbastler erfahren, der im Januar 1999 verurteilt wurde. Er hatte im Oktober 1996 in einer teils chiffrierten, teils offenen Botschaft an eine österreichische Nachrichtenagentur geprahlt: »Der Entschlüsselungsaufwand wurde von unserem Fachmann so bemessen, dass die eingedrungenen Ausbeuter und Völkermörder ohne Hilfe der NSA nicht mehr zeitgerecht vor den Herbstwahlen an die codierte Wahlkampfmunition herankommen.« Doch mit diesem Hinweis auf die Komplexität der chiffrierten Botschaft überschätzte sich der rechtsextreme Attentäter der selbst ernannten »Bajuwarischen Befreiungsarmee«. Der damalige österreichische Innenminister Caspar konnte wenige Stunden später bei einer Pressekonferenz schon mitteilen, dass der Code geknackt worden sei. Das Kernstück des Codes, eine aus der Multiplikation zweier Primzahlen gewonnene Zahl von 243 Stellen, verriet, dass der Briefschreiber über erhebliche mathematische Kenntnisse verfügen musste. Selbst der schnellste Computer der Welt hätte damals zum Entschlüsseln unter »normalen« Umständen mehrere Tausend Jahre benötigt. Trotzdem gelang es der NSA, die in diesem Fall mit den Österreichern zusammenarbeitete, das Manifest binnen Stunden in Reinschrift zu übertragen. Das Ergebnis brachte die Ermittler auf die Spur des Täters. Die verschlüsselte Nachricht enthielt nicht die angekündigte Wahlkampfmunition, sondern aus historischer Sicht längst bekannte Fakten über Illyrer, die bereits vor den Römern und Germanen im Gebiet des heutigen Österreich heimisch waren, sowie Beschimpfungen von Politikern und Journalisten. Sie wurden vom Innenministerium vor weiteren Anschlägen gewarnt.

Konzertierte Aktionen – manipulierte Geräte

In den 1970er-Jahren gab es konzertierte Aktionen westlicher Geheimdienste, um jene Unternehmen gezielt aufzukaufen, die neue Verschlüsselungsverfahren entwickelten. So wollte man Einfluss auf die Kryptografie gewinnen und für den Notfall sicher sein, jederzeit über den Schlüssel zu verfügen. Geheimdienstfachmann Erich Schmidt-Eenboom rückt in seinem Buch *Die schmutzigen Geschäfte der Wirtschaftsspione* auch den BND in die Nähe jener, die gern Hintertürchen in Verschlüsselungsgeräte einbauen. Er schreibt: »Hartnäckig hält sich das Gerücht, dass dies manchmal bereits geschieht – illegalerweise, versteht sich. Dabei bedient man sich bevorzugt Tarnfirmen wie etwa der Crypto AG im schweizerischen Steinhausen am Zuger See.« Ein ehemaliger Crypto-Finanzmanager bestätigte gegenüber dem Nachrichtenmagazin *Focus*: »Besitzer der Firma ist die Bundesrepublik.« Schmidt-Eenboom legt nach: »Die Crypto AG rüstet seit über 40 Jahren Armeen, Polizei und Geheimdienste in rund 120 Ländern mit Verschlüsselungsgeräten aus.« Auch der ehemalige Verkaufsingenieur der Crypto AG, Hans Bühler, hatte das behauptet und wurde deshalb von seinem einstigen Brötchengeber angezeigt.

Andreas Förster berichtet in seinem Buch *Maulwürfe in Nadelstreifen* über merkwürdige Zusammenhänge zwischen Geheimdiensten und der Crypto AG. Dort heißt es, schon Mitte der 1950er-Jahre habe die amerikanische NSA das Unternehmen für eine Zusammenarbeit zu gewinnen gesucht. Seit Mitte der 1970er-Jahre sei mit Norma Mackabee »eine ausgewiesene Chiffrierexpertin der NSA« als Beraterin für die Crypto AG tätig gewesen. Förster: »Dass die Chiffriergeräte manipuliert und die Programme mit ›Fenstern‹ ausgestattet wurden, damit die NSA die noch unchiffrierte Meldung abfangen konnte, wird von der Crypto-Geschäftsleitung jedoch heftig bestritten. Bei den Mitarbeitern der Firma war es dagegen immer ein offenes Geheimnis, dass die Algorithmen, nach denen die Chiffrierprogramme eingestellt wurden, aus den USA vorgegeben wurden. Aber auch von den Deutschen, die von Zeit zu Zeit die Firma besuchten.« Seit 1979 sei der schwedische Mathematiker Kjell Ove Widman als Leiter der Programmierabteilung bei der Crypto AG tätig gewesen. Er habe »absolute

Autorität« über die Verschlüsselungsprogramme gehabt. Widman sei oft nach Deutschland gereist und mit »neuen Instruktionen« für seine Geräte zurückgekehrt. Förster fährt fort: »Auffällig aber ist, dass hinter der obskuren liechtensteinischen Stiftung, der die Crypto seit einiger Zeit angehört, die deutsche Bundesvermögensverwaltung steckt, eine beliebte Tarnlegende des BND. Schon in den Jahren zuvor waren große Teile der Crypto-Aktien in deutschem Besitz.« Die Crypto AG dementiert jedoch weiterhin jegliche Einflussnahme durch Geheimdienste auf ihre Aktivitäten. Können sich ihre Kunden aus dem Wirtschaftsbereich, die einen Großteil des Crypto-Geschäfts ausmachen, auf diese Angaben verlassen?

Der ehemalige DDR-Spionagechef Markus Wolf deutete in seinem Buch *Spionagechef im geheimen Krieg* jedenfalls auf Seite 481 merkwürdige Verbindungen zwischen dem BND und jenen Firmen an, die Verschlüsselungssoftware anbieten. Über den BND heißt es dort: »Er zeigte auch wenig Skrupel dabei, seine Beziehungen zu den Nachrichtendiensten verbündeter Länder zu nutzen, um deren Interna mittels jener Chiffriertechnik auszuforschen, die er ihnen selbst geliefert hatte. Überhaupt ist es kaum zu fassen, mit welchem Aufwand die NATO-Verbündeten sich untereinander überwacht und bespitzelt haben.«

Der amerikanische Journalist Wayne Madson bezeichnete die Crypto AG als »Hure der NSA«. Er ließ die Leser der *Baltimore Sun* wissen, der NSA könne gemeinsam mit der Crypto AG einer der größten Geheimdienstcoups der Geschichte gelungen sein. Die Geräte der Crypto AG seien »manipuliert worden, sodass, wenn sie benutzt wurden, der willkürlich gewählte Verschlüsselungscode automatisch und unbemerkt mit der zu entziffernden Nachricht übermittelt wurde. Die Fachleute der NSA konnten das Nachrichtenaufkommen genauso leicht lesen wie die Morgenzeitung.«

Die Kunden der Crypto AG seien nicht nur die iranische Regierung, Saddam Hussein und der Papst, sondern außerdem insgesamt 120 Staaten gewesen. Ein Mitarbeiter – Jürgen Spörndli –, der bis 1994 für die Crypto AG tätig war, berichtete: »Das neue Ziel war es, dem großen Bruder USA dabei zu helfen, diesen Staaten über die Schulter zu schauen … Ich glaube aber nicht, dass man auf diese Art Geschäfte machen sollte.« Rüdi Hug, ein anderer Mitarbeiter, sagte:

»Ich fühle mich betrogen. Sie haben uns immer gesagt, wir seien die Besten. Unsere Codes seien nicht knackbar, blah, blah, blah ... Die Schweiz sei ja ein neutrales Land.«

Das aber stimmt offenbar nicht. Denn 1995 veröffentlichte die britische Regierung durch das *Public Records Office*s ein Geheimdokument aus dem Jahre 1956, das Aufschluss über die geheime Zusammenarbeit zwischen den Eidgenossen und der NATO gibt. Das vom 10. Februar 1956 stammende Papier mit der Referenznummer »prem 11/1224« wurde vom berühmten Weltkriegsveteranen Feldmarschall Bernard Montgomery verfasst. In ihm ist ein Abkommen festgehalten, in dem es heißt, in Friedenszeiten sei die Schweiz neutral, in Kriegszeiten aber stehe sie auf der Seite der NATO.

Nach Angaben des Journalisten Wayne Madson soll ein ehemaliger Siemens-Direktor die Crypto AG auch als »geheime Tochter von Siemens« bezeichnet haben. Wayne Madson behauptet, Siemens habe früher technische Beihilfe zur Manipulation der von der Crypto AG hergestellten Geräte geliefert. Auch ein weiteres Schweizer Unternehmen, die Gretag Data Systems AG, sei bedrängt worden, eine Software zu installieren, die trojanische Pferde beinhalten könne. Und die Schweizer Info Guard AG gerät bei Wayne Madson ebenfalls in den Verdacht, mit der NSA zusammenzuarbeiten. Außerdem sei das amerikanische Unternehmen *Motorola* darin verwickelt.

Welche Folgen der Einsatz der manipulierten Geräte haben kann, zeigte nicht nur der Falklandkrieg. Weil Argentinien Verschlüsselungsmaschinen der Crypto AG eingesetzt habe, sei es den Briten möglich gewesen, alle Nachrichten im Klartext mitzulesen. Und auch das irische Außenministerium in Dublin, das für mehr als eine Million Pfund Geräte bei der Crypto AG gekauft haben soll, hätte seine Nachrichten gleich im Klartext senden können, da das GCHQ doch sämtliche Mitteilungen mitzulesen vermochte. Heute hat es den Anschein, dass alle Finanztransfers von und zu Schweizer Banken ebenso (im Klartext) von der NSA beobachtet werden wie die Kommunikation der meisten ausländischen Botschaften mit ihren Regierungen. Pakistan etwa soll amerikanische Militärhilfe nur unter der Bedingung erhalten haben, dass es Verschlüsselungsgeräte ausschließlich bei der Crypto AG erwerbe, berichtet Wayne Madson. Der Autor schließt seinen Bericht mit den Worten: »Über 50 Jahre abgefangene Nachrichten haben den Vereinigten Staaten und ihren Mitverschwörern Handels-, diplomatische, wirtschaftliche und strategische Vorteile beschert. Mit dem Abfangen von Verhandlungspositionen ausländischer Regierungen haben sie internationale Verträge und Verhandlungen ganz in ihrem Sinne beeinflussen können. Sie werden so etwa den genauen Gesundheitszustand des saudischen Königs kennen, die geheimen Finanztransaktionen des Präsidenten von Peru, die Verhandlungsposition der südafrikanischen Handelsdelegation bei den WTO-Gesprächen und die Anti-Abtreibungsstrategie des Papstes bei den Vereinten Nationen. Solche Informationen, die dem Präsidenten und dem Außenminister in den täglichen Geheimdienst-Lagebesprechungen mitgeteilt werden, sind extrem nützlich, gestatten sie es den Vereinigten Staaten doch, hochgradig diplomatisch zu pokern und dabei hinter dem Rücken eines jeden Mitspielers einen Spielzug zu platzieren.«

Wayne Madson ist nicht der Einzige gewesen, der sich näher mit der Crypto AG befasste. Auch der *Spiegel* berichtete über das merkwürdige Unternehmen. Dort heißt es: »… schien traditionell dem deutschen Dienst … viel am Wohlergehen der Schweizer Firma zu liegen. So beriet eine geheime BND-Diskussionsrunde im Oktober 1970, ›wie die Schweizer Firma Grättner enger an die Crypto AG herangeführt bzw. fusioniert werden kann‹. Außerdem überlegte der Dienst, wie ›die schwedische Firma *Ericsson* möglicherweise über Siemens zur Aufgabe ihres Chiffriergeschäfts gebracht werden kann‹.« In heikleren Fällen hätten die Spezialisten tief in die kryptologische Trickkiste gegriffen: Die so präparierten Maschinen hätten dem verschlüsselten Text »Hilfsinformationem beigefügt, mit denen all jene, die Bescheid wussten, den ursprünglichen Schlüssel rekonstruieren konnten. Das Ergebnis war stets dasselbe: Was für den gutgläubigen Benutzer der Crypto-Maschinen wie ein undurchdringlicher Geheimcode aussah, war für den eingeweihten Lauscher mit kaum mehr als einer Fingerübung wieder lesbar zu machen.« Ein ehemaliger Angestellter der Crypto AG berichtete zudem: »In der Branche weiß doch jeder, wie das läuft. Natürlich schützen solche Geräte davor, dass unbefugte Dritte mithören, wie es im Prospekt steht. Die interessante Frage ist aber doch: Wer ist der befugte Vierte?«

Spione in Hard- und Software

Heute werden Verschlüsselungsverfahren auch von Studenten, Wissenschaftlern und Hackern entwickelt. Daher musste die Geheimdienstwelt neue Methoden ersinnen, mit denen die codierten Nachrichten möglichst kostengünstig und schnell entschlüsselt werden konnten. Einen besonders auffälligen Weg wählten dabei die Vereinigten Staaten. Weil es internationale Normierungsgremien (ISO) gibt, in denen über die Standardisierung von Übertragungsprotokollen gesprochen wird, war gerade der Ansatz der Amerikaner (und der NSA) denkbar einfach, diese so zu gestalten, dass eine Entzifferung verschlüsselter Nachrichten möglich bleibt: Er zielt auf das sogenannte Schlüsselmanagement im Übertragungsprotokoll. Wenn A eine verschlüsselte Nachricht an B sendet, dann benötigt B auch den Schlüssel, um die Mitteilung lesen zu können. In internationalen Ausschüssen wurde der Forderung der Vereinigten Staaten nach von ihnen vorgeschlagenen Übertragungsprotokollen nachgegeben. Heute weiß man in Fachkreisen, dass dies ein Fehler war. Denn genau hier greift die NSA an und liest den Schlüssel mit.

Vor einigen Jahren veröffentlichte der angesehene amerikanische Kryptografie-Fachmann Bruce Schneider auf seiner Internetseite *http://www.counterpane.com* im Nachrichtenbulletin *Crypto-Gram* einen Bericht, der Aufsehen erregte: Die NSA, hieß es da, suche derzeit viele Software-Unternehmen, die Verschlüsselungstechniken anbieten, auf und ersuche diese, ihre Codes zu verändern, damit man eine Hintertür habe. Unter den Firmen begrüße man sich mit der Frage: »Hatten Sie auch schon ein Treffen mit Lew Giles?« Das sei die indirekte Frage, ob die NSA bereits vorstellig geworden sei und darum gebeten habe, den Code zu verändern. NSA-Mitarbeiter Lew Giles soll den Firmen dafür Vorteile angeboten haben: Wer mit der NSA zusammenarbeite, könne sicher sein, Exportlizenzen für die Verschlüsselungssoftware zu erhalten. Bruce Schneider bestätigte in einem Gespräch diese Angaben und fügte hinzu: »Das sollte uns nicht überraschen. Die NSA unternimmt alles, um Hintertüren in Krypto-Produkte einzubauen.« Auch der kanadische Geheimdienst CSE arbeite mit dieser Methode. Einer seiner Mitarbeiter namens Norm Weijer habe kanadische Krypto-Firmen besucht. Schneider berichtet: »Es ist einfacher für die NSA, Hintertüren einzubauen, als hinterher die Codes zu knacken.« Die angesehene französische Firmengruppe *Indigo-Publications* (142 rue Montmartre, Paris) – sie gibt mehrere Geheimdienst-Fachzeitschriften heraus – bestätigte diese Angaben und fügte hinzu, die NSA verändere die Algorithmen der Verschlüsselungen nur geringfügig. Wenn durch Zufall ein Fachmann den Binärcode analysiere und die Veränderungen erkenne, könne man behaupten, dass es sich »um ein bedauerliches Versehen« gehandelt habe. Ein mit dem Thema vertrauter und im Innenministerium tätiger Fachmann warnt auch vor einer anderen Methode, angeblich sichere Schlüssel zu knacken. Er hebt hervor: »Software – und das kann man nicht genug betonen – ist generell angreifbar, zum Beispiel durch sogenannte trojanische Pferde, die veranlassen können, dass Krypto-Schlüssel noch einmal an das verschlüsselte Nachrichtenpaket offen angehängt werden. Es wäre geradezu unverständlich, wenn Geheimdienste die Möglichkeiten, die sich auf diesem Gebiet anbieten, im Hinblick auf ihre weltweiten Interessen nicht nutzen würden. Dieses jedoch in Produkten wie etwa von *Microsoft* nachzuweisen, ist fast unmöglich, weil die Komplexität der heutigen Betriebssysteme eine vollständige Untersuchung ausschließt und temporäre Veränderungen grundsätzlich nicht nachweisbar sind.«

Auf der Internetseite *http://www.codexdatasystems.com* wird behauptet, das in Bardonia im amerikanischen Bundesstaat New York ansässige Unternehmen *Codex Data* habe ein Programm entwickelt, das sich per E-Mail verschicken lasse und unbemerkt jegliche Tastatureingabe von jedem gewünschten Rechner der Welt kopieren könne. Das Programm nennt sich *Dirt* (data interception by remote transmission). Es benötigt nur zwölf K Speicherplatz, kann von Firewalls nicht abgefangen werden und ist auch für Fachleute kaum aufzuspüren. *Dirt* speichert alle Tastatureingaben eines PC-Benutzers so lange, bis er wieder einmal im Internet surft, um sie dann heimlich an den Absender des *Dirt*-Programms zu übertragen. Auf diese Weise können etwa auch die Schlüssel der Kryptografie abgefangen werden. Kryptografie-Schlüssel wie jener von *Pretty Good Privacy* (PGP) werden so sinnlos, da sie mit *Dirt* gestohlen werden können. In der Firmeneigenwerbung, die Wert auf die Feststellung legt, das Produkt nur an amerikanische und kanadische Geheimdienste, Militärs und Strafverfolgungsbehörden zu verkaufen, heißt es, die neueste Version müsse nicht einmal mehr als E-Mail versendet werden. Wie sie jedoch auf den auszuspähenden Rechner kommt, bleibt ein Geheimnis, das offenbar nur dem Käufer mitgeteilt wird. *Dirt* läuft auf allen *Microsoft*-Programmen.

Ein bei der Ludwigshafener BASF für die Datensicherheit zuständiger Fachmann sagte dem Autor, dass mittlerweile eine ganze Reihe von Programmen wie *Dirt* in Umlauf seien, die Rechner ausspionieren können. Solche Programme würden beispielsweise als Werbemitteilung per E-Mail verschickt. Im Anhang finde sich dann etwa ein schöner Bildschirmschoner oder beispielsweise die Aufforderung, einem an Krebs erkrankten Kind zu helfen und zum Aufbau einer Knochenspenderdatei ein beigefügtes Formular auszufüllen. Wer möchte einem krebskranken Kind schon die Hilfe verweigern? Doch der Mann warnt: »Bei solchen Sendungen weiß man nie, ob nicht ein Makro beigefügt ist.« Ein Makro ist in einer Programmiersprache geschrieben, die von einer Anwendung wie beispielsweise *Microsoft Word* ausgeführt wird. Der Fachmann weiter: »Tückisch ist, dass es bei *Microsoft* in allen Anwendungen eine Funktion ›auto open‹ gibt, die automatisch solche Makros öffnet. Die Funktion ›auto open‹ ist bei der Auslieferung von *Microsoft*-Produkten schon werksseitig aktiviert. Sie kann zwar abgeschaltet werden, doch welche Sekretärin kennt schon diese Funktion?« Solche Anhängsel an E-Mails würden vom Anwender nicht bemerkt und automatisch aktiviert. Der Mann sagt: »Aus Neugier klicken Sie darauf, und ›peng‹, schon ist es passiert.« Nicht nur Bildschirmschoner und Werbesendungen, sondern auch kostenlos angebotene »Speed-Ups«, die angeblich Einstellungen von Internetanwendungen so ändern, dass sie schneller werden, könnten tückisch sein. Er fügt hinzu: »Werden solche Programme kostenlos angeboten, sollte man aufhorchen.« Wenn eine derartige Anwendung verschickt werde, könnten nur Fachleute analysieren, welche verborgenen Funktionen sie beinhalte.

Doch der Fachmann weiß auch einen kostengünstigen Rat, mit dem auch Laien in die Lage versetzt werden festzustellen, ob ihr Computer schon auf das ferngesteuerte Ausspähen programmiert worden ist: Wer unter einem Windows-Programm zunächst auf »Arbeitsplatz«, dann mit der rechten Maustaste auf »Festplatte«, dort mit der linken Maustaste auf »Eigenschaften« und nun auf »Extras« klicke, könne das Laufwerk defragmentieren, also die Festplatte aufräumen. Dabei werden die Zwischenräume überschriebener oder gelöschter Texte entfernt und das Laufwerk wieder optimiert. Bei diesem Vorgang finde sich ein deutlicher Hinweis darauf, ob auf der Festplatte fremde Programme arbeiten. Klett: »Wenn mehr als ein Prozent der dann sichtbaren Kästchen sich nicht defragmentieren lässt, dann sollten die Alarmglocken angehen. Einige wenige nicht zu defragmentierende Kästchen sind okay, aber viele in den Reihen versprengte Kästchen sind ein deutliches Warnzeichen.«

In Fachkreisen ist es schon lange kein Geheimnis mehr, dass Staaten mit finanzstarken Geheimdiensten (Frankreich, Großbritannien, Vereinigte Staaten und Israel) grundsätzlich in der Lage sind, all jene Informationen, die verschlüsselt gesendet werden, zugleich auch unverschlüsselt von Rechnern abzuziehen. Im Bundesinnenministerium ist jedenfalls jene Angriffsmöglichkeit der Geheimdienste auf Rechner bekannt, die den Laien zunächst einmal entfernt an James-Bond-Filme erinnern könnte: So soll es nicht nur bei einem der bekanntesten deutschen Rüstungsbauer vorgekommen sein, dass die Eingaben in die Tastatur eines Computers über eine »Mini-Wanze« unbemerkt erfasst wurden. Neben »Mini-Wanzen« können auch jene Chips, die in den Tastaturen die Informationen an den Rechner übermitteln, schon werksseitig so präpariert werden, dass sie etwa bei jeder Verbindung des Rechners mit dem Internet unbemerkt die Tastatureingaben (also ein Datenpaket) an eine bestimmte Adresse senden. Ein Fachmann sagt dazu: »Solche Fälle sind mit Hinblick auf den Stand der Technik realistisch.« Dabei müssen die Produzenten der Tastaturen nicht einmal wissen, welche Möglichkeiten in den von ihnen vertriebenen elektronischen Bauteilen unter Umständen eingebaut sind. Beinahe alle Hersteller von Computertastaturen beziehen die darin enthaltenen Chips von Zulieferern. Und für einen solchen Chip zu garantieren, dass er nicht mit verdeckten Befehlen präpariert worden ist, erscheint nahezu unmöglich. Bei Rechnern, die im militärischen Bereich verwendet werden, helfen Röntgenaufnahmen, an die wichtigsten Informationen über das Innenleben eines fremden Chips zu gelangen.

Dabei werden die Röntgenaufnahmen mit Aufnahmen von baugleichen, unverdächtigen Chips verglichen. Zudem werden die zu prüfenden Chips »Schicht für Schicht« abgetragen. Für den Privatanwender gibt es solche weitreichenden Sicherheitsüberprüfungen nicht. Deshalb müssen neben der Software auch Hardwareprodukte wie Tastaturen in hochsensiblen Bereichen als »gefährlich« eingestuft werden.

Beim Bundesnachrichtendienst selbst ist man auf diesem Gebiet mehr als misstrauisch. Der BND erhält regelmäßig von seinen amerikanischen »Partnerdiensten« kostenlos Rechner und Softwarepakete »zum Testen« angeboten. Aus Pullach heißt es, man nehme diese zwar dankend an, verschließe sie jedoch umgehend in einem Raum, der als »Faradayscher Käfig« präpariert sei: ein Gebilde, das ringsum mit leitfähigem Metall umgeben ist, in die kein äußeres elektrisches Feld eindringen kann. Er ist somit vollkommen abgeschirmt. Das äußere Feld induziert zwar eine Ladung auf der Oberfläche, doch bleibt das Innere des Käfigs »feldfrei«. Solche Faradayschen Käfige sind beispielsweise auch Fahrzeuge, Flugzeuge und das ein Gebäude umgebende Drahtsystem einer Blitzschutzanlage. Ein Faradayscher Käfig macht es einem Späher unmöglich, Daten beispielsweise über die sogenannte »Abstrahlung« eines Computers abzuziehen. Auch wenn Computersysteme nicht mit einem öffentlichen Netz verbunden sind, kann diese Abstrahlung aus einer Entfernung von bis zu 50 Metern genutzt werden, um unbemerkt an Daten zu gelangen. Stromleitungen und Heizungsrohre in der Nähe eines Rechners vergrößern diese Distanz, andere Einflüsse wie dicke Betonmauern verkleinern sie. Die dazu erforderlichen Geräte werden manchmal von den Geheimdiensten sogar auf dem freien Markt angeboten.

Nun dürfte man wohl kaum auf einen deutschen Unternehmer treffen, der einsehen wird, dass sicherheitsrelevante Bereiche eines Betriebs (Entwicklungsabteilung oder auch die Verwaltung von Kundendaten) wie ein Faradayscher Käfig konstruiert sein sollten, um fremden Zugriff auf Betriebsgeheimnisse abzuwehren. Das ist auch weder für den Durchschnittsbürger noch für die meisten mittelständischen Betriebe erforderlich. Sie haben jedoch eine andere Möglichkeit, sich vor eventuell manipulierten Erzeugnissen zu schützen: Statt amerikanischer, asiatischer oder sonstiger im Ausland produzierter Hard-

und Software kann auf deutsche Produkte ausgewichen werden. Niemand im Bundesinnenministerium mag diese Empfehlung öffentlich aussprechen und Firmen wie *Microsoft* beim Namen nennen, sähe man sich dann doch wohl einer Fülle von Klagen ausländischer Unternehmen gegenüber. Doch *Microsoft*-Benutzer sind in gewissem Sinne ohnehin »gläserne Kunden«. Diese Überschrift wählte jedenfalls die Zeitschrift *Computer-Bild*, um ihren Lesern mitzuteilen, dass *Microsoft*-Produkte persönliche Daten des Kunden auch dann an die *Microsoft*-Zentrale übertragen, wenn der Kunde das ausdrücklich abgelehnt hat. Zuvor hatte auch die Zeitung *New York Times* darüber berichtet. *Microsoft* bestätigte diese Angaben.

Was auf den ersten Blick nationalistisch klingt – keine Produkte zweifelhafter und mit Sicherheitsrisiken behafteter Herkunft zu verwenden –, ergibt vor allem einen Sinn für jene, die daheim oder im Büro Kundendateien verwalten, Entwicklungsprojekte bearbeiten oder Planungsunterlagen speichern. Zwar lassen auch deutsche Hardwarehersteller Chips noch in Asien produzieren, doch werden diese regelmäßig – soweit das möglich ist – auf bautechnische Veränderungen hin untersucht. Ausländischen Produkten sollte man gerade im sicherheitsrelevanten Bereich mit einem gesunden Misstrauen begegnen.

Die Nähe führender Computerausrüster zur NSA

Es ist eine nicht zu leugnende Tatsache, dass die NSA auf allen Knotenrechnern im Internet auch jene Suchmaschinen einsetzt, die im bereits beschriebenen *Echelon*-System Verwendung finden und den Datenverkehr auf Stichwörter, Phrasen und Nachrichten hin durchscannen. Bekannt ist auch, dass jene amerikanischen Firmen, die Internetbrowser produzieren (etwa *Microsoft*) engste Verbindungen zur NSA unterhalten. So erhielt *Netscape* mehrfach Aufträge der NSA. Der TV-Nachrichtensender CNN zitierte den *Microsoft*-Anwalt Ira Rubinstein mit den Worten: »Jedes Mal, wenn man ein neues Produkt entwickelt, arbeitet man eng mit der NSA zusammen.« Und in der *Zeit* berichtete Christiane Schulzki-Haddouti in der Reportage »Hintertür für Spione«: »Kürzlich veröffentlichte Dokumente zeigen, dass auch der Browser-Hersteller *Netscape* die NSA regelmäßig über seine Produktpläne informiert hat. NSA-Direktor William Crowell versuchte *Netscape* davon abzuhalten, starke Kryptografie einzusetzen – angeblich mit Erfolg. Der Chiphersteller *Intel* steht im Verdacht, eine Hintertür in seinen neuesten Prozessor einzubauen.« Damit habe die NSA angeblich Zugriff auf alle Computer, die mit *Intel*-Prozessoren ausgerüstet sind. Schulzki-Haddouti: »Gegen ein solches Leck in der Hardware oder dem Betriebssystem gibt es bislang keine Mittel.« Viele Fachleute argwöhnen, auch *Microsoft* und *Netscape* könnten – möglicherweise sogar ohne ihr Wissen – in ihren kostenlos angebotenen Browsern Hintertüren für die NSA eingebaut haben, die diesem Supergeheimdienst das unbeschränkte Ausspähen von Online-Verbindungen gestatten. Ähnliches soll – so Geheimdienstautor Wayne Madson in einem Artikel für die Zeitschrift *Computer Fraud & Security Bulletin* – auch für andere Produkte gelten.

Die angeprangerten Unternehmen weisen solche Behauptungen natürlich zurück.

Steganografie

Warnungen sind auch gegenüber einer mehr und mehr in Mode kommenden Steigerungsform der Kryptografie berechtigt, der sogenannten Steganografie. Dies ist die Bezeichnung für den verdeckten Gebrauch eines Verfahrens, mit dessen Hilfe eine Botschaft in einem scheinbaren Klartext versteckt wird. Auch die Tatsache des Verschlüsselns selbst bleibt dabei geheim. Das aus dem Griechischen entlehnte Wort »Steganografie« bedeutet wörtlich übersetzt »verdecktes Schreiben«. Es ist also die Wissenschaft vom Verstecken von Daten. Wie die Kryptografie ist auch die Steganografie wesentlich älter als das Computerzeitalter. So berichtete der griechische Geschichtsschreiber Herodot (490–425 v. Chr.) etwa von einem Adligen, der seine Geheimbotschaften auf den geschorenen Kopf eines Sklaven tätowieren ließ. Nachdem das Haar wieder gewachsen war, machte sich der Sklave unbehelligt zu seinem Ziel auf, wo er zum Lesen der Nachricht kahl geschoren wurde. Herodot beschrieb auch Wachstafeln, die zur Übermittlung sensibler Nachrichten benutzt werden konnten. Wenn eine solche Nachricht überbracht werden sollte, entfernte der Absender das Wachs, gravierte den Text in das Holz darunter und füllte das Wachs wieder auf. Auf den ersten Blick erschienen die Tafeln leer.

Solche Methoden wurden im Laufe der Jahrhunderte immer weiter verfeinert. Eine Entwicklung der Nationalsozialisten war beispielsweise der sogenannte Microdot, ein Stück Mikrofilm in der Größe eines i-Punktes, der in unverdächtigen Schreibmaschinenseiten als Satzzeichen oder oberhalb des Buchstabens »i« eingeklebt wurde. Solche Microdots können große Datenmengen einschließlich technischer Zeichnungen und Fotos enthalten. Um Spionen das Übermitteln versteckter Informationen möglichst zu erschweren, beschränkten die Regierungen von Großbritannien und den Vereinigten Staaten im Zweiten Weltkrieg internationale Postsendungen. Verboten war etwa das Verschicken von Schachaufgaben, Kreuzworträtseln, Zeitungsausschnitten, Strickmustern, Liebesbriefen und Kinderzeichnungen. Auch Blumengrüße und Chiffreanzeigen galten als suspekt.

Heute ist die Steganografie nicht mehr allein der Geheimdienstwelt vorbehalten. Es gibt inzwischen eine ganze Reihe von preisgünstigen Computerprogrammen, die etwa in einem Pixel eines Bildes die eigentliche Nachricht als Datenpaket verstecken und sie somit für den Betrachter unsichtbar machen. Bei rechnergestützten, stenografischen Verfahren werden chiffrierte Nachrichten also innerhalb anderer, harmlos wirkender Daten versteckt. Die Informationen können ebenso in digitalen Bild- oder Tondateien verpackt wie auch über das Hintergrundrauschen beim Telefonieren übertragen werden. Doch auch hier gilt: Vorsicht! Niemand sollte sich der Gewissheit hingeben, dass staatliche Lauscher nicht über Programme verfügen, die den Hinweis auf versteckte Dateien melden. Dann aber sind sie ebenso angreifbar wie die hier geschilderte Kryptografie.

Sicherheitsrisiko Internet

Amerikanische Wissenschaftler haben einen Supercomputer entwickelt, der angeblich alles wissen soll. Ein Kaufinteressent möchte ihn natürlich zunächst einmal prüfen und stellt eine Testfrage: »*Wo ist mein Bruder zurzeit?*«*, will er vom Computer wissen. Die Wissenschaftler geben die Frage ein, und der Computer rechnet. Dann druckt er das Ergebnis seiner Recherchen aus:* »*Ihr Bruder sitzt in der Lufthansa-Maschine LH474 auf dem Weg nach Peking! Er will dort mit der Firma* Osuhushi *einen Vertrag im Auftragswert von zwei Millionen Dollar abschließen über die Lieferungen von ...*« *(weitere diskrete Informationen folgen). Der Käufer ist begeistert, aber er will den Computer weiter testen und stellt die Frage:* »*Wo ist mein Vater zurzeit?*« *Wieder rechnet der Computer und druckt die Antwort aus:* »*Ihr Vater sitzt am Mississippi und angelt!*« – »*Ha!*«*, schreit der Käufer.* »*Dachte ich es mir doch, dass er nicht alles weiß. Mein Vater ist seit fünf Jahren tot.*« *Die Wissenschaftler sind bestürzt, überlegen und geben dann die Frage nochmals zur Kontrolle ein. Der Computer rechnet länger. Dann druckt er das Ergebnis aus.* »*Tot ist der GATTE IHRER MUTTER! Ihr VATER sitzt am Mississippi und angelt!*«

Man darf annehmen, dass Computer auch in den kommenden Jahren nicht in der Lage sein werden, derart genaue Angaben über das Privatleben von Menschen zu recherchieren. Doch ein Teil der obigen Geschichte ist nicht weit von der Wahrheit entfernt, da die miteinander im Internet vernetzten Computer heute jedem Web-Surfer in Sekundenschnelle Informationen liefern können, die noch bis vor wenigen Jahren ausschließlich in zeitaufwendiger Kleinstarbeit in Bibliotheken erkundet werden mussten. Zum ersten Mal in der Geschichte der Menschheit öffnet eine Tastatur das Tor zur Welt. Ohne das Haus zu verlassen, kann man heute mithilfe des Internets Informationen zu allen erdenklichen Themen finden. Man kann mit Menschen in jedem Erdteil kommunizieren, Musik hören, Videos sehen, Bibliotheken durchforsten oder Museen auf einer virtuellen Tour besuchen. Heute spricht jeder vom Internet, doch kaum einer kennt seine wahre Entstehungsgeschichte in der Grauzone von Militärs und Geheimdiensten.

Begonnen hatte alles mit einem militärischen Forschungsprojekt in den 1960er-Jahren. Damals – in der Zeit des Kalten Krieges, als sich der westliche und der östliche Machtblock unversöhnlich und drohend gegenüberstanden – machte man sich im amerikanischen Verteidigungsministerium, dem Pentagon, Gedanken über die Folgen eines möglichen sowjetischen Einsatzes von Atomwaffen. Würde der amerikanische Präsident noch die Möglichkeit zu einem Gegenschlag haben, wenn die Kommunikationseinrichtungen (Telefon, Telex und Funk) zerstört wären? Wie könnte man sicherstellen, dass die Militärs in den Atomwaffenbunkern noch den Befehl zu einem Gegenschlag erhielten? Präsident Eisenhower ließ deshalb nach der sogenannten *Sputnik*-Krise im Oktober 1957 eine Arbeitsgruppe des Pentagons ins Leben rufen, die dafür sorgen sollte, dass die Vereinigten Staaten an der technischen Front nie wieder überraschend geschlagen würden. So entstand die *Advanced Research Projects Agency* (ARPA) in der Chefetage des Pentagons. Zu jener Zeit bedeutete die Datenverarbeitung schnelles Rechnen. Unternehmen verwendeten die Datenverarbeitung für umfangreiche Berechnungen, doch die Militärs hatten ihre Vorzüge noch kaum erkannt. Der Hauptgrund dafür beruhte darauf, dass die Betriebsstandards noch nicht einheitlich waren, Rechner sich demnach nicht miteinander vernetzen ließen. Von 1966 an arbeitete ARPA unter Hochdruck daran, Computer miteinander zu vernetzen – ein Subnetz aus möglichst mobilen Knoten zu schaffen, die alle miteinander verbunden waren. Diese Idee mobiler, vernetzter Computer war für die Militärs attraktiv, da die Geräte im Kriegsfall weniger verwundbar und nützlicher als ortsfeste Anlagen waren. Ein solches System wäre selbst dann noch betriebsbereit, wenn einige seiner Vermittlungsknoten infolge eines sowjetischen Nuklearschlags zerstört worden wären. Das System sollte trotz der Eliminierung eines oder mehrerer Computer so funktionieren, dass die anderen Computer weiterhin miteinander kommunizieren konnten. Es war ein Wissenschaftler der *Rand Corporation*, der letztlich ein vollautomatisch umleitendes Datennetz entwickelte. Bei dieser Technik, dem »pocket switching«, wird jede Mitteilung in viele kleinere Pakete zerlegt. Die Rechner, die die Routen besorgen, sind intelligent genug, um die Gesamtbotschaft wieder in der richtigen Reihenfolge zusammenzusetzen. Die erste Mitteilung dieser Art wurde 1970 vom *Stanford Research Institute* in Menlo Park an eine Gruppe von Computerwissenschaftlern verschickt. Die Nachricht lautete: »Watson, komm rüber. Ich brauche deine Hilfe.«

Seitdem sind die Dinge etwas außer Kontrolle geraten. Aus den ursprünglich zwei Anschlüssen des ARPA wurden bis heute fast eine Milliarde Anschlüsse, denn das zunächst rein paketorientierte Netzwerk funktionierte so hervorragend, dass immer mehr Einrichtungen hinzukamen. Waren es zu Beginn nur Universitäten, Forschungseinrichtungen und militärische Stellen, so erfolgte 1983 die Teilung in zwei separate Netze: das MILNET als rein militärisches Netzwerk und das Internet für den zivilen Bereich. Beide Netzwerke sind weiterhin miteinander verbunden, doch dürfte es für Zivilisten aufgrund von Schutzmaßnahmen wie Firewalls heute schwierig werden, in das militärische Netzwerk einzudringen.

Eingriffe aus dem Web in zivile Netze sind heute aber an der Tagesordnung. Wissen Sie eigentlich, welche fremden Programme auf Ihrem Rechner gerade aktiv sind, während Sie im Internet flanieren? Sie sollten es immer wieder überprüfen. Es gibt viele Programme, die Sie nie und nimmer zulassen würden, wenn Sie davon wüssten. Solche Programme können etwa sogenannte »Applets« sein, darunter das ActiveX von *Microsoft*. Grundsätzlich besteht bei Applets die Möglichkeit, dass sie auf Ihrer Festplatte schreiben oder von ihr lesen. Sie können damit aber auch Daten manipulieren oder aus dem Arbeitsspeicher schleusen. »Wer ActiveX-Programme aus dem Internet ausführt, kann gleich russisches Roulette spielen«, hieß es dazu warnend im Computermagazin *Chip*. *Microsoft* entwickelte ActiveX, um seine PCs fernsteuern zu können. Hacker machen sich diese Technik nun zunutze. *Microsoft* scheint sich für weitere Angriffe auf Surfer zu rüsten, berichtete doch die Computerfachzeitschrift *inside online*: »Wie unlängst verlautete, hat *Microsoft* die Summe von 20 Millionen Dollar an die Universität von Cambridge für ein Projekt bezahlt, das sich mit der Entwicklung eines Kundenbeobachtungssystems (böse Zungen sagen auch Spionagesystem dazu) zum Aufspüren von Raubkopien auf Kunden-PCs via Internet befasst.« Auch wenn das System nicht zum Einsatz kommen sollte, zeigt es doch deutlich, wie auch die Entwicklung der geheimen Kundenbeobachtung derzeit unaufhaltsam voranschreitet.

Der gläserne Surfer

An die Tatsache, dass Surfer im Internet mitunter durchleuchtet werden, hat man sich mittlerweile gewöhnt. Doch auch wer in einem Unternehmen arbeitet, sollte bedenken, dass sein Arbeitgeber inzwischen über Programme verfügen könnte, mit deren Hilfe er genau feststellen kann, welche Internetseiten man aufgesucht hat. Offen oder verdeckt operierend zeichnen diese Programme Aktivitäten im Internet auf und bestücken die gesammelten Informationen auch noch mit Bildern der aktiv genutzten Software. Das Prinzip ist einfach: Die Adressen, die für den Aufruf einer Seite erforderlich sind, werden einerseits ins Internet verschickt, andererseits aber auch in einer speziellen Log-Datei gespeichert, in der alle Eingaben landen. Der Anwender hat kaum eine Chance, diese Art der Spionage zu erkennen. Jeder, der Zugang zu Ihrem Computer hat (ein Geheimdienst in jedem Falle), kann sehen, mit welchen Seiten Sie sich im Internet befasst haben.

Ähnlich ist es mit dem Abfangen von E-Mails. Die meisten Menschen haben sicher Besseres zu tun, als die Liebesgrüße des A an die B abzufangen und zu lesen. Das wahre Risiko verbirgt sich hinter jener kleinen Gruppe bösartiger Menschen, die Nachrichten nicht nur abfangen, sondern sie entweder verfälscht weiterleiten oder den Inhalt – etwa bei der Unternehmenskommunikation – an einen Konkurrenten weitergeben. Aber auch wenn kein Hacker oder Spion am Werke ist, verbleiben im Internet Datenspuren: Großrechner überwachen den gesamten Datenverkehr. Sie führen Buch darüber, welcher Nutzer wann welche Daten geladen hat. Doch die technischen Möglichkeiten des Ausspähens können Unternehmen heute auch einsetzen, um Spione zu überführen.

Der vorgenannten Methoden – Online-Spionage, Satellitenspionage, Anzapfen von Kommunikationsverbindungen und Knacken von Verschlüsselungen – bedienen sich alle großen Nachrichtendienste der Welt. Einige gehen dabei ganz offen vor, andere haben bislang kaum Spuren hinterlassen. Wer sind die Täter? Und welche Erkenntnisse gibt es über sie?

Die französischen Nachrichtendienste

Die französische Wirtschaftsspionage genießt nicht erst in der Gegenwart einen hervorragenden Ruf. Die Effizienz des Pariser Auslandsgeheimdienstes hat vielmehr Tradition. Schon vor dem Ersten Weltkrieg gliederte man das *Office National du Commerce Exterieur* nach geografischen Gesichtspunkten und Warengruppen. Jeder französische Exporteur sollte sich bei dieser Institution wertvolle Anregungen und Unterlagen über seine Konkurrenten und das Zielland abholen können. Die vorhergehenden Kriege – etwa der deutsch-französische – hatten in der französischen Regierung die Auffassung verstärkt, dass die seit der Mitte des 19. Jahrhunderts von der industriellen Revolution überschwemmte Wirtschaft im In- und Ausland ein lohnenswertes Spionageziel sein werde. Alle französischen Handelskammern standen daher schon seit dem Ende des 19. Jahrhunderts in engem Kontakt mit den einheimischen Geheimdiensten. Das Pariser Handelsministerium förderte diese Zusammenarbeit und hielt zugleich die Verbindung zu den militärischen Geheimnisträgern aufrecht. Das *Office National du Commerce Exterieur* fertigte zwar auch Abhandlungen über die Zolltarife in anderen Staaten an, seine wichtigste Aufgabe bestand jedoch darin, französischen Unternehmen Absatzchancen im Ausland aufzuzeigen. In einer Zeit, in der es noch nicht das heutige weltumspannende Netz von Kommunikationseinrichtungen gab und alle Staaten darauf bedacht waren, möglichst wenig von sich preiszugeben, war es eine Grundvoraussetzung dieses Büros, im Ausland Spione zu beschäftigen, die die notwendigen Daten recherchierten.

Was heute in Tageszeitungen veröffentlicht wird, war in jener Zeit oftmals ein Staatsgeheimnis. Neben Frankreich unterhielten zu Beginn des 20. Jahrhunderts auch Deutschland, Belgien, England, Japan, Italien, Polen, Spanien, die Schweiz, Norwegen, Ungarn, Kanada und die damals in der Weltpolitik noch kaum eine Rolle spielenden Vereinigten Staaten einen eigenen Nachrichtendienst für die Wirtschaftsspionage im Ausland.

Nach dem Zweiten Weltkrieg bot sich den französischen Agenten in Deutschland eine einzigartige Möglichkeit zur Wirtschaftsspionage. Der damalige staatliche Geheimdienst SDECE beschaffte sich systematisch jene Erkenntnisse, die man zum Wohle der französischen Industrie weiterleiten konnte. Das Programm trug den Decknamen *Onyx* und war von Étienne Burin des Roziers, einem engen Vertrauten von Charles de Gaulle, ausgearbeitet worden. Man nutzte dafür die Kontrollrechte der Alliierten über die westdeutschen Kommunikationsverbindungen. Welcher deutsche Unternehmer hat in der Aufbauphase wohl daran gedacht, dass die Besatzungsmächte über Jahrzehnte ihre Vorrechte zum gnadenlosen Ausspähen nutzen würden? Einer der Hauptprofiteure dieses Vorgehens soll damals der französische Mischkonzern *Schlumberger* gewesen sein. Ihm stellte man angeblich alle abgefangenen Unterlagen über die deutsche Ölindustrie zur Verfügung, so etwa die Ergebnisse der deutschen Suche nach Ölvorkommen in Libyen und anderen nordafrikanischen Staaten.

Peter Schweizer schreibt in seinem Buch *Diebstahl bei Freunden*: »Andere französische Firmen erhielten Informationen über die deutschen Konzerne Eisenwerk-Gesellschaft Maximilianshütte AG, Farbenfabriken Bayer AG und Entwicklungsring Süd. Wiederholt wurden Ausschreibungsangebote eines bedeutenden deutschen Bauunternehmens an französische Baufirmen weitergeleitet, und in mehreren Fällen gingen die Aufträge aufgrund dieser Vorinformationen an französische Konkurrenten.«

Schon 1995 sagte der Direktor der französischen Spionageabwehr DST, sechs von zehn Fällen, die seine Behörde zu bearbeiten habe, gehörten in den Bereich der Wirtschaftsspionage. Er verschwieg dabei, dass die DGSE in den Vereinigtem Staaten, Großbritannien und Deutschland selbst die mit Abstand aktivste Organisation ist.

In Fort Noisy arbeitet die DGSE in einem Bunkersystem, dessen Länge insgesamt 17 Kilometer betragen soll. Dort werden auch die Ergebnisse des französischen Gegenstücks zum amerikanisch-britischen *Echelon*-System ausgewertet. Auf deutsche Unternehmen, Politiker und Privatpersonen ausgerichtete Lauschstationen unterhält die DGSE auf dem Mont Valerien sowie in den Schweizer Orten Schaffhausen und Rüthi. Letztere werden mit den Schweizern gemeinsam genutzt. Wie gut die Lauscher der DGSE sind, belegte der französische Geheimdienstautor Jean Guisnel in seinem Buch *Les pires amis du monde* (zu Deutsch: *Die schlechtesten Freunde der Welt*). Er veröffentlichte darin das Transkript eines Gesprächs an Bord eines amerikanischen Militärflugzeugs vom Typ C-141, das der amerikanische Botschafter in Paris, John Maresca, auf dem Weg nach Armenien geführt hatte. Maresca reiste damals im Auftrag des früheren amerikanischen Präsidenten Bush. Die Inhalte seiner Gespräche galten als geheim. So sollte man sich nicht wundern, wenn auch andere vertrauliche Unterredungen von der DGSE abgefangen und der französischen Wirtschaft zur Verfügung gestellt werden.

Die französische Zeitung *Nouvel Observateur* berichtete, wenn die DGSE französischen Wirtschaftsvertretern Erkenntnisse übergebe, dann kämen beide Seiten dabei auf ihre Kosten. Als die Vereinigten Staaten 1989 rund 30 französische Agenten auffliegen ließen, mussten diese nicht etwa die Arbeitslosigkeit fürchten. Französische Konzerne waren gern bei der Beschaffung eines neuen Arbeitsplatzes für die »verdienten Staatsbürger« behilflich. Andreas Förster schreibt in seinem Buch *Maulwürfe in Nadelstreifen*: »Die Manager dieser Unternehmen wechseln häufig aus der Wirtschaft in die Nachrichtendienste, von dort in den diplomatischen Dienst und kehren nach einiger Zeit wieder in die Unternehmen zurück. Der Kontakt und die Zusammenarbeit mit den französischen Geheimdiensten ist daher auch für viele Unternehmen nichts Besonderes.« Förster nennt auch ein Beispiel für die enge Zusammenarbeit: »So baute der staatseigene Energiekonzern *Elf Aquitaine* ohne Genehmigung eine Straße zum britischen Atomwaffentestgelände im südaustralischen Maralinga. Die Baumaßnahme diente dazu, möglichst unauffällig Bodenproben des verseuchten Gebietes zu entnehmen und heimlich nach Frankreich zu schmuggeln. Aus der Analyse der Proben wollten Atomwaffenexperten in Paris Rückschlüsse auf das britische Nuklearprogramm ziehen.«

Die Zusammenarbeit zwischen französischen Geheimdiensten, Universitäten und Wirtschaftsunternehmen erlebt seit dem Fall der Mauer eine Blütezeit. 1990 eröffnete die DGSE eine neue Abteilung mit dem Namen »Großaufträge in anderen Staaten« – die sogenannte »Spezialabteilung Nr. 7«. 20 französische Spione sind seither ausschließlich damit beschäftigt, über die 1000 wichtigsten Industriekapitäne der Welt jede Kleinigkeit herauszufinden, mit denen man bei Auftragsverhandlungen entweder Eindruck schinden kann – oder notfalls auch den Hebel in Hinblick auf eine Erpressung ansetzen könnte. Persönliche Vorlieben, Einkommensverhältnisse und Hobbys werden von ihnen ebenso gesammelt wie die Namen und Adressen ihrer Geliebten. Und dann wurde auf Anweisung von Staatspräsident Mitterrand und Premierminister Balladur die Organisation mit dem Namen CCSE (Komitee für Wettbewerb und Sicherheit der Wirtschaft) gegründet, die dafür sorgen soll, dass die Sammlung und Verarbeitung von Wirtschaftsinformationen besser mit industriellen und kommerziellen Strategien koordiniert wird. Das CCSE ist dem staatlichen Generalsekretariat für die nationale Verteidigung unterstellt, das die Regierung in strategischen Fragen berät und Studien über die geostrategische Situation anfertigt.

Mitarbeiter von BND und BfV berichten übereinstimmend, dass CCSE-Angehörige schon mehrfach beim Schnüffeln in deutschen Industriebetrieben ertappt worden seien. Allein die freundschaftliche Zusammenarbeit mit dem Nachbarland habe die Ausweisung verhindert. Auch hier fiel auf, dass über leitende deutsche Industriemanager Details des Privatlebens zusammengetragen wurden. Offiziell sammelt das CCSE nur offene Quellen. Doch Mitglieder des Komitees wie Philippe Jaffre von *Elf Aquitaine*, André Levy-Lang von der *Banque Paribas* und Luc Montagnier vom Pasteur-Institut werden angeblich beim deutschen Staatsschutz auf einer internen »schwarzen Liste« jener geführt, die bei der Einreise in die Bundesrepublik wegen ihrer Geheimdienstaktivitäten besonders zu überwachen seien. Das aber braucht die Betroffenen nicht weiter zu stören, soll doch die Liste – so berichten es jedenfalls Mitarbeiter – nie an die einzelnen Staatsschutzabteilungen in den Bundesländern weitergeleitet worden sein und weiterhin als »Verschlusssache« in Köln ihr Dasein fristen.

Dabei gehört Frankreich selbst zu jenen Staaten, die schon seit Jahren »halboffiziell« das Ausspähen der Geheimdienste anderer Industriestaaten befürworten. Als Claude Silberzahn 1989 zum DGSE-Chef ernannt wurde, bezeichnete er die Wirtschaftsspionage als eines der Hauptziele seiner Amtszeit: »Heutzutage muss Spionage vor allem auf die Wirtschaft, die Wissenschaften, die Technologie und Finanzen ausgerichtet sein.« Aus französischer Sicht waren wirtschaftliche und staatliche Interessen in dieser Zeit nicht zu entflechten, da viele große

Betriebe dem Staat gehörten. Von der Fluggesellschaft *Air France* bis zu den Rüstungsbetrieben waren es Angestellte des französischen Staates, die direkt unter Arbeitsplatzverlust zu leiden hatten, wenn die Auftragslage sich verschlechterte. Und so wurde es zu einer Selbstverständlichkeit, dass alles, was auf dem Gebiet der Spionage gut für die französische Wirtschaft sein würde, zugleich auch dem französischen Staatswesen diente.

Die Vereinigten Staaten werfen dem französischen Geheimdienst nicht nur das Ausspähen amerikanischer Unternehmen vor, sondern bezichtigen ihn auch, Dossiers über das Privatleben des Präsidenten erstellt zu haben. Die britische Zeitung *Sunday Times* zitierte jedenfalls einen Mitarbeiter der CIA, der sich über dieses Treiben empörte. Doch man darf annehmen, dass jeder Geheimdienst der Welt im Panzerschrank über ein Dossier verfügt, dessen Gegenstand der amerikanische Präsident ist. Und wird nicht auch die CIA ein entsprechendes Dossier über den französischen Staatspräsidenten besitzen?

In den Vereinigten Staaten werden die Franzosen heute intensiver als andere beobachtet. Das hat eine Vorgeschichte, die viele Jahre zurückliegt: Man weiß nicht, ob man es glauben soll, wenn heute behauptet wird, das FBI habe den französischen Konsul in Houston im Zuge verschärfter Überwachung dabei ertappt, wie er heimlich die Mülltonnen seiner Nachbarn auf der Suche nach Wirtschaftsgeheimnissen durchwühlt habe. Vielleicht ist es ja nur eine Anekdote, die sich inzwischen verselbstständigt hat. John Fialka, einer der angesehensten amerikanischen Geheimdienstfachleute, schreibt dazu in seinem Buch *War by other Means*, im Mai 1991 seien im Houstoner Ortsteil River Oaks zwei Herren mit gut sitzenden Maßanzügen Wachen dabei aufgefallen, wie sie Müllsäcke in einen Kleintransporter geladen hätten. River Oaks gehöre zu jenen vornehmen Stadtteilen, in denen der Reichtum beheimatet sei »und selbst Hunde einen Psychiater« hätten. Weil Männer der Müllentsorgung dort nicht Maßanzüge trügen, hätten vor Ort patrouillierende private Sicherheitsunternehmen das Kennzeichen des Fahrzeugs an das FBI gemeldet. Es habe Bernard Guillet, dem damaligen französischen Konsul in Houston, gehört. Guillet gestand im FBI-Verhör ein, die Müllsäcke verladen zu haben, behauptete jedoch, er sei auf der Suche nach Grasabfällen gewesen, um damit das ursprünglich für einen Swimmingpool auf dem Gelände seiner Residenz ausgehobene Loch, der wegen eines Streits nicht habe fertiggestellt werden können, wieder aufzufüllen.

Ein Schwimmbad? Jetzt wurde das FBI erst recht hellhörig. Denn auf Französisch heißt das Wort dafür »La Piscine«. Und »La Piscine« ist der Spitzname der DGSE. Doch »La Piscine« war dem Houstoner FBI nicht zum ersten Mal aufgefallen. 1989 hatte man dort einen »Schläfer« der DGSE ausgemacht. Als Schläfer werden jene Agenten bezeichnet, die unerkannt »wie ein Fisch im Wasser« im Zielland leben und einer geregelten Tätigkeit nachgehen, bis sie für eine Spionageoperation »aktiviert« werden. Der Mann lebte seit 1976 in Houston und war als Ingenieur für *Texas Instruments* tätig. Auch er wurde verdächtigt, den Franzosen vertrauliche Firmeninterna zugespielt zu haben. In der Vergangenheit hatten die Vereinigten Staaten Personen wie den Ingenieur als »persona non grata« in aller Heimlichkeit abgeschoben. Doch mit dem Fall Bernard Guillet sollte Schluss damit sein.

Begonnen hatte die französische Wirtschaftsspionage in den Vereinigten Staaten im Dezember 1962. Damals erhielt der französische Geheimdienstchef in Washington, Thyraud de Vosjoli, aus Paris die Anweisung, in den USA ein Spionagenetzwerk zu installieren, das sowohl die Militäreinrichtungen als auch wissenschaftliche Institute beobachten sollte. De Vosjoli war auf diesem Gebiet nicht unerfahren: Im Zweiten Weltkrieg hatte er schon ein ähnliches Netzwerk gegen Nazi-Deutschland aufgebaut. Seit 1951 war er in Washington und unterhielt beste Beziehungen zu den amerikanischen Diensten. Ebenso wie der spätere Filmheld James Bond trank er seinen Martini nur »geschüttelt« und hatte sein Ansehen im Gastland stetig gesteigert, weil er etwa während der kubanischen Raketenkrise der Kennedy-Regierung angeboten hatte, selbst für die Amerikaner in Kuba zu spionieren. De Vosjoli versuchte 1962, sich der Order aus Paris zu widersetzen, und brachte vor, dass dadurch irgendwann die amerikanisch-französischen Beziehungen schwer belastet würden. Doch General de Gaulle blieb hart. Er war verärgert darüber, dass Washington seine Atomrüstung mit den Briten abstimmte – nicht jedoch mit Frankreich. Am 18. Oktober 1963 unterrichtete de Vosjoli aus seinem Sitz in der früheren französischen Botschaft an der Belmont Road die Pariser

Zentrale darüber, dass er den Auftrag ablehne und von seinem Posten zurücktreten werde. Er war sich darüber im Klaren, dass ein anderer, skrupelloserer Mann seine Stelle einnehmen würde, ahnte jedoch nicht, zu welchem Schritt sich seine Kollegen in Paris entschließen würden. Am 22. November bereitete er sich auf seinen Rückflug vor und erhielt zwei schlechte Nachrichten: Präsident Kennedy war erschossen worden. Das traf ihn hart. Dann aber rief ihn einer seiner Freunde aus Paris an und warnte ihn, dass der französische Geheimdienst seine Liquidierung beschlossen habe. De Vosjoli wusste um die vortrefflichen Methoden der Franzosen, Menschen für immer zum Schweigen zu bringen. Üblicherweise nutzte man damals amerikanische Betäubungsmittel, die man mit einem Präparat vermischt hatte, das den Herzstillstand herbeiführen würde, und mit einer winzigen Gewehrkugel abfeuerte. Ärzte würden dann nur noch einen Herzinfarkt feststellen und das winzige Loch einer Verletzung zuschreiben, die sich das Opfer beim Aufprall zugezogen habe. De Vosjoli setzte sich mithilfe der CIA nach Mexiko ab und soll später in den Vereinigten Staaten Asyl erhalten haben.

Seinem Nachfolger gelang es, in den Vereinigten Staaten ein Netz von Schläfern zu errichten, das von der amerikanischen Spionageabwehr lange Zeit unentdeckt blieb. Ziel der Operationen waren unter anderem IBM, *Corning Inc.* und *Texas Instruments*. Doch in den 1980er-Jahren wurden die ersten dieser Schläfer enttarnt und fünf von ihnen ausgewiesen. Gleichwohl beschloss man, die Affäre zu verschweigen – »non-dit« nannten die Franzosen dieses Verfahren. Amerikanische Geschäftsleute werden seither vor Reisen nach Frankreich gewarnt, dass ihre Aktenkoffer und Anzüge in den Hotelzimmern möglicherweise vom französischen Geheimdienst durchsucht werden.

Russland: Wettbewerb der besonderen Art

In einer global vernetzten Welt gibt es – angeblich – kaum noch Geheimnisse. Jede Information ist – angeblich – irgendwo verfügbar. Man muss nur lange genug in den richtigen Quellen danach suchen. Und dann wird man angeblich irgendwann fündig. Angeblich kennen wir in einer global vernetzten Welt heute sogar (fast) alle Geheimnisse der russischen Streitkräfte. Wenn Sie das alles auch weiterhin glauben wollen, dann sollten Sie jetzt nicht weiterlesen.

Vor einem Jahrzehnt betrug das Haushaltsbudget der russischen Streitkräfte umgerechnet weniger als drei Milliarden Dollar. Das war 1998. Im Jahre 2007 hatten die russischen Militärs 32,7 Milliarden Dollar zur Verfügung. Und 2008 durften die Militärs etwa 25 Prozent mehr ausgeben. Was macht man mit all den Milliarden, wenn sich am Horizont dank des stetig steigenden Ölpreises nicht etwa Mittelkürzungen, sondern immer neue fette Finanztöpfe abzeichnen – die Waffenlager aber mit immer modernerem Gerät zum Bersten gefüllt sind? Man baut geheime Einheiten auf, die niemandem Rechenschaft schuldig sind. Den Anstoß zu dieser Entwicklung hat ein Deutscher gegeben. Der Mann – Deckname »Urmel« – wird allerdings bis heute nicht wissen, auf welche Ideen er die Militärführer in Moskau gebracht hat.

Im Juni 1987 wurde in Hannover ein Hacker festgenommen, der sich in der Szene »Umel« nannte – und im Alltag unter dem Namen Markus H. lebte. Der Programmierer hatte über das Internet militärische Einrichtungen in den Vereinigten Staaten ausgespäht – und die Erkenntnisse dem damaligen sowjetischen Geheimdienst KGB angeboten. Für mehrere Tausend D-Mark wurden »Urmel« alias Markus H. und einige Komplizen im Internet geheimdienstlich aktiv. Sie gingen dort auf Diebestour und lieferten den Russen Pentagon-Daten, bis sie festgenommen wurden und ihnen der Prozess gemacht wurde. Der Schaden, den sie angerichtet hatten, war nicht sonderlich groß. Doch »Urmel« alias Markus H. hatte die Moskauer Militärs auf eine Idee gebracht: Wäre es nicht wundervoll, ganze Heerscharen von »Urmels« zu haben, die von straffer Hand geführt im Sinne Moskaus einen geheimen Krieg auf den Datenautobahnen vorbereiten?

Seit diesem Tag haben Moskauer Militärs umgerechnet 40 Milliarden Dollar in den Aufbau einer geheimen Einheit gesteckt. Die geheimste der geheimen russischen Einheiten hat heute 7300 Mitarbeiter. Sie besteht ausschließlich aus Wissenschaftlern, die unter den Absolventen technischer Hochschulen rekrutiert wurden. Ihre Aufgabe: Vorbereitungen für die Kriegsführung mithilfe der Internet-Daten-

autobahnen, auch »cyber-warfare« genannt. Spezialität: der Wirtschaftskrieg.

Würde man Bürger der EU befragen, in welchen Ländern die
meisten IT-Fachleute ausgebildet werden und Programmierer allent-
halben verfügbar sind, die meisten würden wohl Indien an vorderster
Stelle nennen. Nun bildet Indien tatsächlich 200 000 Wissenschaftler
im Jahr aus – Russland allerdings auch. Und Indien hat fünf Mal so
viele Einwohner wie Russland. Moskau investiert demnach in Zukunftstechnologie wie kaum ein anderes Land – und niemand merkt
es. Das ist allerdings vor allem auf den Gebieten von »Cyber-Warfare«
und Wirtschaftskrieg so gewollt. Denn nur dann kann man vor den
Augen der Weltöffentlichkeit glaubhaft abstreiten, auf den Datenautobahnen der Welt einen unsichtbaren Krieg zu führen. Wie etwa im
Jahre 2007.

Im Frühjahr 2007 gab es organisierte Angriffe auf die IT-Struktur
des baltischen Staates Estland. Das Land war vorübergehend vollkommen vom globalen Internet abgeschnitten. Nichts ging mehr. Die
Vermutung, der zufolge die russische Regierung als Drahtzieher hinter
den Anschlägen auf die Datenleitungen gewirkt haben könnte, konnte
nicht bewiesen werden. Allerdings wurden Teile des für den Angriff
genutzten Botnetzes zuvor schon bei ähnlichen Attacken auf Server der
russischen Opposition (zu dieser gehört auch der ehemalige Schach-
weltmeister Garry Kasparow) beobachtet. Einzig ein 20 Jahre alter
russischer Student wurde in Estland verurteilt – zu einer Geldstrafe.
Alle weiteren Spuren verloren sich im Datennebel.

Die geheime Cyber-War-Einheit der russischen Streitkräfte verfügt
über viele Botnetze. Ein Bot (abgeleitet von Robot) ist eine Computer-
software, die selbstständig Programme auf Computern ausführt. Mithilfe von Spam-Mails werden sie verschickt und installieren sich dann
von allein. Sie werden beispielsweise gebraucht, um DoS-Attacken
durchzuführen. Bei einem DoS-Angriff werden die Zielserver wegen
Arbeitsüberlastung dienstunfähig – und stellen die Arbeit ein. Nichts
funktioniert mehr.

Im Jahre 2008 hat die geheime russische Cyber-War-Einheit ihren
bislang größten Angriff gestartet: Ziel war der moskaukritische Radiosender *Radio Free Europe*. Wieder einmal wurden die von den Russen

aufgebauten geheimen Botnetze genutzt. Und wieder einmal verlieren sich die letzten Beweise im Datennebel. Die Russen arbeiten daran, die Informationsstrukturen ihrer potenziellen Feinde zu zerstören.

Man kennt entsprechende Einheiten aus China, wo inzwischen mehr als eine Million Chinesen von der Armee in Hackerangriffen ausgebildet worden sein sollen. Man kennt solche Handlungen auch aus Nordkorea und den Vereinigten Staaten. Die korrespondierende russische Einheit aber sucht man in Fachbüchern und Medien bislang vergeblich. Dabei besteht kein Zweifel: Die Russen verfügen inzwischen ebenfalls über jenes Arsenal elektronischer Waffen, das viele Mitbürger heute eher noch mit der Welt von Science-Fiction-Romanen verbinden. Dazu gehören logische Bomben, Mikrowellenwaffen (die beispielsweise binnen Sekunden die Elektronik von Unternehmen lahmlegen können), Trojaner und Viren, aber vor allem auch Soft- und Hardware, die mit Hintertüren versehen ist – und billig auf den Weltmarkt geworfen wird. Auf diese Weise schafft man sich ein Botnet, das jederzeit aktiviert werden kann. Im Falle eines Falles geht dann gar nichts mehr. Und niemand hat eine Ahnung, warum das so ist.

Ausgerechnet in Moskau hat ein weltweit renommiertes Sicherheitsunternehmen, das sich mit der Abwehr von Cyber-Angriffen befasst, seinen Sitz. Es vertreibt über das Internet Virenscanner und Programme, mit deren Hilfe sich rund um den Planeten Unternehmen und Regierungsbehörden vor Angriffen aus dem Internet zu schützen versuchen. Selbstverständlich hat dieses Unternehmen nicht die geringsten Verbindungen zu den vorgenannten russischen Militäreinheiten. Wer behaupten würde, dass es enge Kontakte zwischen manchen russischen IT-Sicherheitsunternehmen und russischen Diensten geben soll, den müsste man wohl als Lügner bezeichnen.

Falls russische Geheimdienste wissen wollten, welche neuen Produkte amerikanische Unternehmen entwickeln, dann pilgern sie nach Lourdes. Doch jene Wallfahrtsstätte, in der sie Computerdateien, vertrauliche Faxe und Blaupausen einsehen, liegt nicht in Frankreich, sondern an der kubanischen Nordküste. Im Land Fidel Castros stand einer der größten Lauschposten der Welt. 73 Quadratkilometer groß war das militärische Sperrgebiet, in dem sich zahllose Antennen in den karibischen Himmel reckten. Mehr als 2000 russische Techniker, Ingenieure und Computerfachleute trugen dort mit ihren Kenntnissen dazu bei, dass man in Moskau den Inhalt von amerikanischen Telefongesprächen, Faxen und sonstigen Datenübermittlungen erfahren konnte. Letztere sind mehrheitlich ohnehin nicht verschlüsselt, und so genügte es zumeist, Computer die Arbeit des Abhörens erledigen zu lassen. Die Russen mussten dann nur noch wichtige von unwichtigen Informationen trennen. Mit dem Horchposten im kubanischen Lourdes, den Moskau aufgab, weil die Satellitenspionage die Schüsseln überflüssig machte, verschwand dann im Jahre 2001»ein Symbol des Kalten Krieges«.

Russland setzt zur globalen Wirtschaftsspionage seit vielen Jahren auch Hacker ein. In einem Fall trafen sich beispielsweise drei deutsche Computerfreaks mit Agenten Moskaus. Die Russen boten den Jugendlichen an, ihren Zeitvertreib zu finanzieren. Dafür sollten sie alles Material, das sie während ihrer nächtlichen Hacker-Streifzüge erbeuteten, in Moskau abliefern. Die drei akzeptierten zunächst. Bald nach dem ersten Treffen übergaben die Hacker ihre erste Ausbeute, die Codewörter und Zugangsnummern für Computersysteme enthielt. Die Russen zeigten sich zufrieden, belohnten die Deutschen und verlangten weitere Daten. Die Jugendlichen weigerten sich jetzt allerdings, offensichtlich hatten sie Bedenken bekommen. Nun wurden sie von ihren russischen Auftraggebern erpresst: Wenn sie nicht weiter für Moskau arbeiten würden, werde man sie auffliegen lassen. Die drei gehorchten zähneknirschend. Immer wieder schleusten sie sich in der Folgezeit in den Zentralrechner der Deutschen Bundespost ein, drangen von dort aus in weitere Großcomputer ein und entwendeten Daten: aus dem amerikanischen Verteidigungsministerium, den Atomlabors von Los Alamos, der Weltraumbehörde NASA und vielen Industrieunternehmen. Irgendwann fielen die Eindringlinge auf, aber es gelang zunächst nicht, sie zu fassen.

Erst als man ihnen eine verlockende Falle – eine angeblich neue militärische Datenbank mit dem wohlklingenden Namen »SDI-Net« – präsentierte, verweilten sie lange genug, um identifiziert werden zu können. Die Zeitschrift *Computerwoche* berichtete dazu: »Obwohl die Aktivität des Hackers einem Verwalter eines Militärrechners auffiel und dieser daraufhin den Zugriff auf den Rechner sperrte, erwies es sich als sehr schwierig, die Aktivitäten des Hackers aufzuspüren ... Da dieser Fall einer der ersten bekannten Fälle der Computerspionage war, war es sehr schwer für den Systemverwalter, die erforderliche Unterstützung durch die Behörden zu erlangen ... Es wurde also entschieden, den Hacker gewähren zu lassen und ihn lediglich von wichtigen Militärgeheimnissen fernzuhalten, um die Spur verfolgen zu können. Nach mehreren Monaten und der schließlich von höherer Stelle angeordneten Unterstützung durch FBI und CIA gelang es, die Spur des Hackers bis nach Deutschland zurückzuverfolgen ... Später wurde dann einer der Computerfreaks, der Passwörter von Militärs, Raumfahrt- und Rüstungsunternehmen an Moskau weitergeleitet hatte, tot aufgefunden.«

Ende Juli 1999 wurden in Hannover und Ottobrunn zwei Deutsche festgenommen, die russischen Geheimdiensten Unterlagen über deutsche Rüstungsprojekte geliefert hatten. Ein bei der Dasa-Tochter Lenkflugkörper-Systeme GmbH tätiger Ingenieur hatte geheime Studien des Rüstungsunternehmens für eine bessere Treffsicherheit von Luftkampfraketen an einen Kaufmann weitergereicht, der das brisante Material anschließend nach Moskau brachte. Die Dasa stand unter erheblichem Druck, schien es doch zunächst so, als ob auch Unterlagen über den *Eurofighter* in russische Hände geraten seien. Es war einer der größten Fälle von Militärspionage seit der Wende. Der damalige Präsident des niedersächsischen Landesamtes für Verfassungsschutz, Rolf-Peter Minnier, sagte:»Uns ist da ein ganz dicker Fisch ins Netz gegangen.« Seine Mitarbeiter hatten einen der beiden Männer verhaftet, nachdem sie ihn zuvor über Monate hin observiert und seine Telefonleitungen angezapft hatten. Der im Walsroder Stadtteil Kirchboitzen lebende Michael Koch, einer der beiden Spione, hatte davon nichts mitbekommen. Als Mitinhaber der Firma WAL Trans Transport- und Handelsgesellschaft mbH Export-Import legte er eigentlich Wert auf größte Sicherheit und hatte das Firmengelände mit Stacheldraht und Bewegungsmeldern bewehrt. Im Mai 2000 wurden Koch und sein Komplize vom Oberlandesgericht Celle wegen Agententätigkeit für einen russischen Geheimdienst zu mehr als drei Jahren Haft verurteilt. Beide mussten zudem 280 000 Mark (140 000 Euro)

Agentenlohn an die Staatskasse zahlen. Damit war nach Angaben der Bundesanwaltschaft erstmals nach der Wende ein Spionageverfahren abgeschlossen worden, in dem die deutsche Teilung keine Rolle spielte. Im Urteil des OLG Celle vom 29. Mai 2000 heißt es zu der Tat: »Bei nachfolgenden Zusammenkünften und Telefongesprächen ... kamen beide Angeklagte im Sommer 1997 überein, dass S. dem K. Unterlagen aus den Firmen Dasa/Bayern Chemie/LFK überließ und K. diese Unterlagen zu Geld machte. Spätestens bei seinem Aufenthalt in Moskau in der Zeit vom 14. bis zum 16. Juli 1997 hatte K. erfahren, dass der russische Geheimdienst als Abnehmer der Dokumente und damit zugleich als Geldgeber feststand, hielt es S. zunächst nur für möglich, dass K. in Verbindung zum Nachrichtendienst eines fremden Staates – möglicherweise Pakistan – stand, fand sich mit dieser Möglichkeit jedoch ab. Ihm wurde aber schon bald bekannt, dass K. vor allem Verbindungen nach Russland hatte. Doch auch eine positive Kenntnis von Lieferungen an einen russischen Dienst hätten ihn von seiner Mitwirkung nicht abgehalten.«

Wie aber konnten die Angeklagten an geheime Unterlagen gelangen? Einzelheiten sind dem Urteil zu entnehmen: »Mit den an K. übergebenen Firmenunterlagen war S. nur zu einem geringen Teil dienstlich befasst und zu ihrem Besitz auch nur innerhalb der Firmenräume berechtigt; andernfalls hätte er die Mitnahme einem Vorgesetzten melden müssen. Von dem ihm offiziell zugänglichen Material konnte er problemlos Ablichtungen fertigen oder Überstücke an sich nehmen. Für die Mehrzahl der Materialien verschaffte er sich anderweitigen Zugang. So ließ er sich von Kollegen unter dem Vorwand, einen Vortrag halten oder ein Angebot ausarbeiten zu müssen, bestimmtes Material zur Verfügung stellen. Die Abwesenheit von Kollegen nutzte er aus, um in deren Dienstzimmern nach geeigneten Unterlagen zu suchen, die er ablichtete und anschließend wieder an ihren Platz zurücklegte. Soweit die Unterlagen in Mehrfertigungen vorhanden waren, nahm er hiervon ein Exemplar an sich, falls er davon ausgehen konnte, dass das Fehlen nicht auffallen werde. Des Weiteren suchte er am frühen Morgen im Posteingang des Sekretariats nach Dokumenten, die ihm für eine Weitergabe an K. geeignet erschienen, um von diesen gegebenenfalls eine Ablichtung zu fertigen. Schließlich nutzte S. die freundschaftlichen Beziehungen zu seinem Arbeitskollegen R. bei der Dasa aus, indem er sich angeblich zu Lehrzwecken aus dessen Tätigkeitsbereich Firmenunterlagen und Demonstrationsmodelle, bei denen es sich um Hüllenteile des Lenkflugkörpers HOT und um ein Wärmebildgerät handelte, übergeben ließ.«Wären grundlegende Sicherheitsvorkehrungen eingehalten worden, wäre es den Tätern und damit den russischen Diensten wohl kaum möglich gewesen, an die Unterlagen zu gelangen. Immerhin heißt es in dem Urteil: »Das schriftliche Verratsmaterial war nur zum Teil offen, zum überwiegenden Teil unterlag es dem Verschlusssachenschutz. Das von der Dasa und ihren Tochterfirmen stammende Material war zu etwa 90 Prozent mit dem Geheimhaltungsgrad ›VS – Nur für den Dienstgebrauch‹ oder mit einer ähnlichen Firmensekretur eingestuft.«Zu den Geheimnissen, die Moskau so auskundschaften konnte, zählen POLYPHEM, ein lichtwellengeleiteter gelenkter Flugkörper für Heer und Marine, der eine Ausrüstungslücke im Bereich der Artillerie schließen sollte, ein Hochgeschwindigkeitsflugkörper, ein mechanisiertes Flugsystem, das Panzerabwehr-Raketensystem PARS 3LR (Long Range), das Panzerabwehr-Lenkflugkörpersystem HOT, der Panzerabwehrhubschrauber *UH Tiger*, der Luft-Luft-Flugkörper *Meteor*, das Panzerabwehr-Lenkflugkörpersystem PARS 3 MR (Middle Range), das Flugabwehr-Lenkflugkörpersystem *Roland*, das Triebwerk *Mead* und die Firmenstudie *Erweiterte Bodenverteidigung*.

Der zivile russische Auslandsnachrichtendienst SWR betreibt heute weltweit klassische Spionage auf den Gebieten Innen-, Außen- und Sicherheitspolitik. Stark zugenommen hat seit dem Beginn der 1990er-Jahre aber auch die Informationsbeschaffung im Bereich von Wirtschaft, Wissenschaft und Technik. Der SWR ist eine Nachfolgeorganisation des KGB. In jenem Gesetz, das seine Zuständigkeiten regelt, heißt es, er habe ausdrücklich die Aufgabe, »durch Beschaffung von wirtschaftlichen und wissenschaftlich-technischen Informationen bei der wirtschaftlichen Entfaltung des Landes mitzuwirken«. Das sind deutliche Worte. Der frühere russische Präsident Boris Jelzin ermunterte den SWR denn auch mehrfach öffentlich, westliche Staaten aggressiv auszuspionieren. Die Übernahme von etwa 300 früheren Stasi-Spitzeln zu diesem Zweck wird von den Russen nicht bestritten.

Dirigiert wurden diese neuen Kräfte zunächst von Arealen der Besatzungstruppen der GUS-Staaten in Osteuropa, seit etwa dem Jahre 1995 auch verstärkt durch Repräsentanten russischer Firmen in westlichen Staaten. Früher hatte es der deutsche Verfassungsschutz mit zwei großen sowjetischen Geheimdiensten zu tun: KGB und GRU. Heute verfügt allein Russland über sechs Dienste. Nach dem Zusammenbruch des Ostblocks hatten Optimisten an den Niedergang des »zweitältesten Gewerbes der Welt« geglaubt. Der Verfassungsschutz baute in der Spionageabwehr Personal ab. Doch immer öfter werden unter russischen Staatsbürgern, die ein Visum für Deutschland beantragen, Geheimdienstmitarbeiter entdeckt.

Der SWR ging zur Jahreswende 1991/92 aus der Ersten Hauptverwaltung des KGB hervor und beschäftigt heute etwa 15 000 Mitarbeiter. Er ist der Hauptträger der russischen Wirtschaftsspionage. Beim SWR spielt heute zunehmend die offene Gesprächsabschöpfung westlicher Geschäftsleute eine wichtige Rolle.

Die amerikanischen Geheimdienste

Amerikanische Wirtschaftsspionage ist älter als die Geheimdienste der USA. Einer der ersten und erfolgreichsten – heute fast vergessenen – amerikanischen Wirtschaftsspione war der 1847 gestorbene Francis Cabot Lowell. Er hatte in Boston studiert und es mit einem Warenhaus zu einem kleinen Vermögen gebracht. Doch weil er sich als Händler darüber ärgerte, dass englische Textilwaren aufgrund der jenseits des Atlantiks angewandten neuen Webstuhltechniken den amerikanischen Produkten keine Absatzchancen mehr ließen, beschloss er 1811, das Geheimnis der englischen Webstühle in seine neuenglische Heimat einzuführen. Mit seiner Familie reiste er nach Edinburgh und unternahm von dort aus ausgiebige Touren nach Lancashire und Derbyshire unter dem Vorwand, dort die Landluft genießen zu wollen. Diese Grafschaften waren zu jener Zeit ein Gegenstück des heutigen amerikanischen Silicon Valley. Nur dort kannte man das Geheimnis mechanischer – von Wasserkraft angetriebener – Webstühle, deren Produkte reichen Gewinn versprachen. Man weiß heute nicht mehr, wie es Lowell gelang, trotz der mit Glasscherben bespickten Fabrikmauern und des strengen Verbots für die Arbeiter, mit Fremden über die Arbeit zu sprechen, die Skizzen zu erhalten. Als Lowell 1813 England verließ, wurde sein Gepäck zweifach kontrolliert. Skizzen fand man nicht. Er soll über ein fotografisches Gedächtnis verfügt haben und wird vielleicht ohne jegliche Aufzeichnung nach Neuengland zurückgereist sein. In Waltham und dem später im Bundesstaat Massachusetts nach ihm benannten Ort Lowell baute er anschließend die ersten mechanischen, von Wasserkraft betriebenen amerikanischen Webstühle. Er legte damit nicht nur den Grundstein für jenen industriellen Aufschwung, der später dem Norden im Bürgerkrieg den Sieg über den Süden (finanziell) ermöglichte, sondern war auch einer der Wegbereiter des »Amerikanischen Jahrhunderts«, in dem die Vereinigten Staaten zur lange Zeit reichsten Wirtschaftsmacht aufsteigen sollten.

Seither hat sich vieles geändert. Eine Reihe von Geheimdiensten wurde gegründet. Und diese tragen die Idee von der Wirtschaftsspionage nicht nur im Hinterkopf, sondern haben sie seit wenigen Jahren auch offiziell auf ihre Fahnen geschrieben. Die *Central Intelligence Agency* (CIA) ist der bekannteste amerikanische Geheimdienst, gleichwohl nur einer von insgesamt 13 Organisationen der US-Geheimdienstgemeinde. Der Amerikaner Peter Schweizer behauptete in seinem 1993 erschienenen Buch *Diebstahl bei Freunden*: »… wir Amerikaner sehen unsere Verbündeten als Partner, die im gemeinsamen Kampf gegen feindliche Geheimdienste mutig die westlichen Geheimnisse verteidigen.« Das kommt einer Verhöhnung der Opfer gleich, haben sich doch mittlerweile sowohl der amerikanische Präsident als auch CIA-Direktoren öffentlich zur amerikanischen Wirtschaftsspionage bekannt. Und Schweizer selbst schreibt auf Seite 211: »… bezichtigte ein ranghohes Mitglied der bundesdeutschen Regierung die Westmächte öffentlich der Wirtschaftsspionage.« Was Schweizer hier zitiert, ist nur die Spitze eines Eisbergs.

Die Vereinigten Staaten nutzen die gleichen Spionagemethoden, die sie ihren Verbündeten vorhalten. So berichtete das französische Wirtschaftsmagazin *L'Expansion*, die Amerikaner gingen mit einer »Desinformationskampagne« gegen französische Konkurrenten vor, um deren Ansehen zu schmälern. Auch versuche Washington, mittels solcher Taktiken französische Firmen in den Ruin zu treiben.

Amerikanische Dienste werden in Deutschland hinter verschlossenen Türen heute eher misstrauisch beäugt: Eigentlich würde es den US-Geheimdiensten nicht schwerfallen, sich in Deutschland wieder den Ruf eines »verlässlichen Partners«, den man über Jahrzehnte hin in Pullach genoss, zu erlangen. Doch damit scheint es spätestens seit der Wende vorbei zu sein. Denn während der Wirren des Umbruchs in der DDR in den Jahren 1989/90 gelang der CIA ein Meisterstück: Sie verschaffte sich die Mitarbeiterdatei der DDR-Spionageabteilung Hauptverwaltung Aufklärung (HVA). Bei der *Aktion Rosenholz* fielen der CIA die Personendaten der Inlandsmitarbeiter der HVA und auch aller Auslandsspione in Form von Mikrofilmen in die Hände. Sie sollen mehr als 20 000 Namen umfassen, zudem die jeweiligen Operationsgebiete. Nur für einen kurzen Zeitraum durften Mitarbeiter des Kölner Bundesamts für Verfassungsschutz in den Vereinigten Staaten Einsicht in die Dateien nehmen, erhielten jedoch keine Kopien. Warum die Amerikaner die Dokumente über das Inlandsnetz der HVA hartnäckig unter Verschluss hielten, war lange Zeit niemandem so richtig verständlich. Doch heute weiß man, dass die CIA die früheren HVA-Agenten selbst angeworben hat und sie als potenzielle Mitarbeiter betrachtete. Nicht nur die CIA, sondern auch andere amerikanische Geheimdienste greifen somit heute auf das frühere DDR-Spionagenetz in Deutschland zurück. Die ehemaligen DDR-Spione kennen sich schließlich in deutschen Betrieben bestens aus, da einer ihrer wesentlichen Aufträge in der Ausspähung der deutschen Wirtschaft bestand.

Seit 1991 unterhält das amerikanische Handelsministerium engste Verbindungen zu den Diensten. Verhandlungspositionen von Konkurrenten im Ausland, Marktstrategien, Entwicklungsvorhaben und auch kompromittierende Berichte über die Führer der größten westlichen Wirtschaftsunternehmen werden hier gesammelt.

Der Washingtoner Autor Robert Dreyfuss behauptet, mit dem Ausspähen amerikanischer Partnerländer habe Washington auf dem Gebiet der Wirtschaftsspionage die Büchse der Pandora geöffnet. Die Idee, mithilfe der CIA amerikanischen Fahrzeugproduzenten Wettbewerbsvorteile zu verschaffen, habe die CIA in Gegner und Befürworter der Wirtschaftsspionage gespalten. In Gesprächen mit Journalisten bestätigten Mitarbeiter des Weißen Hauses inzwischen, dass die CIA der amerikanischen Regierung vertrauliche Daten über japanische Automobilbauer übermittelt. Der US-Auslandsgeheimdienst soll *Ford*, *General Motors* und *Chrysler* nicht nur japanische Neuentwicklungen von Katalysatoren vor deren Markteinführung zur Verfügung gestellt haben, sondern auch Proben aller Materialien, die das Gewicht der Karosserien verringern. Don Walkowicz, Leiter des Automobilforschungszentrums in Detroit, behauptet, die CIA versorge amerikanische Fahrzeughersteller schon seit Langem mit vertraulichen japanischen Unterlagen.

Ein wichtiger Ansatz dabei sind die sogenannten NOC-Agenten (non official cover). Amerikanische Unternehmen gestatten es der CIA, Agenten in die eigene Firma einzuschleusen, die dann im Auftrag der CIA Handelspartner oder Konkurrenten ausspähen. Gegenwärtig sind von 80 in Frankreich tätigen Wirtschaftsspionen 30 NOCs. Geheimdienstfachmann Robert Dreyfuss nennt amerikanische Unternehmen, die den NOCs angeblich Tarnposten verschaffen: *RJR Nabisco*, *Prentice Hall*, *Ford Motor Co.*, *Procter & Gamble*, *General Electric*, IBM, *Bank of America*, *Chase Manhattan Bank*, *Rockwell International*, *Campbell Group* und *Sears Roebuck & Co.* Der frühere amerikanische Präsidentschaftsbewerber Ross Perot – aber auch Malcolm Forbes – hätten der CIA in ihren Unternehmen Tarnungen verschafft. Des Weiteren seien weltweit tätige Firmen wie die *Bechtel Corp.* zur Zusammenarbeit mit der CIA bereit. NOCs blieben fünf bis zehn Jahre an einem Standort und unterhielten keinen Kontakt zu einer amerikanischen Botschaft. Der frühere CIA-Direktor William Colby weigerte sich stets, zum NOC-Programm öffentlich Stellung zu beziehen. Er sagte nur:»Sie haben meine Bewunderung. Sie machen es nur, weil sie Patrioten sind.« Mitarbeiter des BND behaupten, in Pullach gebe es eine umfangreiche Liste mit den Namen amerikanischer NOCs in Deutschland. In der Niederlassung der Citibank in Frankfurt, in der deutschen IBM-Zentrale und auch bei Ford in Köln hat man angeblich Agenten der CIA ausgemacht. Glaubt man den BND-Leuten, so werden diese nicht einmal beobachtet.

Nach Angaben eines ehemaligen NOC-Agenten kam diese Art der Spionage in der Vergangenheit insbesondere gegen japanische Unternehmen zum Einsatz. William Casey sah darin vor allem eine Möglichkeit, der ökonomischen Bedrohung der Vereinigten Staaten durch Japan »etwas« entgegenzusetzen. Mitte der 1980er-Jahre sollen in Japan 113 NOCs stationiert gewesen sein. Doch sie wurden entdeckt. 1988 ersuchte die japanische Spionageabwehr den Tokioter CIA-Residenten offiziell, »eine Gruppe unfreundlich gesinnter Geschäftsleute« abzuziehen. Doch der Resident reagierte nicht. Stattdessen verletzte er die CIA-Sicherheitsbestimmungen und traf sich öffentlich mit den Undercover-Agenten. Im Jahre 1989 gelang es den japanischen Behörden, ein komplettes amerikanisches NOC-Team auffliegen zu lassen. Die japanische Spionageabwehr verwüstete die Wohnungen von mehr als zehn NOCs bis zur Unkenntlichkeit. Erst jetzt verstand man in Langley die Botschaft und zog die zum Teil seit 15 Jahren in Japan ansässigen amerikanischen »Geschäftsleute« ab.

In einem BND-Bericht heißt es zu den NOC-Einsätzen: »... erließ der amerikanische Präsident eine Direktive, nach der die US-Nachrichtendienste Wirtschaftsspionage zu einem Bereich hoher Priorität machen müssen. Markantestes Beispiel ist die nachrichtendienstliche Aktivität bei den Genfer Verhandlungen ... über die Autoexportquoten zwischen Japan und den USA. ... Erwähnenswert ist auch, dass in allen Regelungen und Anordnungen zur Wirtschaftsspionage die Abgrenzung zwischen Spionageabwehr und eigenen aktiven Beschaffungsbemühungen vage und nebulös gehalten wird ... Mit Billigung der Geschäftsführung amerikanischer Firmen sollen CIA-Mitarbeiter als NOCs in wichtige Unternehmen integriert worden sein. Ihre Aufgabe soll die Überwachung von Auslandskontakten und das Mitprüfen bei der Weitergabe entwicklungstechnischer Sachverhalte sein. Dass die CIA-Mitarbeiter über diese defensiven Aufgaben hinaus auch offensiv Wirtschaftsspionage betreiben, ist zu vermuten. Es hat auch schon erheblichen Ärger unter den Verbündeten gegeben.«

Die Gründe für das aggressive Vorgehen der amerikanischen Dienste liegen vor allem in der Neuorientierung, die mit dem Zusammenbruch der Sowjetunion auf die amerikanischen Geheimdienste zukam. CIA, NSA und auch die militärischen Nachrichtendienste mussten Haushaltskürzungen hinnehmen. Erst die Wirtschaftsspionage befreite die 13 amerikanischen Geheimdienste aus dieser prekären Situation. Mit dem Amtsantritt Clintons wurde die Wirtschaftsspionage instrumentalisiert. Hatte sie während der Phase des Kalten Krieges ausschließlich das Ziel verfolgt, Rohdaten über den Ostblock und dessen ökonomische Lage zu liefern, so sollte sie fortan dem Ziel dienen, amerikanischen Unternehmern Wettbewerbsvorteile zu verschaffen. Seit Jahrzehnten war es üblich, dass die CIA US-Rüstungsunternehmen Unterlagen und Vertragsdetails ihrer nichtamerikanischen Konkurrenten besorgte. Routinemäßig ließ das Pentagon Unternehmen wie *Lockheed*, TRW, *Martin Marietta* und Dutzende andere an seinem Geheimwissen partizipieren. Kenneth Bass, ein Washingtoner Anwalt, der unter Präsident Carter im Justizministerium mit derartigen Aufgaben befasst war, sagte dazu:»Technologische Informationen hat die CIA immer mit amerikanischen Rüstungsunternehmen geteilt.« Robert Steel, ein CIA-Veteran, beschreibt, wie das Verfahren heute funktioniert:»Die NSA arbeitet wie ein Staubsauger. Wenn etwa *Toyota Japan* mit *Toyota Singapur* telefoniert, dann fangen wir das ab. Die NSA-Analytiker geben einfach das Stichwort ›*Toyota*‹ ein und bestellen so all das, was von der NSA über den japanischen Hersteller aufgeschnappt worden ist.«

So sieht sie also aus, die von den Vereinigten Staaten propagierte »Neue Weltordnung«. Zumindest ist Wirtschafts- und Konkurrenzspionage eine der nun verstärkt angewandten Methoden, um diese durchzusetzen. Die USA, Asien und Europa ringen um ihre Marktanteile. Jene, die dabei keine Rückendeckung durch die Geheimdienste genießen und auch nicht mithilfe von Konkurrenzspionage selbst aggressiv vorgehen, werden das Nachsehen haben.

Wenn es um das nationale Interesse ging, sind die Vereinigten Staaten noch nie vor staatlich gelenkter Wirtschaftsspionage zurückgeschreckt. Bei jedem Handelsstreit etwa zwischen der EU und den Vereinigten Staaten – im Jahre 1999 etwa über die Bananeneinfuhrquote – bediente man sich dieses Mittels. Die amerikanische Geschichte lehrt, dass Washington weder den Einsatz von Wirtschafts-

spionen noch der Armee scheut, wenn es gilt, die eigenen Wirtschafts-
belange in der Welt durchzusetzen. Die Interessen der amerikanischen
United Fruit Company in Guatemala sind dafür ein ebenso gutes
Beispiel wie der Sturz der iranischen Regierung unter Mohammed
Mossadegh, der zuvor die *Anglo-Persian Oil Company* (heute *British
Petrol*) verstaatlicht hatte und damit amerikanische und britische In-
teressen bedrohte. Auf Druck von ITT wurde in Chile die Regierung
von Salvador Allende gestürzt.

Alle vorgenannten Geheimdienstoperationen Washingtons dienten
den Interessen amerikanischer Aktionäre. Dieses – offiziell mit natio-
nalen Sicherheitsbelangen begründete – Vorgehen hat sich seit jenen
Tagen nicht geändert. Als die ersten amerikanischen Flugzeuge in
Zusammenhang mit einer offiziellen Friedensmission im früheren
Jugoslawien landeten, hatte die US-Luftwaffe ihre Wirtschaftsvertreter
in Uniform gesteckt und unter dem Schutz der Friedenstruppe zu den
Verhandlungen über den lukrativen Wiederaufbau geflogen. In der
Bundesregierung ärgert man sich noch heute darüber, mit welcher
Unverschämtheit Washington die NATO auf dem Gebiet des früheren
Jugoslawien zur Durchsetzung eigener wirtschaftlicher Ziele miss-
brauchte.

Headhunter, Recycling-Unternehmen und mit Fotozellen präparierte Kopiergeräte

Daniel Geer, Fachmann für Computerspionage aus Cambridge im
US-Bundesstaat Massachusetts, sagte in einer Anhörung vor dem
Kongress:»Wenn ich Geld stehlen will, dann ist der Computer eine
weitaus bessere Waffe als eine Maschinenpistole. Mit der kann es mich
ziemlich viel Zeit kosten, bis ich zehn Millionen Dollar beisammen-
habe. Mit dem Computer kostet es mich unter günstigen Umständen
gerade mal ein paar Mausklicks. Das Gleiche gilt für Geschäftsgeheimnisse. Zudem ist die Chance, dass ich angezeigt und gefasst werde,
relativ gering.« Diese Auffassung vertritt auch Don Marx, ein ehemaliger CIA-Mitarbeiter, der jetzt in Colorado Springs das auf Sicherheits-
management spezialisierte Unternehmen *GlobalKey* leitet. Nach seinen

Angaben fürchtete jede US-Großbank, ein Opfer von Online-Einbrüchen zu werden.

Doch um die Geschäftsgeheimnisse fremder Unternehmen auszuspähen, muss man nicht gleich in deren Computersysteme eindringen. Weltweit konkurrieren rund 15 000 Datenbanken damit, eine Antwort auf fast jede Frage liefern zu dürfen. Milliarden von Dokumenten und Bits warten auf Interessenten. Etwa die Hälfte dieser Datenbanken ist online erreichbar. Von dem amerikanischen Ölkonzern *Texaco* weiß man, dass dessen Manager auch im Internet nach allen vertraulichen Daten über die Absichten der Mitbewerber suchen lassen. Auch die Stellenangebote der Konkurrenten werden von vielen amerikanischen Unternehmen mit großer Sorgfalt ausgewertet. So hofft man, Hinweise darauf zu finden, in welche Richtung der Mitbewerber expandieren möchte. Seitdem immer mehr Unternehmen auch online im Internet nach geeigneten Kandidaten für offene oder neue Stellen suchen, fällt es den Konkurrenten leicht, allein mithilfe der vielen Suchmaschinen aus der gewaltigen Datenflut die gewünschten Inserate herauszufiltern.

Ethisch verwerflich, aber nicht verboten ist es, den für den Erfolg eines Konkurrenzunternehmens verantwortlichen Personen über einen Headhunter ein (nicht ernst gemeintes) Stellenangebot zu unterbreiten und diese zu einem verlockenden »Vorstellungsgespräch« einzuladen. Dabei sollen die Betroffenen ihre Fähigkeiten offenbaren und durch eine psychologisch geschickte Gesprächsführung »ganz im Vertrauen« dazu ermuntert werden, Konzepte der Zukunftsplanung ihres momentanen Arbeitgebers auszuplaudern, damit man ihre Eignung, an der man nur noch geringe Zweifel hege, für das angeblich neue Stellenangebot besser einschätzen könne. In Erwartung eines wesentlich besser dotierten Salärs und vom Headhunter immer wieder darauf hingewiesen, dass der bisherige Arbeitgeber die wahren Fähigkeiten des Interviewten wohl gar nicht erkannt habe, sind selbst normalerweise besonnene Mitarbeiter häufig zum Geheimnisverrat bereit. Kritiker werfen beispielsweise dem amerikanischen Unternehmen *General Electric* den Einsatz solcher aggressiven Methoden vor.

Eher zur Industriespionage gehört der nachfolgende Fall, an dessen Aufklärung maßgeblich das FBI beteiligt war: Der FBI-Beamte John

Hartman eröffnete in Philadelphia ein Büro als Konsultant für technisches Know-how. Es sollte nicht lange dauern, bis sich das taiwanesische Unternehmen *Yuen Foong Paper Co.* bei ihm meldete. Dessen technischer Direktor Hsu Kai-Lo und mehrere Ingenieure fragten Hartman per E-Mail, welche Einzelheiten er zur Taxol-Herstellung des amerikanischen Pharmaunternehmens *Bristol-Meyers* beschaffen könne. Taxol ist ein synthetisch hergestellter Stoff, der in der Krebsbehandlung eingesetzt wird und in der Natur nur in Eiben vorkommt. Der Markt für das weltweit gefragte Taxol ist groß. Ebenso groß war das Interesse der Taiwanesen, die es ohne Forschungsaufwand oder Lizenzgebühren ebenfalls herstellen wollten. In Los Angeles kam es zu einem Treffen zwischen Hartman und Hsu, bei dem dieser Wert auf die Feststellung legte, dass man keine Lizenzgebühren zu zahlen gedenke. Aufgezeichnet wurde sein Satz: »Wir werden einen anderen Weg finden.« Ein verdeckt arbeitender FBI-Agent behauptete gegenüber den Taiwanesen, er habe einen korrupten Wissenschaftler bei *Bristol-Meyers* gefunden, der das Herstellungsverfahren kenne. Immerhin boten die Asiaten 200 000 Dollar und eine Umsatzbeteiligung.

Ähnlich dreist arbeiten auch südkoreanische Wirtschaftsspione. Da machte ein gewisser Mr. Larry King von der Firma *Sanyang Engeneering Services* dem für *General Electric* arbeitenden Amerikaner Joe Elliot ein unglaubliches Angebot: Sein Arbeitgeber wisse seine Fähigkeiten nicht recht zu würdigen, und zufällig suche man einen Fachmann wie ihn, der sich mit der Herstellung von synthetischen Diamanten auskenne, in Südkorea. Man werde sein Gehalt verdoppeln, ihm einen Bonus in Höhe von 20 000 Dollar zahlen und ihm zwei Monate Jahresurlaub gewähren. Joe Elliot war verblüfft und ahnte wohl kaum, wer ihn da angerufen hatte. Larry King hieß in Wirklichkeit Chien Ming Sung und war damals einer der erfolgreichsten Makler für Geheiminformationen. Er war Angehöriger eines großen südkoreanischen Konzerns, der vom staatlichen Geheimdienst gelenkt wurde, um in aller Welt Betriebsgeheimnisse zu rauben. 1972 war Chien Ming Sung in die Vereinigten Staaten gekommen. Nach einem Studium erhielt er eine leitende Stelle bei *General Electric*, wechselte aber 1984 zum Konkurrenten *Norton*. Dort entwendete er ebenso wie zuvor bei *General Electric* geheime Forschungsunterlagen über die Produktion von

Industriediamanten und stellte sie später dem südkoreanischen Unternehmen *Iljin* zur Verfügung. Erst der Anruf bei Joe Elliot wurde Larry King alias Chien Ming Sung zum Verhängnis und führte zu seiner Festnahme. Gemessen an seiner Größe hat kein anderes Land der Welt einen so umfangreichen Geheimdienstapparat wie Südkorea. Dessen Agenten sind weltweit im Einsatz. Und weil sie vor allem in den USA immer häufiger ihr Unwesen treiben, hat man in Washington mit einem Gesetz darauf reagiert.

Durch das zur Abwehr der Industriespionage geschaffene amerikanische Gesetz mit dem Namen »Economic Espionage Act« wurden dem FBI neue Aufgaben zugewiesen: 150 Computerfachleute bearbeiten nicht nur Fälle der Konkurrenzspionage, sondern auch die von ausländischen Regierungen geförderten Aktivitäten der Wirtschaftsspionage. Im Jahresdurchschnitt decken sie etwa 250 Fälle von Online-Einbrüchen in Firmencomputer auf, bei denen Daten gestohlen werden. Scott Harper, ein für Computerspionage zuständiger FBI-Abteilungsleiter, sagt dazu: »Bei den meisten Fällen von Online-Wirtschaftsspionage werden kaum Spuren hinterlassen. Die Täter lotsen Dateien an virtuelle Adressen, versenden sie in Sekundenschnelle um die Welt und passieren dabei so viele miteinander vernetzte Rechner, dass es kaum noch gelingt, ihren Weg zu verfolgen.« Das ist aber nur ein Teil der Wahrheit, denn beim FBI sieht man sich inzwischen ebenso wie beim Pentagon, bei der CIA, NSA und anderen amerikanischen Geheimdiensten in der Lage, mithilfe neuester Programme jeden Mausklick rund um den Globus nachzuvollziehen. Das ist zwar teuer, aber möglich. Oft sind es unzufriedene Angestellte, die mithilfe ihrer persönlichen Passwörter in den Firmennetzwerken stöbern und die Ergebnisse an die Konkurrenz verkaufen. Immer öfter stößt das FBI aber auch auf Online-Wirtschaftsspione. Bei der Bundespolizei interessiert es weniger, wenn amerikanische Unternehmen sich untereinander streiten. Das wahre Augenmerk der neuen Abteilungen gilt den ausländischen Wirtschaftsspionen.

Wie clever manche dabei vorgehen, belegt ein Fall, in dem ein deutscher Hersteller von Regel- und Messtechnik ein amerikanisches Unternehmen über zwei Wochen hin jeweils in der Mittagspause aufsuchen ließ. Der Spion trug einen Kopfhörer und in der Jackentasche ein Gerät, das einem tragbaren CD-Spieler zum Verwechseln ähnlich sah. Auf den ersten Rillen der CD war tatsächlich Musik, sodass der Mann selbst bei einer genaueren Kontrolle kaum aufgefallen wäre. In jedem Büro, in dem die Computer in der Mittagspause nicht abgeschaltet waren, schloss der Spion das Gerät mit einem Handgriff an den »CD-Spieler« an (in Wirklichkeit handelte es sich um ein tragbares Gerät zum Beschreiben von CD-ROMs) und kopierte alle auf der Festplatte enthaltenen Daten auf beschreibbare CD-ROMs. Ohne eine Spur zu hinterlassen, verließ er nach zwei Wochen das auf dem Gebiet der Messtechnik führende Unternehmen und bestieg mitsamt den »Musik-CDs« ein Flugzeug nach Deutschland. Der Auftraggeber soll begeistert gewesen sein – und wird den »Musikliebhaber« wohl noch öfters zur Konkurrenz schicken.

Bei der Erkundung fremder Geschäftsgeheimnisse werden manchmal die absurdesten Wege beschritten. So berichtet die New Yorker Detektei *Kroll* über einen Fall, in dem eine Firma mehreren Recycling-Unternehmen fünf Dollar für jedes Schriftstück eines bestimmten Konkurrenten geboten habe. Dieses Vorgehen bewegt sich sicherlich in der Grauzone zwischen Legalität und Illegalität. Die amerikanische Zeitung *Sacramento Business Journal* befasste sich mit dem unglaublichen Boom in dieser Branche. Vor allem Unternehmen, die vor der Wiederverwertung die eingesammelten Daten in Aktenvernichtern zerkleinern, erfreuen sich wachsenden Zuspruchs. Machte sich noch 1970 höchstens ein Drittel der Amerikaner Gedanken darüber, was mit in den Müll geworfenen vertraulichen Unterlagen geschehen könnte, so zeigten 2010 schon mehr als 90 Prozent ein Interesse daran, dass ihre dem Müll anvertrauten Daten auch wirklich vernichtet wurden. Im Bundesstaat Kalifornien verzeichnet das Unternehmen *American Mobile Shredding* immer größere Zuwächse. Nicht nur *Hewlett-Packard* schärft mittlerweile allen Angestellten regelmäßig ein, sensible Unterlagen, die Rückschlüsse auf Kunden oder die Produktion zulassen könnten, beim Ausrangieren nicht dem Abfall, sondern einem Aktenvernichter zuzuführen. Spätestens seitdem Spezialfirmen den Unternehmen das Vernichten nicht mehr benötigter Disketten, Mikrofilme und Festplatten anbieten, sind diese Unternehmen auch zu einem Ziel für Spione geworden. In den Vereinigten Staaten unterliegen sie daher strengen Sicherheitsvorschriften.

Eine andere Methode wandte die CIA in den 1960er-Jahren an, als sie Einblick in die geheimen Dokumente der sowjetischen Botschaft in Washington zu nehmen wünschte. Erst 1996 wurde bekannt, mit welcher Raffinesse der Geheimdienst dabei vorging. Er ließ einen Fotokopierer der Firma *Xerox*, Modell 914, mit einem winzigen Fotoapparat präparieren, der bei jeder abzulichtenden Kopie auch gleich ein Foto schoss. Der Servicetechniker von *Xerox* brauchte später nur noch den Film in der Kamera zu wechseln – und schon hatte die CIA das brisante Material. Der ehemalige *Xerox*-Techniker soll behauptet haben, dass damals in vielen Kopierern solche Kameras platziert gewesen seien, um Feinde, aber auch Verbündete und Unternehmen zu überwachen.

Späher in Nadelstreifen – Competitive Intelligence

Dabei gibt es einen wesentlich einfacheren und zudem legalen Weg, um heute mehr über ein Konkurrenzunternehmen zu erfahren. Die Stichworte dafür lauten »corporate intelligence«, »corporate analysis« und »competitive intelligence«. So wird in den Vereinigten Staaten jene Art von Konkurrenzausspähung genannt, die die dortigen Gesetze nicht verletzt (vgl. dazu Roman Hummelt, *Wirtschaftsspionage auf dem Datenhighway*, S. 5 f.). Hummelt schreibt: »Sie gehört dort zum Standard-Instrumentarium eines Unternehmens im Krieg um Marktanteile. Denn die strategische Position eines Unternehmens hängt von den jeweiligen Stärken und Schwächen in den Bereichen Forschung und Entwicklung, Finanzen und Controlling, Produktlinien, Zielmärkte, Marketing, Verkauf, Distribution, Produktion, Arbeitskräfte und Einkauf ab. Informationsvorteile in diesen Teilbereichen des Unternehmens sind Erfolgsfaktoren, die über Überleben und Untergang im Wettbewerb entscheiden. Ein Unternehmen, das keine Informationsvorteile hat, geht unter ... Kriminell wird die Wirtschaftsspionage erst dann, wenn die Gesetze des jeweiligen Landes, in dem das Delikt vorliegt, durch Einbruch, Geheimnisverrat oder Bestechung und anderes mehr verletzt worden sind. Bei uns in Deutschland könnte man aber durchaus sagen, dass sich die kriminelle Art der Wirtschaftsspionage lohnen kann, denn die Strafen sind im Verhältnis zum Profit lächerlich gering.«

Wen wundert es da, dass es in den Vereinigten Staaten auch eine Vereinigung derjenigen gibt, die sich gewerbsmäßig für das Ausspähen von Konkurrenten interessieren: die *Society of Competitive Intelligence Professionals* (SCIP). In ihr sind nicht nur die größten amerikanischen Firmen vertreten, sondern inzwischen auch einige Europäer. SCIP verfügt auch in Deutschland über eine Niederlassung. Wenn SCIP in den Vereinigten Staaten Seminare veranstaltet, liest sich die Teilnehmerliste wie ein *Who is who* der internationalen Konzerne: *Procter & Gamble* ist ebenso vertreten wie *American Express, Eastman Kodak, Philip Morris, Ford Motor, Compaq Computer*, die Bayer AG, *Spring Corp., Avon Products, 3M, The Dow Chemical Corp., Merck & Co., J. C. Penney* und *Amoco*. »Zufällig« sind viele Referenten der SCIP-Veranstaltungen CIA- oder NSA-Mitarbeiter. Und wohl ebenso »zufällig« residiert SCIP nicht sonderlich weit von Einrichtungen der CIA in Alexandria, 1700 Diagonal Road, Suite 520, VA 22314. Auf der SCIP-Internetseite kann man sich einen ersten Eindruck über die Mitglieder dieser Gemeinschaft verschaffen, die alle acht Wochen mit dem *Competitive Intelligence Magazine* per Post über die jüngsten Entwicklungen auf dem Gebiet des gewerbsmäßigen Datensammelns unterrichtet werden.

In dieser erlesenen Gemeinschaft unterhält man sich über die täglich weltweit 2000 neuen Patente und 5000 Seiten Forschungsergebnisse und tauscht die neuesten Tipps zum Ausspähen der Konkurrenz aus. Um einen guten Lageplan aller Einrichtungen eines Konzerns zu bekommen, muss man nach Angaben von SCIP-Mitgliedern nicht etwa Raum für Raum aufsuchen und mühsam skizzieren oder nachts in das Büro der Baufirma einbrechen. Es genügt, wenn man Mitarbeiter der zuständigen Feuerwehrstation besticht, da diese für alle größeren Unternehmen die Baupläne und Aufrisse griffbereit halten müssen, um im Ernstfall ohne Zeitverlust vorgehen zu können. Die Zeitung *Financial Times* berichtete über SCIP: »SCIP wird beeinflusst von der *Association of Former Intelligence Officers*, einer Gruppe, die nach Angaben von André Pienaar, einem jungen Manager bei *Kroll Associates*, der seine Doktorarbeit über das Thema Wirtschaft und Spionage geschrieben hat, sehr mächtig ist.«

Top secret: Amerikanische Unternehmen und Geheimdienste

Viele Mitarbeiter von deutschen Unternehmen wissen nicht, welche amerikanischen Firmen engen Kontakt zu den US-Geheimdiensten halten und für diese etwa als Zulieferer arbeiten. Wie sollten sie auch, sind solche Angaben doch streng geheim. Eine Liste mit detaillierten Angaben – versehen mit dem Stempel »top secret« – liegt der seriösen *Federation of American Scientists* (FAS) vor. Sie liest sich wie ein *Who is who* der amerikanischen Industrie. Wer Kontakt zu diesen Unternehmen hält, sollte auch wissen, dass sie zugleich Geschäftsfreunde in der amerikanischen Geheimdienstwelt haben und bei Gesprächen ein Höchstmaß an Misstrauen walten lassen. Einige der von der FAS genannten 163 Unternehmen verschaffen laut anderen Angaben auch »Non-official-cover«-Agenten (NOCs) von CIA und NSA Legenden. Viele sind Sponsoren der *National Military Intelligence Association*. Diese wurde 1974 gegründet, und auf ihrer Homepage im Internet – *http://www.nmia.org/* – heißt es, man verfolge den Zweck, den beruflich mit Geheimdiensten Befassten in »Militär, Geheimdiensten, Büros der amerikanischen Regierung, dem Kongress, der Industrie und unter Akademikern ein professionelles Forum zu bieten«, um Informationen zum eigenen Wohle und dem der ganzen Nation »auszutauschen«. Dieser Hinweis legt die Vermutung nahe, dass bei den Treffen möglicherweise auch Informationen weitergegeben werden, die durch Spionage erlangt wurden.

In der FAS-Liste werden unter anderen folgende amerikanische Firmen genannt:

Die *AAI Corporation* (York Road, Cockeysville Hunt Valley, MD 21030) mit 1100 Beschäftigten einer der führenden Arbeitgeber in Baltimore; verkauft ihre Produkte auch an die NSA. *Adroit Systems Inc.* (209 Madison Street, Alexandria, VA 22314) gilt als Sponsor der

National Military Intelligence Association. Advanced Paradigms Inc. (API, 1725 Duke Street, Suite 200, Alexandria, VA 22314) ist Zulieferer des *National Maritime Intelligence Center.* Die *Aegis Research Corp.* (17135 North Lynn Street, Rosslyn, VA) war Sponsor jenes Symposiums, auf dem 1995 Einzelheiten über das *Corona*-Programm bekannt wurden. Die *Aerospate Corporation* (Corporate Headquarters, El Segundo, CA 90245-4691) beschäftigt 3100 Angestellte und befasst sich neben Frühwarnsystemen auch mit Geheimdiensttechniken. *Die Allied Signal Inc.* (Headquarters, Morristown, NJ) beschäftigt 83 500 Menschen und arbeitet auch für die *National Military Intelligence Association* und die *Armed Forces Communications and Electronics Association. Alliant TechSystems* (401 Defense Highway, Annapolis, MD 21401) ist auf dem Gebiet der Kryptografie ein begehrter Ansprechpartner amerikanischer Dienste. Die *Amdahl Corp.* (Worldwide Headquarters, 1250 East Arques Avenue, Sunnyvale, CA 94088-3470) ist ebenso wie die *AmerInd Inc.* (1310 Braddock Place, Alexandria, VA 22314) im Bereich der Informationstechnologie tätig. *AMP Inc.* (Harrisburg, PA 17105) liefert beispielsweise Bildbearbeitungssoftware. Die nicht im Telefonbuch eingetragene *Analysis Corp.* (Arlington, VA) unterstützt die CIA. *Analytical & Research Technology Inc.* (10565 Lee Highway, Suite 300, Fairfax, VA 22030) beschäftigt 35 Mitarbeiter und liefert Hard- und Softwareprodukte. *Analytical Systems Engineering Corp.* (5 Burlington Woods, Burlington, MA 01893) befasst sich mit der Sicherung von Gebäuden. *Apcom Inc.* (8–4 Metropolitan Court, Gaithersburg, MD 20878) liefert Aufzeichnungsgeräte für die Satellitenspionage. *Applied Signal Technology* (Headquarters, 400 West California Avenue, Sunnyvale, CA 94086) entwirft und fertigt Hardware für die »Signal Intelligence«. *Arca Systems Inc.* (2540 North First Street, Suite 301, San Jose, CA 95131) arbeitet auf dem Gebiet der IT-Sicherheit. ARINC (Headquarters, 2551 Riva Road, Annapolis, MD 21401) ist ein führender Ausrüster der Luftfahrt-Kommunikation und arbeitet sowohl mit der NASA als auch mit dem Pentagon zusammen. *Arvin Industries* (One Noblitt Plaza, Columbus, IN 47202) liefert technische Analysegeräte für das *National Air Intelligence Center. Asic International Inc.* (2902 Tazewell Pike, Suite G, Knoxville, TN 37918) ist ein führender Entwickler digitaler Aufnahmegeräte.

Astronautics Corp. of America (Headquarters, 4115 N. Teutonia, Milwaukee, WI, 53209) liefert Luftfahrt- und Verteidigungselektronik. *AT & T* (Advanced Technologies, 1120 20th Street NW, Washington, DC 20036), weltweit führend auf dem Gebiet der Telekommunikation, ist zusammen mit den Tochterunternehmen ein Sponsor für die *National Military Intelligence Association,* liefert Unterwasserbeobachtungssysteme und rüstet die Geheimdienste und Militärs mit Kommunikationseinrichtungen aus. *Autometric Inc.* (5301 Shawnee Road, Alexandria, VA 22312), ein Tochterunternehmen von *Paramount Pictures,* liefert seit 30 Jahren elektrooptische Systeme für die Fernaufklärung. *Ball Aerospace Technologies Corp.* (Headquarters, 345 South High Street, Muncie, IN 47305) ist ein führender Hersteller von Komponenten für die Raumfahrtindustrie. BBN (*Bolt, Beranek & Newman Corporation,* Headquarters, 150 Cambridge Park Drive, Cambridge, MA 02140) hat vom Arpanet bis zum Internet der Regierung im Bereich der Kommunikationstechnologie geholfen. *Betac Corporation* (Headquarters, 2001 N. Beauregard Street, Alexandria, VA 22312), 1977 gegründet und Arbeitgeber von 2000 Menschen, ist Sponsor der *National Military Intelligence Association.* Boeing (Headquarters, 7755 East Marginal Way South, Seattle, WA 98108) ist der weltweit größte Hersteller von Flugzeugen, beschäftigt 110 000 Menschen und stellt im Regierungsauftrag auch Raketenbatterien, Kampfflugzeuge und Militärelektronik her. Präsident Clinton ließ sich zum Thema Wirtschaftsspionage und *Boeing* mit dem Satz vernehmen: »Was gut ist für *Boeing, Chrysler* und *Coca-Cola,* ist gut für die USA.« Zuvor hatte der frühere CIA-Chef Woolsey mitgeteilt, dass *Boeing* Empfänger geheimdienstlich gewonnener Informationen war. *Booz, Allen & Hamilton Inc.* (Corporate Headquarters, Allen 261 Building, 8283 Greensboro Drive, McLean, VA 22102) ist ein weltweit tätiges Consulting-Unternehmen, das auch im Auftrag amerikanischer Geheimdienste aktiv wird. *Bourns Inc. – Recon Optical – (Bourns, Inc.,* 1200 Columbia Avenue, Riverside, CA 92507) ist spezialisiert auf Überwachungskameras. *Brightstar, Inc.* (113 Center Drive North, North Brunswick, NJ 08902) ist Sponsor der *National Military Intelligence Association.* Von 650 Angestellten der BTG (Headquarters, 1945 Old Gallows

Road, Vienna, VA 22182) arbeiten 300 in »Top secret«-Bereichen, vornehmlich auf dem Gebiet der Informationsanalyse. *Cadence* (Corporate Headquarters, San Jose River Oaks Campus, 555 River Oaks Parkway, San Jose, CA 95134) liefert Software, *California Microwave Inc.* (Corporate Headquarters, 985 Almanor Avenue, Sunnyvale, California 94086) Telekommunikation für die geheimdienstliche und militärische Nachrichtengewinnung. *Camber* (Headquarters, 635 Discovery Drive, Huntsville, AL 35806) erstellt Computerprogramme. *Cambridge Research Associates* (1430 Springhin Road, Suite 200, McLean, VA 22102) gehört zum Teil einer Holding, die vom früheren CIA-Direktor John Deutch und dem ehemaligen Verteidigungsminister William Perry gegründet wurde. *Carlyle Group – BDM* (BDM Headquarters, 1501 BDM Way, McLean, VA) wird geführt vom früheren Verteidigungsminister und stellvertretenden CIA-Direktor Frank Carlucci. *CAS Inc.* (Corporate Headquarters, 650 Discovery Drive, Post Office Box 11190, Huntsville, AL 35806) und *Ceridian Corporation* (Ceridian Corporation, 8100 34th Avenue South, Bloomington, MN 55425) sind Sponsoren der *National Military Intelligence Association. Chrysler Electrospace* (Chrysler World Headquarters, 1000 Chrysler Drive, Auburn Hills, Michigan 48326) liefert Satellitentechnologie. *Command & Control Consulting Inc.* (406 North Pitt Street, Alexandria, VA 22314) arbeitet auch im Regierungsauftrag auf dem Gebiet der Informationstechnologie. *Command Technologies Inc.* (405 Belle Air Lane, Warrenton, VA 22186) arbeitet unter anderem für die *Air Intelligence Agency* und verfügt über drei Einrichtungen, die als »Top secret« klassifiziert wurden. *Computational Logic Inc. – CLI* (1717 W. 6th Street, Suite 290, Austin, TX 78703-4776) wurde im Jahre 1983 gegründet und ist Zulieferer für Softwaresysteme von AT&T, *Honeywell,* TRW und *Motorola. Computer Sciences Corporation* (Corporate Office, 2100 East Grand Avenue, El Segundo, CA 90245) ist führend auf dem Gebiet der Informationstechnologie. *Condor Systems* (2133 Samaritan Drive, San Jose, CA 95124) ist Sponsor der *National Military Intelligence Association. Cordant Inc.* (11400 Commerce Park Drive, Reston, VA) beliefert die amerikanische Geheimdienstgemeinde mit Hard- und Software. CTA (Headquarters, 6116 Executive Boulevard, Rockville MD 20852) wurde im

Jahre 1979 gegründet und ist auf dem Gebiet der Luftfahrttechnik tätig.

Data General (Headquarters, 4400 Computer Drive, Westborn, MA 01580) beschäftigt weltweit 5800 Mitarbeiter und liefert Server.

Delfin Systems (Corporate Headquarters, 3000 Patrick Henry Drive, Santa Clara, CA 95054) stellt Software-Analyse-Tools für amerikanische Geheimdienste her. *Docu-Data Corp.* (*Docu-Data Corporation*, Glen Burnie, Maryland) erhielt 1995 einen Milliardenauftrag in Fort Meade/Maryland, dem Sitz der NSA.

Eagle-Picher (Headquarters, 580 Walnut Street, Cincinnati, OH 45202) stellt Batterien auch für Spionagesatelliten her. *Eastman Kodak Company* (Headquarters, 1447 St. Paul Street, Rochester, NY 14653) ist Sponsor der *National Military Intelligence Association*. EDS (EDS Headquarters, 5400 Legacy Drive, Plano, TX 75024-3199) stellt Kommunikationssysteme für amerikanische Geheimdienste her. EGG (*EG&G Washington Analytical Services Center*, 1396 Piccard Drive, Rockville, MD 20850) unterstützt CIA-Operationen mit Software-Ausrüstungen. EOSAT (4300 Forbes Boulevard, Lanham, MD 20706) wurde 1984 von *Hughes* und *Lockheed-Martin* gegründet und liefert ein breites Spektrum von Satellitenaufnahmen. *ERG – Energy Research & Generation* (4300 Forbes Boulevard, Lanham, MD 20706) ist Zulieferer für das amerikanische Satellitenaufklärungsprogramm. ETI (112 Elden Street, Suite Q, Herndon, VA 22070) entwickelt Signalverarbeitungs- und -auswertungssysteme. *Electronic Warfare Associates* (13873 Park Center Road, Herndon, VA 22701) ist Hard- und Softwareausrüster.

FGM Inc. (131 Elden Street, Suite 308, Herndon, VA 22070) entwickelt Kartografieprogramme für das Militär und die Geheimdienste. *Forecast International/DMS* (Headquarters, 22 Commerce Road, Newtown, CT 06470) ist Zulieferer der *Armed Forces Communications and Electronics Association*.

GenCorp. – Aerojet (Headquarters, 175 Ghent Road, Fairlawn, OH 44333) stellt neben Waffen auch Satellitenüberwachungssysteme her. *General Motors – Hughes & Magnavox* (3044 West Grand Boulevard, Detroit, MI 48202) und die zum Konzern gehörenden Tochterunternehmen fertigen nicht nur Fahrzeuge, sondern auch Militärelektronik. *Geodynamics Corp.* (21171 Western Avenue, Suite 110, Torrance, CA 90501) agiert als Anbieter geografischer Informationssysteme. *GRC International Inc.* (Headquarters, 1900 Gallows Road, Vienna, VA 22182) ist Zulieferer mehrerer amerikanischer Geheimdienste für den Bereich der Informationstechnologie. *GTE Corp.* (*GTE Government Systems Corporation* [GSC], 1001, 19th Street North, Arlington, VA 22209) ist Sponsor der *National Military Intelligence Association*.

Harris Corporation (Headquarters, 1025 West NASA Boulevard, Melbourne, FL 32919) liefert Datenverarbeitungssysteme und befasst sich mit der Bearbeitung von SIGINT-Signalen. *Horizons Technology Inc.* (700 Technology Park Drive, Billerica, MA 01821) ist Sponsor der *National Military Intelligence Association*. HTR (Headquarters, 6110 Executive Boulevard, Suite 810, Rockville, MD 20852) arbeitet auch für die CIA.

IBM (Corporate Headquarters, One Old Orchard Road, Armonk, NY 10504) beliefert auch NSA, CIA, und manche der Tochtergesellschaften generieren 60 Prozent ihres Umsatzes mit amerikanischen Geheimdiensten. IDG (3110 Fairview Drive, Suite 1100, Falls Church, VA 22043) liefert Informationstechnologie. *I-NET Inc.* (Headquarters, 6700 Rockledge Drive, Bethesda, MD 20817) erhielt 1995 zwei Aufträge vom *U. S. Air Force Space Warfare Center*. *Information Technology & Applications* (1875 Campus Commons Drive, Reston, VA 22091) liefert Satellitenkommunikationsausrüstungen. *Infosystems Technology Inc.* (6411 Ivy Lane, Greenbelt, MD 20770) ist ebenso wie auch *Infotech Development Inc.* (3611 South Harbor Boulevard, Santa Ana, CA 92704) Sponsor der *National Military Intelligence Association*. *Intermetrics* (Corporate Office, 733 Concord Avenue, Cambridge, MA 02138) liefert Hard- und Software auch für die Geheimdienste. *Intergraph* (Headquarters, Huntsville, AL 35894-0001) stattet die Geheimdienste mit jener Hard- und Software aus, die in dem Film *Clear and Present Danger* – basierend auf dem Buch von Tom Clancy – in verschiedenen CIA-Technologiezentren zu sehen ist. *ITT Corporation* (*ITT Defense & Electronics*, 1650 Tysons Boulevard, Suite 1700, McLean, VA 22102) arbeitet bei der Entwicklung elektronischer Produkte mit amerikanischen Diensten zusammen.

Jaycor (Headquarters, 9775 Town Center Drive, San Diego, CA 92121) wartet Telekommunikationsanlagen. *J. G. Van Dyke & Associates* (6550 Rock Spring Drive, Suite 360, Bethesda, Maryland 20817) liefert Pentagon und Geheimdiensten Problemlösungen bei der IT-Sicherheit. *Johns Hopkins Applied Physics Laboratory* (Laurel, MD 20723), eine Einrichtung der *Johns Hopkins University*, verfügt in 140 Labors über 2500 Mitarbeiter und wird nach Angaben der Zeitung *Baltimore Sun* auch von der NSA finanziert. *James Martin Government Intelligence* (4350 North Fairfax Drive, Arlington, VA 22203) ist Zulieferer von Computersystemen. *Jet Propulsion Laboratory* (4350 North Fairfax Drive, Arlington, VA 22203) ist ein mit öffentlichen Mitteln gefördertes Forschungsinstitut.

Keane Inc. (Corporate Headquarters, Ten City Square, Boston, MA 02129) ist ein Softwareunternehmen. Auch *Klassic Concepts* (4813 Lake Hurst Drive, Waco, Texas 76710) arbeitet für amerikanische Geheimdienste.

LGA Inc. (12500 Fair Lakes Circle, Suite 130, Fairfax, VA 22033) arbeitet unter anderem für das *National Photographic Interpretation Center*. *Lee Thomas Careers Inc.* (4832 Park Avenue, Bethesda, MD 20816) sucht für NSA und CIA Systemverwalter und andere Computerfachleute. *Litton Industries* (1500 Planning Research Center Drive, McLean, VA 22102) ist wie auch *Lockheed-Martin* (Headquarters, 6801 Rockledge Drive, Bethesda, MD 20817) Sponsor der *National Military Intelligence Association*. *Logicon Inc.* (Headquarters, 3701 Skypark Drive, Torrance, CA 90505) arbeitet für das *Central Imagery Office*. *Loral* (Headquarters, 600 Third Avenue, New York, NY 10016) ist Sponsor der *National Military Intelligence Association*.

ManTech International (*ManTech Advanced Systems International, Inc.*, Columbia, Maryland) hat einen Wartungsvertrag für Einrichtungen der NSA in Fort Meade/Maryland. *McDonnell-Douglas Aerospace* (*McDonnell-Douglas*, Saint Louis, MO 63166) arbeitet eng mit vielen amerikanischen Geheimdiensten zusammen. *M&Q Associates, Inc.* (1551 Forbes Street, Suite 100, Fredricksburg, VA 22405) ist ein auf Überwachungsanlagen spezialisiertes High-Tech-Unternehmen. *Mead Data General* (9443 Springboro Pike, Miamisburg, OH 45343) ist Sponsor der *National Military Intelligence Association*. *Merdan Group*

(Headquarters, 4617 Ruffner Street, San Diego, CA 92111) gilt als führend auf dem Gebiet der Computersicherheit. MITRE (202 Burlington Road, Bedford, MA 01730) arbeitet in unterschiedlichen Bereichen auch für die Dienste. *Motorola* (8201 E. McDowell Road, Scottsdale, AZ 85257) ist Sponsor der *National Military Intelligence Association.* *MPRI – Military Professional Ressources, Inc.* (1201 East Abingdon Drive, Alexandria, VA) berät und trainiert im amerikanischen Regierungsauftrag fremde Armeen – so etwa das kroatische Militär seit 1995. *MRJ Inc.* (10560 Arrowhead Drive, Fairfax, VA 22030) arbeitet auf dem Gebiet des Informations-Managements. *MTL Systems, Inc.* (Headquarters, 3481 Dayton-Xenia Road, Dayton, OH 45432-2796) liefert den Diensten Systeme und Serviceleistungen bei »electronic warfare« und Überwachungstechniken. *Mystech Associates* (5205 Leesburg Pike, Falls Church, VA 2204) ist Sponsor der *National Military Intelligence Association.*

NAI Technologies, Inc. (7125 Riverwood Drive, Columbia, MD 21046) liefert Kommunikations- und Computersysteme. *National Semiconductor Corp.* (Headquarters, Santa Clara, CA) hat mehr als 22 000 Angestellte und ist der viertgrößte amerikanische Hersteller von Halbleitern. *Nichols Research* (Headquarters, 4040 South Memorial Parkway, Huntsville, AL 35815) entwickelt SIGINT-Systeme. *Northrop-Grumman* (1840 Century Park East, Los Angeles, CA 90067) betreut unter anderem das *Westinghouse Science & Technology Center* – ein Projekt mit der Einstufung »Top secret«, das nach Angaben der *Baltimore Sun* auch die NSA zu seinen Kunden zählt.

OAO (Headquarters, 7500 Greenway Center, Greenbelt, MD 20770) ist ein 1973 gegründetes Software-Unternehmen. *Open Source Solution, Inc.* (11005 Langton Arms Court, Oakton, VA 22124) liefert amerikanischen Geheimdiensten offen zugängliche Daten, die nicht durch verdeckte Operationen beschafft werden müssen. *Oracle Corporation* (3 Bethesda Metro Center, Bethesda, MD 20814 N) ist Sponsor der *National Military Intelligence Association.* Einer ihrer Vizepräsidenten ist Admiral Jerry O. Tuttle, der im Pentagon Direktor der Abteilung *Space & Electronic Warfare* war. *Orbital Sciences Corporation* (21700 Atlantic Boulevard, Dulles, VA 20166) wurde 1982 gegründet und ist auf dem Gebiet der Raumfahrtforschung tätig. *Organon Moti-*

ves (36 Warwick Road, Watertown, MA 02172) und *Orion Scientific Systems* (Headquarters, 8400 Westpark Drive, Suite 200, McLean, VA 22102) sind Softwareanbieter. *Overlook Systems Technologies* (1950 Old Gallows Road, Suite 700, Vienna, VA 22182) liefert Sicherheitssysteme. *Pacific-Sierra Research Corp.* (Corporate Headquarters & Santa Monica Ops – 2901 28th Street, Santa Monica, CA 90405) liefert Software zur Analyse von Geheimdienstoperationen. *Paracel, Inc.* (80 South Lake Avenue, Suite 650, Pasadena, CA 91101) hat ein System entwickelt, das mit hoher Geschwindigkeit Texte und Daten aus verschiedenen Sprachen filtern kann. *Parallax Graphix, Inc.* (World Headquarters, 2500 Condensa Street, Santa Clara, CA 95051) liefert Software und andere Produkte für Videokonferenzen, die auch von Geheimdiensten genutzt werden. *Pixel Soft, Inc.* (101 First Street, Suite 429, Los Altos, CA 94022) liefert Software zur Bildbearbeitung und -animation. *PRB Associates, Inc.* (Headquarters, 47 Airport View Drive, Hollywood, MD 20636) bietet etwa »joint intelligence support tools« an. *Presearch, Inc.* (8500 Executive Park Avenue, Fairfax, VA 22031) ist ein Hard- und Softwarevertrieb. *Primark-TASC* (TASC Corporate Headquarters, 55 Walkers Brook Drive, Reading, MA 01867) bietet einen auf offenen Quellen basierenden Informationsservice an, der auch den Bereich der Wirtschaftsspionage und Entwicklungen der Märkte sowie technologische Neuerungen abdeckt. *PSYTEP Corporation* (101 North Shoreline Boulevard, Corpus Christi, TX 78401) ist Sponsor der *National Military Intelligence Association*. *Pulse Engineering* (Headquarters, 12220 World Trade Drive, San Diego, CA 92128) produziert Komponenten, die den Einsatz von Magneten erfordern.

QSI – Quality Systems, Inc. (4000 Legato Road, Suite 1100, Fairfax, VA 22033) liefert Informationssysteme für Geheimdienste und Unternehmen. *Questech* (7600 Leesburg Pike, Falls Church, VA 22043) liefert wissenschaftliche und technische Software vor allem für jene Dienste, die sich mit »electronic warfare« und »information warfare« befassen.

Die *Rand Corporation* (RAND, 1700 Main Street, PO Box 2138, Santa Monica, CA 90407) wird auch von amerikanischen Geheimdiensten mitfinanziert. *Raytheon* (Headquarters, Lexington, MA) bietet neben seinen militärischen Produkten seit 1947 auch den amerikanischen Geheimdiensten eine Fülle elektronischer Aufklärungstechniken an. *Researchl Associates of Syracuse* (Syracuse, NY) genießt ebenso wie *Rockwell* (Headquarters, Seal Beach, CA) bei den Geheimdiensten aufgrund des geballten Fachwissens einen hervorragenden Ruf.

Science Applications International Corporation – SAIC (Headquarters, 1710 Goodridge Drive, McLean, VA 22102) ist Sponsor der *National Military Intelligence Association*. *Scientech Inc.* (1690 International Way, Idaho Falls, Idaho 83402) unterstützt mit seinem Know-how Überwachungsaktionen der CIA. *SCO – The Santa Cruz Operation, Inc.* (Headquarters, 400 Encinal Street, Santa Cruz, CA 95061) liefert Software für jene Computersysteme, auf denen »Top secret«-Nachrichten abgespeichert werden. *Secure Solutions* (9404 Genesee Avenue, Suite 237, La Jolla, CA 92037) arbeitet auch im Auftrag der NSA. *SIGTEC, Inc.* (9821 Broken Land Parkway, Columbia, MD 21046) produziert Signalübermittlungstechniken. *Silicon Graphics Computer Systems* (2011 North Shoreline Boulevard, Mountain View, CA 94039) ist Sponsor der *National Military Intelligence Association*. *Space Applications Corp.* (Headquarters, 200 East Sandpoint Avenue, Suite 200, Santa Ana, CA 92707) ist technischer Ausrüster und liefert auch Satellitensoftware. *Sparta* (Headquarters, Huntsville, AL) bietet Informations-Management-Unterstützung an. *Spot Image* (5, rue des Satellites, BP 4359, F-31030 Toulouse cedex, France) ist ein französisches Unternehmen und liefert Satellitenaufnahmen auch für amerikanische Geheimdienste. *SRA International* (Headquarters, 2000 15th Street North, Arlington, VA 22201) entwickelt Sprachverarbeitungs- und Texterkennungssysteme. *System Research Corporation – SRC* (128 Wheeler Road, Burlington, MA 01803) arbeitet auf dem Gebiet der LAN- und WLAN-Kommunikation. *SRL International* (1611 North Kent Street, Arlington, VA 22209) und das dazugehörige *David Sarnof Research Center* (CN 5300, Princeton, NJ 08543) sind Sponsoren der *National Military Intelligence Association*. *SSDC, Inc.* (Corporate Headquarters, 6595 S. Dayton Street, Suite 300, Englewood, CO 80111) arbeitet auf jenem Gebiet der Informationsgewinnung, das Konkurrenten einen Vorsprung geben soll, und zählt auch Geheimdienste zu seinen Kunden. *Scientific and Technical Analysis Corp.* – *STAC* (11250 Waples Mill Road, Suite 300, Fairfax, VA 22030) stellt Analysehilfen für Geheimdienste wie etwa Satellitensimulationen her. *Sterlin Software* (*Federal Systems Group* – *FSG*, 1650 Tysons Boulevard, Suite 800, McLean, VA 22102) ist ebenso wie *Sun Microsystems* (Headquarters, 2550 Garcia Avenue, Mountain View, CA 94043) Sponsor der *National Military Intelligence Association*. *Sybase, Inc.* (Headquarters, 6475 Christie Avenue, Emeryville, CA 94608) ist ein führender Software-Anbieter und steht in engem Kontakt mit fast allen amerikanischen Diensten. *Synetics Corp.* (10400 Eaton Place, Suite 200, Fairfax, VA 22030) arbeitet auf dem Gebiet der Informationstechnologie. *Syracuse Research Corp.* (Merril Land, Syracuse, NY 13210) liefert Forschungs- und Entwicklungsleistungen beispielsweise auf dem Gebiet der Satellitenkommunikation. *System Planning Corporation* (1000 Wilson Boulevard, Arlington, VA 22209) entwickelt Radar- und Sensorsysteme und unterhält verschiedene Einrichtungen, die als »Top secret« klassifiziert wurden. *Sytex Inc.* (Headquarters, 22 Bailiwick Office Campus, Doylestown, PA 18091) liefert Informationssysteme, die bei Operationen fast in Echtzeit arbeiten.

Tech-Ed Services (5430F Lynx Lane 308P, Columbia, MD 21044) ist Dienstleister. *3Com* (Headquarters, Santa Clara, CA) arbeitet auch im Auftrag von CIA und NSA. *Titan Corporation* (Headquarters, 3033 Science Park Road, San Diego, CA 92121) ist ein weltweiter Marktführer bei Informationssystemen. *Tracor* – *GDE Systems, Inc.* (6500 Tracor Lane, Austin, TX 78725) ist Hersteller beispielsweise des »Intelligence Data Handling System (IDHS)«. *TRW* (*Space & Electronics Group* [S & EG], One Space Park Redondo Beach, CA 90278) ist Sponsor der *National Military Intelligence Association*.

Unisys (Headquarters, Township Line Road, Blue Bell, PA 19424) entwickelt auch für amerikanische Dienste Softwareprodukte.

Verity (Headquarters, 1550 Plymouth Street, Mountain View, CA 94043) arbeitet unter anderem für das Pentagon.

Wallach Associates (6101 Executive Boulevard Department 1112, Box 6016, Rockville, MD 20849) sucht auf verschiedenen Gebieten Fachleute für die Dienste. *Wang Laboratories, Inc.* (*Wang Federal Systems, Inc.*, 7900 Westpark Drive, McLean, VA 22102) ist Sponsor der

National Military Intelligence Association. Die *Watkins-Johnson Company* (3333 Hillview Avenue, Palo Alto, CA 93404) bietet Hilfestellung bei der Fertigung von Halbleitern. *Welkin Associates* (1300 Eaton Plage, Fairfax, VA 22030) ist ebenso wie *Wheat International Communications* (8229 Boone Boulevard, Vienna, VA 22182) Sponsor der *National Military Intelligence Association*.

Zudem berichtet die *Federation of American Scientists* auch über jene amerikanischen Universitäten, die mit der NSA bei Ausbildungsprogrammen zusammenarbeiten. In einem FAS-Bericht mit dem Titel *Facilities* heißt es, solche NSA-Programme gebe es neben der schon erwähnten *Johns Hopkins University* auch an der *American University*, der *George Washington University*, der *University of Maryland* und der *Catholic University*. Gelegentlich unterrichteten auch NSA-Mitarbeiter an diesen Universitäten. Man stelle sich vor, welchen Aufschrei es verursachen würde, wenn der Bundesnachrichtendienst an deutschen Universitäten unterrichten, an Studenten offiziell Stipendien vergeben oder diese zu Universitäts-Seminaren einladen würde. Was in Deutschland undenkbar erscheint, ist in den Vereinigten Staaten üblich. Das alles sollte man wissen, wenn man Kontakt zu den vorgenannten Institutionen hält oder mit diesen eine Geschäftstätigkeit anbahnen möchte.

Nippons Späher

Nicht erst in den 60er- und 70er-Jahren des 20. Jahrhunderts, sondern bereits zur Zeit des deutschen Kaiserreichs wurden japanische Wirtschaftsspione zu einer Plage. Ihr erstes Ziel waren die Werften. Während sie vorgaben, Schiffe bestellen zu wollen, forderten sie auch deren komplette Konstruktionspläne an. Dann jedoch bauten sie die Schiffe selbst nach. Über dieses Geschäftsgebaren verärgert, spielte man den Japanern angeblich auch »getürkte« Schiffsbaupläne zu. Mehrere Chronisten berichten, dass sich ein Frachter, den die Japaner anhand dieser Pläne bauten, beim Stapellauf quergelegt haben soll.

Jacques Bergier beschreibt das japanische Vorgehen in seinem 1970 erschienenen Buch *Industriespionage* an einem amüsanten Beispiel:

»Die Japaner ließen sich den Prototyp einer Pumpe schicken, von der sie angeblich große Serien bestellen wollten. Man überließ ihnen ein Versuchsexemplar, das einen Schaden aufwies: ein Loch im Kolben. Dieses Loch hatte man durch eine Schraube und eine Mutter verstopft. Die Japaner stellten die Pumpe so her, wie sie war, mitsamt der Schraube und der Mutter. Das Gerät rief bei den europäischen und amerikanischen Industriellen große Heiterkeit hervor und bestärkte den Ruf der Japaner als Fälscher und Nachmacher.«

Mittels Industriespionage eigneten sich die Japaner vor dem Ersten Weltkrieg neben den Blaupausen für Schiffe und Motoren auch das Wissen um die Stahl- und Hüttenindustrie, die Linsenschleiferei und das Fabrikationsgeheimnis des rauchlosen Schießpulvers an. Heute sammelt das mächtige Wirtschaftskoordinierungsorgan MITI – *Ministry of International Trade and Industry* – Wirtschaftsinformationen über die Konkurrenten der japanischen Industrie. In einem gemeinsam vom Bundesamt für Verfassungsschutz und dem Bundesnachrichtendienst erstellten Geheimbericht heißt es, das MITI bewege sich dabei – »vorsichtig ausgedrückt – am Rande nachrichtendienstlicher Methoden«. Dieses Handelsministerium bemühe sich mit enormem Aufwand, systematisch alle weltweit verfügbaren Informationen über das internationale Patentwesen, wirtschaftliche Entwicklungen – sowohl einzelner Unternehmen als auch ganzer Volkswirtschaften – sowie technologische Zukunftstrends zu erfassen und auszuwerten. In dem BfV-/BND-Bericht heißt es dazu, Tausende wissenschaftlicher Übersetzer und Technologieexperten studierten permanent die internationale Fachpresse, um neue Erkenntnisse unmittelbar der japanischen Forschung und Industrie zugänglich zu machen.

Seit der Gründung des MITI im Jahre 1949 war es dessen oberstes Ziel, Japan um jeden Preis zu einer schlagkräftigen Wirtschaftsmacht aufsteigen zu lassen. Weder das deutsche Wirtschaftsministerium noch das amerikanische Handelsministerium können mit dem MITI verglichen werden, da Letzteres eine für andere Staaten der Welt untypische Verquickung von Geheimdiensten und Wirtschaftslenkern aufweist.

Den großen Einfluss dieser japanischen Institution versteht man nur, wenn man die Verknüpfung von Ministerium und privaten japanischen Wirtschaftsunternehmen kennt. Viele der Vorstandsvorsitzenden japanischer Konzerne wurden im MITI ausgebildet, und auch das Management zahlreicher Betriebe stammt aus diesem Superministerium. So war etwa der Management-Direktor der *Mitsubishi Corporation*, Makoto Kuroda, früher einmal stellvertretender MITI-Präsident. Diese für Japan typischen Verbindungen erklären auch, warum etliche Auslandsniederlassungen japanischer Konzerne zugleich als Residenturen für japanische Wirtschaftsspione dienen. Dabei verschwimmen die Interessen der Privatunternehmen und der staatlichen Institutionen, für die sie tätig sind. Beinahe alle großen japanischen Unternehmen betreiben zudem selbst weltweit Industriespionage. Weil sie den JETRO-Mitarbeitern Auslandsniederlassungen zur Tarnung überlassen, kann man hier aber nicht mehr zwischen Konkurrenz- und Wirtschaftsspionage trennen. Der technische amerikanische Geheimdienst *National Security Agency* beobachtet diese japanischen Niederlassungen deshalb ebenso argwöhnisch wie auch der deutsche BND. Die NSA stellte mithilfe ihrer schon eingehend beschriebenen Satellitenüberwachung im Juli 1982 fest, dass *Mitsubishi* in Washington an das Mutterhaus in Tokio Dokumente übergab. Sie entpuppten sich bei genauerem Hinsehen als eigentlich für den Präsidenten der Vereinigten Staaten bestimmte Geheimdienstberichte mit Informationen über den irakisch-iranischen Krieg.

Jene Angehörigen des MITI, die sich ausschließlich der Wirtschaftsspionage widmen, arbeiten in der Abteilung JETRO, der *Japanese External Trade Organization*. Sie soll einerseits das Ansehen japanischer Produkte in der Welt fördern und andererseits die notwendigen Informationen beschaffen, mit denen japanischen Unternehmen auf dem Weltmarkt Wettbewerbsvorteile verschafft werden können. Die JETRO wurde im Jahre 1958 gegründet, 1982 unterhielt sie in 59 Staaten der Welt bereits 81 Büros mit insgesamt 270 Angestellten, die ihre Informationen täglich in die Tokioter Zentrale liefern mussten. Dort arbeiten 1200 Auswerter. Japan ist der einzige Staat der Welt, der einen dem Handelsministerium angegliederten reinen Wirtschaftsgeheimdienst unterhält. Die Büros der JETRO liegen außerhalb des MITI (2–5 Toranomon, 2-chome, Minato-ku) gegenüber der amerikanischen Botschaft in Tokio, nahe der Nachrichtenagentur *Kyodo*. Allein in den

Vereinigten Staaten unterhält die JETRO heute acht Büros: in New York, San Francisco, Chicago, Los Angeles, Houston, Atlanta, Denver und Puerto Rico. JETRO spioniert vorwiegend in den Vereinigten Staaten. In Europa hat die JETRO nach Angaben von BND-Mitarbeitern vor allem folgende Staaten im Visier: Großbritannien, Frankreich, Deutschland, Spanien und Italien.

Auch James Hansen, Autor eines Buches mit dem Titel *Japanese Intelligence*, bescheinigt der JETRO, neben amerikanischen auch deutsche Unternehmen auszuspionieren. Diese Spionageaktivitäten in Europa dürften in letzter Zeit zugenommen haben. Während in den Vereinigten Staaten weiterhin nur acht JETRO-Büros arbeiten, gibt es in Westeuropa mittlerweile 27 Büros. Das dürfte amerikanische Behauptungen entkräften, denen zufolge US-Unternehmen weiterhin das vorrangige Ziel japanischer Wirtschaftsspionage seien. Zu den Klienten der JETRO zählen bekannte japanische Konzerne wie *Fujitsu*, *Toshiba*, *Matsushita*, *Hitachi*, NEC, *Mitsubishi* und *Sony*. Diese Unternehmen unterhalten zugleich auch Abteilungen, die aus der Sicht deutscher Sicherheitsfachleute nichts anderes als Industriespionage-Strukturen sind. Den Großteil ihrer Informationen gewinnt die JETRO legal, ohne Einsatz verdeckter Ermittlungstechniken, ohne Erpressung und ohne Bezahlung. Mehr als 90 Prozent der Erkenntnisse stammen aus offenen Quellen. (Ähnliches gilt ja auch für den deutschen BND.) Doch neben dieser legalen Informationsbeschaffung gibt es auch illegale nachrichtendienstliche Operationen. So versuchten Manager von *Hitachi* und *Mitsubishi*, Informationen über neue Hard- und Software des amerikanischen Computerherstellers IBM von einem FBI-Agenten zu kaufen – und wurden verhaftet.

Auch religiöse Organisationen werden in die japanische Wirtschaftsspionage eingespannt. So wurde in Frankreich ein Angestellter der Rüstungsagentur *Direction générale de l'armement* entlassen. Während ihm nach offiziellen Angaben sein mehrfaches Zuspätkommen zum Verhängnis wurde, soll in Wahrheit die französische Spionageabwehr festgestellt haben, dass der Angestellte ein Mitglied der japanischen buddhistischen Sekte *Soka Gakkai* war. Von ihr wird behauptet, sie betreibe zugunsten Japans weltweit Technologiespionage.

Mossad – das Auge Davids

Nicht nur Insider wissen um den legendären Ruf des israelischen Auslandsgeheimdienstes *Mossad* (hebräisch für »Institution«). Als der amerikanische Präsident Clinton intime Telefongespräche mit der Praktikantin Monica Lewinsky führte, wähnte sich das Paar unbelauscht, war es aber nicht. Als im September 1998 der Bericht des amerikanischen Chefermittlers Kenneth Starr über die Sexspielchen im Weißen Haus veröffentlicht wurde, fand sich darin eine aufschlussreiche Passage. Es hieß, bei einem letzten Treffen mit seiner Geliebten habe Clinton den Verdacht geäußert, eine »ausländische Botschaft« zeichne ihre Gespräche auf. Der 65 Jahre alte britische Geheimdienstfachmann Gordon Thomas enthüllte in seinem spannenden Buch *Die Mossad-Akte*, wer die ungebetenen Lauscher waren: Was auch immer Ermittler Starr der Weltöffentlichkeit an schlüpfrigen Neuigkeiten mitteilte, der *Mossad* war darüber längst im Bilde. Mithilfe der israelischen Botschaft in Washington habe der *Mossad* (in Israel »Ohr und Auge Davids« genannt) über Monate die Wohnung von Frau Lewinsky überwacht – und auch abgehört. Der Staat der Juden habe die Mitschnitte als Option auf »ein politisches Druckmittel« verstanden. Dieses Druckmittel sollte eingesetzt werden, wenn der amerikanische Präsident zu viel Verständnis für die Forderungen der Palästinenser nach Rückgabe ihres von Israel besetzten Landes geäußert oder gar die Ausrufung eines unabhängigen palästinensischen Staates befürwortet hätte. Mit solchen erpresserischen Methoden arbeitet der *Mossad* schon seit Jahrzehnten.

Seine Informationen setzt der *Mossad* ausschließlich zum Wohle des Staates Israel ein – und geht dabei über Leichen. Glaubt man Gordon Thomas, so haben die *Mossad*-Mitarbeiter auch 241 Leben ihres wichtigsten Verbündeten auf dem Gewissen. Im August 1983 schon sollen israelische Agenten gewusst haben, dass ein Anschlag auf die in der libanesischen Hauptstadt Beirut stationierten amerikanischen *Marines* geplant war. Ein *Mossad*-Mann habe einen mit einer halben Tonne Sprengstoff präparierten Lkw entdeckt, die CIA darüber jedoch nicht informiert. Stattdessen habe man protokolliert: »Was die Amerikaner betrifft, so ist es nicht unsere Aufgabe, sie zu schützen. Sie können selbst aufpassen.« Und so schaute der *Mossad* seelenruhig zu, als am 23. Oktober 1983 der Lastwagen mit der tödlichen Fracht in das Hauptquartier des 8. Amerikanischen Marinebataillons in Beirut fuhr und 241 Soldaten in den Tod riss. Für derartige Skrupellosigkeit sind alle israelischen Geheimdienstmitarbeiter bekannt. Wen wundert es da, dass die israelischen Dienste systematisch auch Unternehmen ausplündern?

In der Liga der Geheimdienste, die seit dem Ende des Zweiten Weltkriegs von der CIA, dem KGB, seinen Nachfolgeorganisationen und vom britischen SIS beherrscht worden ist, gliederte sich der *Mossad* erst verhältnismäßig spät als Synonym für Professionalität, Härte und Mut ein. Nach 1960, als »Freiwillige« aus Israel den Nazi-Kriegsverbrecher Adolf Eichmann aus Argentinien entführten und die Operation vom Kopf des Geheimdienstes, Isser Harel, persönlich überwacht wurde, sollte es noch Jahre dauern, bis der Name *Mossad* seine heutige – inzwischen aufgrund zahlreicher Pannen wieder verblassende – Bedeutung erlangte.

In den Vereinigten Staaten sind israelische Spione inzwischen verhasst. Anlass waren zwei herausragende Fälle, die sich Mitte der 1980er-Jahre ereigneten. In einem Fall importierte Israel 1985 über einen Richard Smyth illegal 800 Kryptonen, elektronische Hochleistungsschalter, die zum Zünden von Nuklearwaffen genutzt werden können. Im selben Jahr flog auch Jonathan Pollard auf, der als Auswerter bei der amerikanischen Marine gearbeitet hatte und den Israelis monatelang amerikanische Geheimdokumente übermittelte. Pollard wurde im Jahre 1987 zu lebenslanger Haft verurteilt. Über die Einzelheiten des von Pollard angerichteten Schadens hüllte sich die amerikanische Regierung seither in Schweigen. Nach Angaben des US-Fernsehsenders ABC zahlte Israel Pollard in den 1980er-Jahren zunächst 1500 Dollar monatlich und erhöhte die finanziellen Zuwendungen später auf 2500 Dollar. Zudem soll er eine jährliche Prämie in Höhe von 30 000 Dollar erhalten haben. Seit seiner Inhaftierung überweise der israelische Staat dem Spion jährlich zudem 120 000 Dollar auf ein Schweizer Bankkonto, berichtete der Sender. Im Falle seiner Freilassung wäre Pollard damit ein gemachter Mann – und Millionär. Doch die Großzügigkeit

Israels habe damit nicht geendet: Auch eine Urlaubsreise nach Frankreich im Wert von 10 000 Dollar, ein 7000 Dollar teurer Diamantring und die 12 000 Dollar teure Hochzeitsreise wurden angeblich vom israelischen Geheimdienst übernommen. Diese Großzügigkeit hatte natürlich ihren Grund: Nicht nur elf Kubikmeter geheimer Unterlagen lieferte Pollard den israelischen Spionen. Er brachte auch das große Kunststück fertig, das zehn Bände umfassende geheime Werk mit dem Titel *Radio Signals Information Manual* (RfISIN), das genaue Angaben über alle Frequenzen, Module und Charakteristiken der Funksignalspionage nebst Gebrauchsanleitung enthält, außer Landes zu schaffen.

Der langjährige NSA-Mitarbeiter Ira Winkler sprach mit dem früheren CIA-Direktor Robert Gates über Israel. Gates sagte ihm, Israel mache viel Illegales. Israel ziehe es vor, dass solche Aktionen nicht bekannt würden, schere sich aber eigentlich nicht so recht darum, da die jüdische Lobby in Washington zu stark sei, dass man ernsthaft etwas dagegen unternehmen könne.

Ein früherer Mitarbeiter des Verfassungsschutzes berichtete dem Autor: »Auch in Deutschland sind die israelischen Dienste bei der Wirtschaftsspionage massiv tätig. Während meiner Zeit waren sie fast überall. Wenn man einen Fall entdeckt hatte, kamen zwei neue auf. Doch wir durften dagegen nicht vorgehen. Sonst hätte es gleich geheißen, unsere moralische Schuld müsse erst noch gesühnt werden. Ich erinnere mich an einen Fall in den 80er-Jahren, als die Israelis in Düsseldorf Rheinmetall ausspähten. Wir mussten so tun, als hätten wir nichts gesehen.« Auch andere Mitarbeiter des Verfassungsschutzes bestätigten diese Auffassung. Einer berichtete, es sei »kriminell« gewesen, mit welcher Energie die Israelis in deutschen Unternehmen agiert hätten. Jüngstes Ziel der Israelis soll die Abteilung Triebwerkbau beim BMW-Konzern gewesen sein.

Die Liste der Vorwürfe ist lang. Es hieß, Israel verfolge das Ziel, vor allem die eigene Rüstungsindustrie zu stärken, verkaufe die gestohlenen Informationen aber auch an andere Staaten, um aus politischen Gründen Allianzen zu schmieden.

Hauptträger der israelischen Wirtschaftsspionage war über Jahrzehnte nicht der Auslandsgeheimdienst *Mossad*, sondern ein »Büro für wissenschaftliche Beziehungen«, das im Hebräischen *Lakam* genannt wird. Es wurde 1960, als Schimon Peres stellvertretender Verteidigungsminister war, zur Beschaffung von rüstungstechnologischem und wissenschaftlichem Know-how eingerichtet. Einer breiteren Öffentlichkeit wurde *Lakam* zum ersten Mal im Zusammenhang mit der Entwendung von Bauplänen des französischen Kampfflugzeugs *Mirage* im Jahre 1968 bekannt. In jener Zeit unterhielt *Lakam* in den Vereinigten Staaten noch offizielle Verbindungsbüros, so etwa in New York, Washington, Boston und Los Angeles. Am 1. Februar 1982 zitierte die *Washington Post* aus einem CIA-Bericht, in dem es über Israel hieß: »Die Israelis widmen einen beträchtlichen Teil ihrer verdeckten Unternehmungen der Beschaffung wissenschaftlicher und technischer Geheiminformationen.« Im Zusammenhang mit solchen von da an vermehrt auftauchenden Berichten wurden die *Lakam*-Büros 1986 angeblich aufgelöst. *Lakam*-Chef Rafi Eitan wurde zum Vorsitzenden von *Israel Chemical Industries* ernannt. Die *Federation of American Scientists* behauptet, dass die früher von *Lakam* betriebene Wirtschaftsspionage heute offenbar von einer Abteilung des israelischen Außenministeriums fortgesetzt werde.

Auch in Deutschland gibt es Geheimberichte über die Wühltätigkeit israelischer Agenten in deutschen Unternehmen. Doch anders als ähnliche Berichte der »befreundeten« westlichen Staaten werden sie nicht als »VS – vertraulich« eingestuft, sondern sind geheim. An ihrer Veröffentlichung möchte sich in Deutschland auch viele Jahrzehnte nach dem Ende des Zweiten Weltkriegs niemand die Finger verbrennen. In ihnen sind beispielsweise jene Belege gesammelt, die den Stand der israelischen Computerspionage dokumentieren. So weist ein Gesprächspartner aus dem BND daraufhin, dass beinahe alle führenden Firewalls, die Unternehmen vor Einbrüchen in ihre sensibelsten Datennetze schützen sollen, entweder von israelischen Entwicklern stammten oder aber die Anbieter »direkt oder indirekt« Israelis seien. »Im Ergebnis können Sie sich vorstellen, was das bedeutet. Das Gleiche gilt auch für Verschlüsselungssysteme oder Spracherkennung. Doch Warnungen aussprechen dürfen wir nicht. Wir müssen da wohl noch eine moralische Schuld abbauen. Und die mahnt uns, dazu zu schweigen.«

Kapitel V:
Schutzmaßnahmen

Wie aber schützt man sich vor Spionen und Schnüfflern, die Unternehmen schweren Schaden zufügen können? Detektive und Sicherheitsberater sind gewiss eine Möglichkeit, Spione abzuschrecken. Doch wer sie beauftragt, hat in aller Regel schon einen Schaden erlitten. Begriffe wie »Guerillamarketing« und die Bezeichnung von Marketingabteilungen als »Geheimdienste eines Unternehmens« zeigen deutlich, dass Konkurrenz- und Wirtschaftsspionage immer mehr zum Instrument eines globalen Wirtschaftskriegs werden. Nur wer sich defensiv vor solchen Machenschaften schützt, wird die Chance haben, dauerhaft in diesem Krieg zu überleben.

Zunächst einmal sollte man die Warnungen des früheren Geheimdienstkoordinators Schmidbauer ernst nehmen. Er hatte in einem Interview mit der *Frankfurter Allgemeinen Zeitung* gesagt: »Unsere Unternehmen sind vergleichsweise naiv. Es reicht nicht, nur über die technischen Möglichkeiten ausländischer Spione zu sprechen und sich darüber zu beklagen. Zusätzlich müssen auch konkrete Schritte unternommen werden, um deutsche Unternehmen zu schützen. Dazu gehört der Einsatz von Verschlüsselungstechniken, die Einsicht, sensible Themen nicht mehr am Telefon zu besprechen, und das Abkoppeln aller Computer mit vertraulichen Firmendaten vom Telefonnetz.«

Jeder sollte sich darüber im Klaren sein, dass es eine Fülle von Möglichkeiten gibt, um Kommunikation in Datennetzen zu belauschen: Fernabfragevorrichtungen von Anrufbeantwortern sind kaum gegen unbefugtes Abhören gesichert. Vor allem dann, wenn das Gerät mit der zusätzlichen Funktion »Überwachung von Raumgesprächen« ausgestattet ist, besteht ein großes Risiko. Schnurlose Telefone können mit Scannern (elektronischen Abtastgeräten) in einem Umkreis von bis zu zwei Kilometern abgehört werden. Niemand sollte auch jenen Werbeversprechungen Glauben schenken, die suggerieren wollen, bestimmte Geräte seien »absolut abhörsicher«. Eine solche Sicherheit gibt es nicht. Das gilt gleichfalls für Mobiltelefone. Mobilfunkgeräte sollten deshalb bei wirklich vertraulichen Unterredungen abgeschaltet werden.

Faxgeräte bieten ebenfalls vielfältige Angriffsmöglichkeiten. Zwischenspeicher, die das zeitlich versetzte Versenden eines Faxes gestatten, können von außen abgefragt – also unbemerkt angezapft – werden. Nach dem Thermotransfer-Verfahren arbeitende Faxgeräte erzeugen durch die beim Ausdruck permanent mitlaufende Folie ein dauerhaftes Negativ des übertragenen Dokuments, das mühelos entnommen werden kann. Ebenso wie der Telefonverkehr ist auch der Faxverkehr abhörbar.

Mit solchem Hintergrundwissen sollte man keinesfalls in Panik geraten, geht es doch Spionen ausschließlich darum, wirklich brisantes Know-how abzuziehen, und nicht etwa um »Alle-Welts-Gespräche«. Know-how aber kann man schützen, indem man beispielsweise bei vertraulichen Besprechungen in einem Konferenzraum den ISDN-Stecker der Telefonanlage zieht (wie etwa die Marketing-Abteilung der Deutschen Telekom in Frankfurt). Das kostet keinen Cent, kann aber vor Schaden bewahren.

Konstruktionsunterlagen und anderes schriftlich fixiertes Know-how sollten nur durch vertrauenswürdige Boten an einen Empfänger übermittelt werden. Es ist sträflicher Leichtsinn, wenn eine Sekretärin am Telefon etwa einen international tätigen Kurierdienst mit den Worten herbeiruft: »Das ist ganz eilig und höchst vertraulich. Das muss heute noch an unsere Niederlassung XY rausgehen ...« So weiß auch der dümmste Fahrer, dass die Fracht brisant ist. Niemand wirft Kurierdiensten vor, Helfershelfer von Spionen zu sein. Doch muss man die Brisanz einer Sendung wirklich mit so deutlichen Worten ankündigen? Gerade in jenen Fällen, in denen die Zukunft eines Unternehmens von der »sicheren« Übermittlung einer Nachricht abhängt, sollte man erfindungsreich sein: Warum steckt man sie nicht in jene Styropor-Verpackungen, die inzwischen selbst die Post AG für den Versand von Flaschen anbietet? Klingt es nicht viel unverfänglicher, wenn die Sekretärin den Kurierdienst dann mit den Worten bestellt: »Wir haben den Geburtstag eines Mitarbeiters in der Filiale XY vergessen. Das ist uns so peinlich. Könnten Sie wohl noch heute eine Geschenkverpackung auf den Weg bringen ...?« Hier lassen sich viele ähnlich harmlose Vorwände finden. Je nach Branche, Firmengröße und Marktanteil unterscheiden sich die Methoden, Schutzvorkehrungen gegen Eindringlinge zu treffen. Doch allgemein gilt: Alte Datenträger und Dokumente gehören nicht in den Müll, sondern in den Reißwolf. Besucher sollten nie unbeaufsichtigt bleiben und nur in gesonderten Räumen empfangen werden. Wichtig ist es auch, Sicherheitsverstöße in Unternehmen zu ahnden. Wer regelmäßig vertrauliche Unterlagen über Nacht auf seinem Schreibtisch offen liegen lässt, dem muss Nachhilfe in Sicherheitsfragen erteilt werden. Führen diese nicht zum gewünschten Erfolg, so müssen Abmahnungen und in letzter Konsequenz auch die Kündigung folgen, damit andere Mitarbeiter sehen, dass Sicherheitsvorschriften ernst zu nehmen sind.

Das gilt vor allem auch für den Besuch von Messen, Fachtagungen und Kongressen. Das Mitteilungsbedürfnis mancher Zeitgenossen scheint schier grenzenlos zu sein und muss nur durch einige Ermunterungen angeregt werden. Techniker, Verkäufer und Mitarbeiter aus den Vertriebs- und Promotionsbereichen müssen aber lernen, Informationen über Produkt- und Forschungslinien zielgerecht zu nutzen. Über Forschungsergebnisse und Qualitätsstrukturen darf niemals öffentlich diskutiert werden, auch wenn man noch so stolz auf das eigene Unternehmen ist: Was verraten ist, kann nicht mehr verkauft werden. Das Muster ist immer identisch: Die Spione – egal ob in staatlichem oder privatem Auftrag tätig – kultivieren über lange Zeit Gesprächskontakte, intensivieren diese, wecken Sympathien und schaffen so ein Klima des gegenseitigen Vertrauens.

Leicht, unverdächtig und relativ einfach ist auch das Ausforschen mittels Unternehmensberatern. Unter dem Vorwand, eine künftige Zusammenarbeit prüfen zu wollen, lassen sich Konkurrenten die Betriebe zeigen und nehmen Einblick in alle Unternehmensbereiche. Ohne vermeintlichen wirtschaftlichen Zwang wird ihnen großzügig Einblick gewährt und Wissen preisgegeben.

Ein weiterer Risikofaktor ist das Abwerben von Fachkräften. Wolfgang Hoffmann, ehemaliger Vorsitzender der Arbeitsgemeinschaft Sicherheit und Wirtschaft, sagte dazu bei einem Vortrag in München:

»Die Ulmer Firma Kamag, Hersteller von Stahlwerken, Produkten für die Raumfahrt und von Spezialfahrzeugen für Werften, hatte mit solchen Problemen zu kämpfen. Der Konkurrent Kirow, ein Kranbauer aus Leipzig, warb vier Mitarbeiter ab. Diese nahmen nicht nur das Know-how in ihren Köpfen, sondern auch Konstruktionspläne und Kalkulationen mit.« Die Ulmer Firma erstattete Anzeige. Bei Hausdurchsuchungen entdeckte die Polizei unter anderem beim ehemaligen Verkaufsleiter umfangreiche Kamag-Unterlagen. Der *Bayerische Rundfunk* berichtete, es sei ein Angebot gefunden worden, das identisch mit einem Kamag-Angebot gewesen sei. Nur sei der Name Kamag mit Kirow überschrieben worden. An drei Stellen habe man das Überschreiben aber vergessen.

Ähnliche Risiken bergen auch die sich zunehmender Beliebtheit erfreuenden Joint Ventures. Hoffmann erklärte dazu am Beispiel Russlands:»Die nach der Wende gegründeten deutsch-russischen Joint Ventures und die in der Bundesrepublik gegründeten russischen Unternehmen haben den russischen Diensten neue Türen geöffnet und bieten ihnen hervorragende potenzielle Beschaffungsmöglichkeiten.« Nachrichtenoffiziere ließen sich so leichter platzieren, der Zugriff zu sensiblem Know-how und interessanten Produkten werde vereinfacht oder im Rahmen der Zusammenarbeit »frei Haus geliefert«. Hoffmann dazu:»Deutsche Partner sollten grundsätzlich bei derartigen Gemeinschaftsunternehmen dem Schutz des eigenen Know-hows Vorrang einräumen und mit berücksichtigen, dass Geheimdienste mit am Verhandlungstisch sitzen können. Einen Schutz dagegen gibt es nicht, aber man sollte darauf vorbereitet sein.«

In der immer schneller zusammenwachsenden Welt gilt es heute als selbstverständlich, Praktikanten, Studenten und Diplomanden aus vielen Gegenden unseres Globus zu beschäftigen. Doch auch sie sind ein Sicherheitsrisiko. Insbesondere wenn sie aus Staaten mit erheblichem technologischem Rückstand stammen, liegt die Gefahr des Verlustes von Know-how auf der Hand. Doch weil Geheimdienste aus Frankreich, Israel, den Vereinigten Staaten und Großbritannien auch Forschungsarbeiten finanzieren (in vielen amerikanischen Dissertationen findet sich ein Hinweis auf den »Sponsor CIA«), sollte man auch jungen Forschern aus »Partnerstaaten« mit ein wenig Misstrauen begegnen. Einrichtungen der *Johns Hopkins University* wie auch die *Rand Corporation* sind nur einige dieser »Forschungsinstitutionen«, die eng mit ihren Geheimdiensten zusammenarbeiten. Eine unbeaufsichtigte Tätigkeit am Abend oder am Wochenende kann deren Austauschstudenten in deutschen Unternehmen den Zugriff auf vertrauliche Daten erleichtern. Zumindest die Beschäftigung in sensiblen Bereichen mit Zugriffsmöglichkeiten auf Forschungs- und Produktionskenntnisse muss sorgsam geprüft und von Sicherheitsmaßnahmen begleitet werden. Es liegt wohl in der Geschichte der Bundesrepublik Deutschland begründet, dass wir Deutschen eine innere Abneigung gegen die Zusammenarbeit mit unseren Diensten haben. In beinahe allen anderen Staaten der Welt – und das kann man nicht oft genug hervorheben – gilt sie jedoch aus nationalen Erwägungen heraus als durchaus ehrbar.

Gegen professionell arbeitende Geheimdienste gibt es keinen perfekten Schutz, doch es ist wichtig, die Vorgehensweise solcher staatlich gelenkten Späher zu kennen. Nachfolgend werden deshalb die meisten jener Sicherheitstipps abgedruckt, die in der Fachzeitschrift *Chief Executive* unter dem Titel »Ten Steps to Security« erschienen sind. Sie richten sich zwar an amerikanische Firmen, verraten aber viel über die Wühlarbeit von Agenten:

»1. Gehen Sie davon aus, dass sich Industriespione für die vertraulichen Informationen Ihrer Firma interessieren, selbst wenn es sich dabei nicht um Spitzentechnologie handelt. Stellen Sie sicher, dass sich alle Angestellten der Möglichkeit von Industriespionage bewusst sind, und unternehmen Sie Schritte, sich davor zu schützen. Halten Sie alle Schreibtische und Büros verschlossen.

2. Diskutieren Sie firmeninterne Informationen niemals am Telefon, und versenden Sie diese niemals per Fax. Wanzen können schnell installiert werden und sind schwer zu finden. Wenn Sie Informationen auf dem elektronischen Wege verschicken müssen, dann investieren Sie in neue Faxgeräte, die Nachrichten verschlüsselt senden.

3. Alle reisenden Firmenvertreter – speziell diejenigen, die fremde Länder besuchen – sollten vertrauliches Material nicht in ihren Hotelzimmern lassen. Spione brechen des Öfteren im Hotel-

zimmer ein und fotografieren Dokumente, die ihnen interessant erscheinen.

4. Beschäftigen Sie qualifizierte Elektrofirmen, die regelmäßig Chefetage und Konferenzräume, in denen vertrauliche Informationen diskutiert werden, untersuchen. Eine einzige Entwanzung in einem New Yorker Brokerhaus förderte 43 versteckte Mikrofone in 22 verschiedenen Büros zutage. Versehen Sie Fenster mit schallschluckenden Vorhängen. Hoch entwickelte Richtmikrofone können die Schwingungen von Glas, bewegt durch den Schalldruck von Stimmen, aufzeichnen. Führen Sie Verfahren ein, durch die der Zutritt nur für dazu berechtigte Angestellte mit ID-Karten, Schlüsselkarten oder Stimmidentifizierung möglich ist …

5. Ihre Angestellten sind häufig Ziele für Industriespione, die jährlich vertrauliche Informationen im Wert von Milliarden Dollar von gegenwärtigen oder früheren Angestellten amerikanischer Firmen erbeuten. Führen Sie vor Neueinstellungen ausgedehnte Nachforschungen über den persönlichen Hintergrund durch, die hohe Schulden, Drogenmissbrauch oder andere Verhaltensprobleme aufdecken, die den Kandidaten für Bestechung oder Erpressungsversuche anfällig machen. Wenn Angestellte die Firma verlassen, ist die meiste Firmeninformation in ihren Köpfen und nicht in ihren Aktentaschen. Minimieren Sie dieses Risiko durch umfassende Vertragsklauseln über Vertraulichkeit und Wettbewerbsverbot, die Vorbedingungen für die Einstellung sind.

6. Industriespione bedienen sich vieler ›Legenden‹ oder falscher Identitäten. Die Legende, man arbeite für einen Hausmeisterservice, wird bevorzugt eingesetzt, da sie den Zugang nach Dienstschluss und umfassende Zugangsberechtigung bedeutet. Eine Antwort darauf: Informieren Sie sich über das Arbeitspersonal externer Zulieferer genauso sorgfältig wie über Ihre eigenen Angestellten.

7. Eine der besten Quellen von Industriespionen ist der Müll. Wenn sie nicht vernichtet oder verbrannt werden, können streng vertrauliche Dokumente von Spionen in Mülleimern innerhalb

und außerhalb des Firmengeländes mühelos entdeckt und genutzt werden.

8. Firmeninformationen sollten weggeschlossen und deutlich als ›vertraulich‹ markiert werden. Verwenden Sie das System des britischen Geheimdienstes, der an jedes Dokument einen Vordruck anheftet, auf dem bei jedem Zugriff der Name des Angestellten und das Datum vermerkt werden.

9. Computersysteme sind vorrangige Ziele für Spione. Installieren Sie Expertensysteme, die unberechtigte Zugangsversuche zu Computerdatenbanken aufspüren. Und weisen Sie alle Angestellten, die Zugangscodes für Computer haben, darauf hin, dass diese ihnen nicht nur Zugang zum System verschaffen, sondern auch einen unlöschbaren Eintrag für jeden berechtigten Zugang im System produzieren.«

Nun sind kostenintensive Sicherheitsvorkehrungen in aller Regel nur für wirklich wichtige Daten erforderlich. Sie werden von einer Reihe darauf spezialisierter Fachunternehmen angeboten. Wer seinen Tätigkeitsbereich vor Know-how-Kundschaftern schützen möchte, muss damit schon beim Bewerbungsgespräch mit künftigen Mitarbeitern beginnen. Hier gilt es, Lebensläufe kritisch auf Stimmigkeit hin zu überprüfen, Referenzen zu erfragen und vor allem auf Verbindungen zu Konkurrenzunternehmen zu achten. Häufige berufliche Veränderungen ohne Karrierevorteile sollten ebenso wie finanzielle Schwierigkeiten eines Bewerbers misstrauisch machen.

Zwar gibt es kein Allheilmittel gegen Spionage, doch einige technische Vorkehrungen können potenzielle Täter zumindest abschrecken. Dazu gehört es, Fotokopiergeräte in sicherheitsrelevanten Bereichen (dort sollten digitale Kopierer wegen ihrer Speichermöglichkeiten grundsätzlich nicht genutzt werden) mit einer Videokamera überwachen zu lassen, Aktenvernichter und Tresore für vertrauliche Unterlagen nicht nur aufzustellen, sondern auch zu benutzen. Eine der wichtigsten Grundregeln kostet keinen Cent, bringt aber ein hohes Maß an Sicherheit: Räume für vertrauliche Gespräche sollten immer erst kurzfristig festgelegt und regelmäßig gewechselt werden. Einzig die Bequemlichkeit hindert viele daran, diesem Vorschlag zu folgen.

Ein weiterer kostenloser Sicherheitsratschlag findet sich in den Schutz-vorkehrungen der Bayer AG: »Die Mitnahme von vertraulichen Ge-schäfts- und Betriebsunterlagen ist nur den ... ermächtigten Personen gestattet.« Es sollte selbstverständlich sein, über die Mitnahme solcher Unterlagen Vorgesetzte informieren zu müssen und Verstöße dagegen grundsätzlich mit der Androhung der fristlosen Kündigung zu ahnden.

Vor allem aber sollten deutsche Behörden und Politiker endlich Schluss damit machen, Wirtschafts- und Konkurrenzspionage durch befreundete Staaten in ihrer Bedeutung zu verniedlichen. Sie dürfen nicht länger Tabuthemen sein. Zwar kann niemand mit letzter Sicher-heit sagen, wie viele Arbeitsplätze dadurch täglich vernichtet werden. Doch schon die Schätzungen sind erschreckend genug. Nach diesen werden so Jahr für Jahr Zehntausende von Arbeitsplätzen in Deutsch-land dauerhaft vernichtet. In Zeiten hoher stagnierender Arbeitslosig-keit sollte uns jeder einzelne Arbeitsplatz ebenso viel wert sein wie anderen westlichen Staaten. Deshalb gilt es, die modernen Raubritter anzuprangern, wo immer es möglich ist. Politische Rücksichtnahme wird die Dreistigkeit dieser Branche nur noch fördern. Dennoch dürfte es eine Illusion sein, das völlige Ende der Wirtschaftsspionage herbeizusehnen.

Am Schluss dieses Buches nun noch eine gute Nachricht: Zwar werden Jahr für Jahr in Deutschland Zehntausende Arbeitsplätze durch Wirt-schaftsspionage vernichtet. Das Risiko für die Hintermänner, entdeckt zu werden, ist weiterhin gering, weil die technischen Möglichkeiten Rückschlüsse auf die Urheber fast kaum noch zulassen. Die betroffe-nen Unternehmen schweigen – aus Angst vor einem Imageverlust in der Öffentlichkeit. Und sie nehmen die so entstehenden Schäden tatenlos hin. Das alles könnte sich in absehbarer Zeit ändern. Denn bald schon will einer der größten Versicherungskonzerne der Welt auch in Deutschland eine neue Versicherung gegen Wirtschaftsspiona-ge anbieten. In Deutschland gibt es eine solche Versicherungsmöglich-keit bislang nicht. Das Unternehmen arbeitet derzeit noch an den Rahmenbedingungen der verschiedenen Policen. Und es möchte der-zeit (noch) nicht namentlich genannt werden. Wir dürfen Ihnen mitteilen, dass es sich nicht um die Allianz-Gruppe handelt, sondern dass ein noch erheblich größerer »global player« hinter dem Vorhaben steht. Die Keimzelle der Planungsabteilung des Projektes befindet sich in München. Die Versicherungsleistung wird es vom mittelständischen bis zum Großunternehmen in mehreren Paketen geben. Beim größten Paket sind im Pauschalpreis auch mehrfach jährlich »sweeps« in zuvor definierten Bereichen durch ein Abhörschutzteam enthalten. »Sweep«-Teams überprüfen Büroräume mit modernster Technik etwa auf den Einsatz verborgener Wanzen oder sonstiger Abhörmöglichkeiten. In der Versicherungsleistung soll auch präventive Aufklärung von Mitarbeitern eines versicherten Unternehmens angeboten werden. So sollen Mitarbeiter in firmeninternen Seminaren darin geschult werden, etwa zu erkennen, ob ein Aktenvernichter tatsächlich nur Akten vernichtet oder aber noch eine eingebaute Digitalkamera hat, die die zu vernichtenden Dokumente heimlich erfasst und per Funk nach außen überträgt. Die Abwehr eines solchen Angriffes ist laut der derzeit erarbeiteten Seminarunterlagen des Versicherungsunternehmens einfach: Man faltet das zu vernichtende Dokument einmal in der Mitte – dann würde eine eventuell verborgen im Innern des Gerätes angebrachte Minikamera nur ein weißes Blatt zu Gesicht bekommen. Ist das Dokument beidseitig beschriftet, so beklebt man es mit einem leeren weißen Blatt und faltet es dann. Die derzeit erarbeiteten Hinweise dieses unter Hochdruck arbeitenden Versicherungskonzerns dürften in allen Branchen auf Interesse stoßen. Und man sieht: Es bewegt sich doch etwas auf dem Gebiet der Abwehr von Wirtschaftsspionage. Man wird sie nie abstellen können. Aber man kann sich vor ihr schützen.

Bislang hängt die Markteinführung nur noch von den Genehmigungen deutscher Behörden ab. Und die sollen bald schon beantragt werden.

* * *